农业水土资源协同调控
与可持续性分析
——以黑龙江省典型灌区为例

李 茉 许耀文 付 强 刘 巍 李天霄 著

科学出版社

北京

内 容 简 介

为提升农业水土资源利用效率，促进灌区可持续发展，本书以黑龙江省典型灌区为研究区域，以农业水土资源的可持续利用为目标，以模拟和优化建模技术为主要手段，系统地研究了不确定条件下黑龙江省典型灌区农业水土资源协同调控方法。全书共 10 章，主要包括单一作物生育阶段水资源动态配置，单一作物水-土-肥资源综合管理，多作物多水源联合配置，基于农业水-粮食-能源纽带关系的灌区水、土、能协同调控及灌区可持续性分析等内容。

本书可供水资源管理、农业水土工程、水文学等学科的科学技术人员、教师和管理人员参考，也可作为相关专业研究生学习的参考书。

图书在版编目（CIP）数据

农业水土资源协同调控与可持续性分析：以黑龙江省典型灌区为例 / 李茉等著. —北京：科学出版社，2022.3

ISBN 978-7-03-069434-8

Ⅰ. ①农… Ⅱ. ①李… Ⅲ. ①农业资源-水资源管理-研究-黑龙江省 ②农业用地-土地资源-资源管理-研究-黑龙江省 Ⅳ. ①S279.2 ②F323.211

中国版本图书馆 CIP 数据核字（2021）第 145634 号

责任编辑：孟莹莹 程雷星 / 责任校对：樊雅琼
责任印制：吴兆东 / 封面设计：无极书装

科 学 出 版 社 出版
北京东黄城根北街 16 号
邮政编码：100717
http://www.sciencep.com

北京建宏印刷有限公司 印刷
科学出版社发行 各地新华书店经销

*

2022 年 3 月第 一 版 开本：720 × 1000 1/16
2022 年 3 月第一次印刷 印张：15 3/4
字数：318 000
定价：119.00 元
（如有印装质量问题，我社负责调换）

前　言

　　农业水土资源是保障人类生存的基础资源，是社会、经济发展的核心战略资源。然而我国是水土资源严重缺乏的国家之一，人均水资源量为 2200m³，仅为世界平均水平的 25%，年平均缺水量 500 亿 m³ 左右，灌溉水平均利用率不足 55%，同时，我国耕地面积 1.35 亿 hm²，人均耕地面积不及世界平均水平的一半。经济、社会的高速发展，工业、市政等部门水土资源需求的不断攀升，导致农业水土资源供需矛盾进一步加剧，强化农业水土资源规划的科学性、系统性，对缓解农业水土资源供需矛盾、促进农业生产力发展具有重要的现实意义。

　　《全国农业可持续发展规划（2015—2030 年）》强调了农业可持续建设的重要意义，因此，农业生产中在提高农业水土资源利用效率、促进农业生产的同时，还应保护农业生态环境，促进农业的可持续发展。农业效益是农业生态环境效益、社会效益及经济效益的综合反映，农业可持续发展程度是衡量农业水土资源规划科学性的重要标准。

　　农业水土资源优化配置系统是开放性的复杂系统，其运行受众多不确定性因素的影响，如自然环境要素和社会经济要素。将不确定要素量化并引入灌区水土资源高效配置的相关研究中可以有效地提高水资源规划的科学性、降低灌区水土资源管理的风险，对农业水土资源管理制度、农业防灾减灾策略的完善具有重要的意义。

　　黑龙江省是我国重要的粮食生产基地，多年来为保障我国粮食安全做出了巨大贡献，但在大规模农业生产过程中，水土资源配置结构不合理、不科学、不系统所导致的灌区环境污染、林草地面积萎缩等生态问题严重制约了全省农业、社会经济的发展。同时，由于自然因素以及社会发展因素的干扰，农业水土资源供给量存在显著的不确定性。如何在不确定环境下，优化不同尺度的农业水土资源配置结构以提高灌区农业可持续发展程度成了亟待解决的问题，相关研究成果对提高农业生态建设水平、促进农业可持续发展、保障粮食安全具有重要的现实意义。

　　本书从推进灌区农业可持续发展的角度，以黑龙江省典型灌区（呼兰河灌区和锦西灌区）为实证基础，对不确定环境下灌区灌溉水资源高效配置展开研究，构建了适合于灌区不同尺度农业水土资源优化配置的系列模型，并对模型的解法进行开发，探讨农业水土资源协同配置对变化环境的响应特征，旨在为大中型灌区灌溉水土资源管理和灌区农业可持续发展的相关研究做有益补充，以确保农业水土资源安全、推动灌区农业-经济-社会-生态-环境的协调发展，加快生态灌区建设。

本书内容如下。第1章为绪论，主要对国内外相关研究进行梳理、评述，并确定本书的整体研究思路、架构及方法；第2章为研究区域概况，主要对黑龙江省及主要实证区域的自然、社会、经济状况进行整理分析；第3章为作物生育期水资源优化配置，主要围绕作物不同生育期的水资源优化配置问题展开研究；第4章为作物水-土-肥耦合配置，对单一作物水-土-肥资源综合管理策略展开研究；第5章为多作物多水源水资源优化配置，主要针对不同作物全生育期的灌溉水量及多水源联合配置问题进行研究；第6章为灌区水土资源可持续配置，主要分析变化环境下提高灌区可持续发展程度的水资源配置策略；第7章为灌区水资源高效配置及效果评价，主要探索灌区灌溉水资源高效配置方案，提出基于农业可持续性评估的灌溉水资源高效配置方案评定策略；第8章为田间-灌区双层系统水土资源协同配置，主要构建耦合田间-灌区尺度互馈关系的水土资源协同配置优化模型，提出解决灌区灌溉水资源供需矛盾的措施；第9章为灌溉农业耦合WFEN（water-food-energy nexus，水-粮食-能源纽带关系）的水土资源协同调控，主要研究量化灌溉农业水-粮食-能源纽带关系的方法，提出应对复杂来水条件的灌区水土资源综合调控方案；第10章为基于WFEN的农业系统水-土-能协同调控，构建以水-土-能纽带关系为基础的水、土、能综合调控模型，以提出提高农业经济效益、降低农业污染以及促进生物质能转化的水、土、能协同调控策略。

本书共10章，由多位多年致力于农业水土工程、水资源管理的学者撰写完成。本书撰写分工情况如下：第1章由李茉、付强、许耀文撰写完成；第2章由许耀文、李天霄、刘巍撰写完成；第3、4章由李茉、刘巍撰写完成；第5、6章由李茉撰写完成；第7章由许耀文撰写完成；第8~10章由李茉、许耀文、付强、李天霄撰写完成。感谢国家自然科学基金面上项目（52079029）、国家杰出青年科学基金项目（51825901）、黑龙江省自然科学基金项目（LH2020E005）对本书研究工作的支持。

作者在本书的撰写过程中得到了东北农业大学硕士研究生李海燕、曹晓旭、孙浩、赵立、李璐等的大力协助，在此表示真诚的谢意！本书的顺利完成建立在对国内外大量文献的学习与分析的基础上，谨向各位学者表示衷心的感谢！本书的相关研究成果倾注了研究人员大量心血，但尚存不足之处，欢迎学术界同仁指教、探讨。

作 者

2021年1月于哈尔滨

目　　录

前言

第1章　绪论 ·· 1

　1.1　研究概述 ··· 1

　1.2　国内外研究现状及评述 ··· 3

　　1.2.1　农业水资源优化配置相关研究综述 ·· 3

　　1.2.2　农业土地资源优化配置相关研究综述 ·· 5

　　1.2.3　农业水土资源优化配置不确定性方法研究 ····································· 6

　　1.2.4　农业可持续性分析 ··· 8

　　1.2.5　评述 ··· 9

　1.3　主要研究内容 ·· 10

　　1.3.1　农业水土资源优化配置不确定性方法与模型 ·································· 10

　　1.3.2　耦合水-粮食-能源纽带关系的农业水土资源优化配置 ······················ 11

　　1.3.3　农业水土资源配置可持续性分析 ··· 11

第2章　研究区域概况 ·· 12

　2.1　黑龙江省灌区概况 ··· 12

　　2.1.1　水资源概况 ·· 12

　　2.1.2　农业概况 ·· 12

　2.2　呼兰河灌区概况 ··· 13

　　2.2.1　基本自然概况 ·· 13

　　2.2.2　行政辖区及土地开发概况 ··· 14

　　2.2.3　水源情况 ·· 15

　　2.2.4　和平灌区（分区）概况 ··· 16

　2.3　锦西灌区概况 ··· 16

　　2.3.1　灌区总体概况 ·· 16

　　2.3.2　灌溉面积分布 ·· 17

　　2.3.3　水资源利用分析 ··· 18

　　2.3.4　锦西灌区面临的主要问题 ··· 18

　2.4　本章小结 ··· 19

第 3 章 作物生育期水资源优化配置 ················· 20

3.1 研究概述 ················· 20

3.2 主要参数及方法 ················· 22

    3.2.1 直觉模糊数 ················· 22

    3.2.2 农田水循环参数 ················· 22

3.3 IFMONLP 模型构建 ················· 24

    3.3.1 模型参数含义 ················· 24

    3.3.2 模型目标函数构建 ················· 26

    3.3.3 约束条件构建 ················· 27

3.4 模型求解 ················· 27

    3.4.1 TIFN 的测定和精度函数 ················· 28

    3.4.2 水量平衡原理及系统动力学模型构建 ················· 28

    3.4.3 Zimmerman 法 ················· 30

    3.4.4 IFMONLP 模型求解替代模型 ················· 32

3.5 降水-径流丰枯组合情景 ················· 32

3.6 模型输入参数 ················· 35

3.7 结果分析与讨论 ················· 37

    3.7.1 系统动力学模型结果 ················· 37

    3.7.2 丰枯组合条件的联合概率 ················· 44

    3.7.3 配水目标 ················· 46

    3.7.4 灌溉用水分配量 ················· 47

    3.7.5 IFMONLP 模型优点 ················· 51

3.8 本章小结 ················· 52

第 4 章 作物水-土-肥耦合配置 ················· 53

4.1 研究概述 ················· 53

4.2 优化模型构建 ················· 54

    4.2.1 目标函数构建 ················· 56

    4.2.2 约束条件构建 ················· 57

    4.2.3 模型解法 ················· 58

4.3 "足迹家族"主要指标评价方法 ················· 59

    4.3.1 水足迹评价 ················· 59

    4.3.2 农产品的碳足迹分析 ················· 60

    4.3.3 生态足迹分析 ················· 61

    4.3.4 能源足迹分析 ················· 61

4.4 数据分析 ················· 61

4.4.1 数据类别分析 ································· 61
4.4.2 数据处理及获取说明 ····················· 62
4.5 优化结果分析与讨论 ··························· 63
4.5.1 不确定条件下的模型优化结果分析 ·········· 63
4.5.2 不同偏好情况下的目标函数值变化 ·········· 64
4.5.3 敏感性分析 ································· 65
4.5.4 优化结果与实际现状对比分析 ·············· 67
4.6 "足迹家族"评价 ····························· 68
4.6.1 黑龙江省水足迹时空分布分析 ·············· 68
4.6.2 和平灌区"足迹家族"分析 ················ 73
4.7 本章小结 ··································· 75
第5章 多作物多水源水资源优化配置 ··············· 76
5.1 研究概述 ··································· 76
5.2 模型框架构建 ······························· 77
5.2.1 Bootstrap方法 ··························· 77
5.2.2 区间线性多目标规划 ····················· 77
5.3 实例模型 ··································· 81
5.3.1 建模要点 ································· 81
5.3.2 模型目标函数构建 ······················· 82
5.3.3 模型约束条件构建 ······················· 83
5.4 模型输入参数 ······························· 84
5.4.1 水文参数 ································· 84
5.4.2 社会经济参数 ····························· 86
5.4.3 其他参数 ································· 87
5.4.4 目标函数的权重 ························· 87
5.5 结果分析与讨论 ····························· 88
5.5.1 水文参数区间数的生成 ··················· 88
5.5.2 灌溉水量分配结果 ······················· 91
5.6 本章小结 ··································· 95
第6章 灌区水土资源可持续配置 ··················· 96
6.1 研究概述 ··································· 96
6.2 基于可持续发展的灌区水土资源优化配置 ········ 97
6.2.1 模糊不确定性 ··························· 97
6.2.2 优化模型构建 ··························· 99
6.2.3 优化模型求解方法 ······················· 105

6.2.4 模型性能评估 ·· 105

6.2.5 实证分析与讨论 ··· 106

6.3 基于多重不确定的灌区水资源优化配置 ························ 110

6.3.1 CITSP-IPRBI 模型的建立 ·································· 111

6.3.2 CITSP-IPRBI 模型的求解方法 ····························· 113

6.3.3 CITSP-IPRBI 模型的实际应用 ····························· 115

6.3.4 实证分析与讨论 ··· 116

6.4 本章小结 ··· 121

第7章 灌区水资源高效配置及效果评价 ······························ 123

7.1 研究概述 ··· 123

7.2 灌区水资源高效配置优化模型构建 ····························· 123

7.2.1 目标函数构建 ··· 123

7.2.2 约束条件构建 ··· 125

7.3 灌区水资源高效配置方案评价模型构建 ······················· 126

7.3.1 农业经济效益分析 ··· 126

7.3.2 社会效益分析 ··· 127

7.3.3 生态环境效益分析 ··· 127

7.3.4 可持续性评价方法 ··· 128

7.4 模型求解及数据来源 ··· 129

7.5 锦西灌区实证结果分析 ··· 132

7.5.1 灌区水资源优化结果分析 ···································· 132

7.5.2 灌区水资源高效配置方案评价 ································ 133

7.6 灌区水资源高效配置与可持续性实证分析 ···················· 139

7.6.1 灌区水资源优化结果分析 ···································· 139

7.6.2 灌区缺水风险和可持续性分析 ································ 141

7.7 本章小结 ··· 142

第8章 田间-灌区双层系统水土资源协同配置 ······················· 144

8.1 研究概述 ··· 144

8.2 供需水联合分布概率 ··· 146

8.2.1 水资源供需时序数据资料 ···································· 146

8.2.2 径流和 ET_0 边缘分布的确定 ······························ 147

8.3 水土资源优化配置大系统优化模型 ····························· 154

8.3.1 模型构建框架 ··· 154

8.3.2 模型求解步骤 ··· 158

8.4 灌区农业水资源承载力评价 ····································· 160

　　　8.4.1　评价指标体系的建立 ································· 161
　　　8.4.2　基于熵权的 TOPSIS 法 ························· 161
　　8.5　模型参数 ··· 163
　　8.6　结果分析与讨论 ······························· 165
　　　8.6.1　边缘分布参数估计、线型选择与丰枯组合概率 ····· 165
　　　8.6.2　大系统优化模型水土资源配置结果 ············· 168
　　　8.6.3　灌区农业水资源承载力 ······················· 171
　　8.7　本章小结 ··· 172
第 9 章　灌溉农业耦合 WFEN 的水土资源协同调控 ········· 174
　　9.1　研究概述 ··· 174
　　9.2　基于 RBI 的模糊多目标规划模型框架 ············· 175
　　9.3　WFEO-SIA 模型 ································· 177
　　　9.3.1　WFEO-SIA 模型参数及变量解释 ············· 178
　　　9.3.2　WFEO-SIA 模型目标函数 ··················· 181
　　　9.3.3　WFEO-SIA 模型约束条件 ··················· 182
　　9.4　WFEO-SIA 模型输入参数 ····················· 183
　　9.5　结果分析与讨论 ······························· 186
　　　9.5.1　经济效益和环境影响的变化 ··················· 186
　　　9.5.2　资源分配结果 ······························· 188
　　　9.5.3　参量对目标的贡献率 ························· 190
　　　9.5.4　敏感性分析 ································· 193
　　　9.5.5　与实际情况对比分析 ························· 194
　　9.6　本章小结 ··· 195
第 10 章　基于 WFEN 的农业系统水-土-能协同调控 ········· 196
　　10.1　研究概述 ··· 196
　　10.2　耦合 WFEN 的农业水-土-能协同调控——模型 Ⅰ ··· 197
　　　10.2.1　模型目标函数 ······························· 197
　　　10.2.2　模型约束条件 ······························· 201
　　　10.2.3　模型求解方法 ······························· 202
　　10.3　耦合 WFEN 的农业水-土-能协同调控——模型 Ⅱ ··· 205
　　　10.3.1　模型参数与变量含义 ························· 207
　　　10.3.2　模型目标函数 ······························· 211
　　　10.3.3　模型约束条件 ······························· 213
　　　10.3.4　模型求解方法 ······························· 214
　　10.4　农业系统可持续性评价 ························· 215

10.5　基本参数 ··· 217

10.6　结果分析与讨论 ·· 220

10.6.1　模型Ⅰ不同情景下资源分配与目标变化趋势 ················ 220

10.6.2　模型Ⅱ不同情景下资源分配与目标变化趋势 ················ 222

10.7　本章小结 ··· 228

参考文献 ·· 230

第1章 绪 论

1.1 研 究 概 述

全书研究以多元化理论为基础，以农业水土资源可持续规划为研究对象，以科学实验、数学建模、数值仿真与模拟等技术为主要方法，以东北内陆典型灌区为实验和实证研究区域，对灌区水土资源高效利用、水-土-肥资源综合管理、水-粮食-能源纽带关系分析及调控、可持续农业建设等主要问题展开系统的研究，旨在达到以下目的。

（1）研究的理论目的主要是以系统工程理论、不确定性研究方法以及可持续发展等理论为基础，进一步拓展农业水土工程相关理论。本书在对以往学者的研究成果进行归纳总结的基础上，针对不同尺度农业水土资源的规划特点，结合农田水利学、水文水资源学、土壤环境科学、系统工程学、生态学等理论，针对不确定环境下农业系统水土资源的运行特点、演化机理等内容展开深入的研究，旨在促进多元理论融合，从而对相关理论研究进行有益补充。

（2）推进可持续农业建设。水土资源是保障生产与生活的基本自然条件，是维系生态环境可持续发展不可或缺的自然支持因子，更是关系农业生产和粮食安全的核心战略资源。生态环境恶化已成为制约我国农业可持续发展的重要因素，提高农业用水效率、保障农业用水安全及改善农业生态环境是保障农业可持续发展的重要手段。相关研究指出，到 2050 年，全球人口将突破 95 亿，粮食供给需增加 60%才能满足需求，而要确保粮食供给安全，预计全球农业（包括旱地农业和灌溉农业）用水量届时将增加 19%[1]，与此同时，气候变化、生态破坏、水质恶化所导致的淡水供应短缺和耕地缩减将成为全球众多地区面临的普遍问题。因此，科学开发与利用水土资源、优化水土资源配置，是应对水土资源需求空前增长的有效手段[2]，是推进可持续农业建设和实现社会可持续发展的重要保障。

（3）提高农业水土资源利用效率，保障农业水土资源科学转移，维护我国水安全。我国农业水土资源利用效率低下且农业用水占水资源总量比重较高，如我国农业年用水量约为 3682.3 亿 m³，占总量的 61.2%，其中灌溉用水量占农业用水总量的 90%以上，但灌溉水平均利用率却不足 55%[3, 4]。我国属于水土资源严重匮乏地区之一，年平均缺水量达 500 亿 m³[5]，人均耕地面积不及世界平均水平的一半[6]。因此，提高农业水土资源利用效率是保障我国水安全的有效手段之一。同时，随着工业化进程的快速发展，第二、三产业的水土资源需求量不断增加，进而加快农业水土资源向第二、三产业转移，但由于缺乏系统性的规划，水土资源的不合理转移导致了水土资源竞争日益加剧，并成为影响我国水安全的重要因素[7]。因此，基于复合系统的宏观视角，深化不同尺度、不同资源供给条件下的农业水土资源高效耦合规划的相关研究，对系统地评估农业水土资源节约潜力、保障农业水土资源科学转移以及维护我国水安全具有重要的现实意义。

（4）推动黑龙江大型生态灌区建设，保障我国粮食安全。黑龙江省是我国重要的商品粮基地，省内分布着多个大型灌区，粮食年均产量占全国总量的10%[8]，位居全国第一。但多年来，不合理的灌溉技术与管理制度，致使农业水土资源供需矛盾日益突显，并引发灌区生态环境持续恶化，严重限制农业生产及耕地的开发[9]，极大地影响了当地农业的进一步发展。因此，加强黑龙江大型生态灌区建设对保障我国粮食安全具有重要意义。灌区作为由水库、渠道、田地、作物组成的综合体，是农业引水、输水、配水和粮食生产的重要基地。灌区内水资源、土地资源、粮食呈现出极强的耦合作用关系，从可持续发展的研究视角，科学地优化灌区的农业水土资源配置结构是推动我国生态灌区建设的有效途径，也是我国粮食安全的有力保障。

（5）探索农业水土资源复杂复合系统的运行机理及不确定性影响，为农业防灾减灾提供科学支撑。第一，农业水土资源优化配置是复杂复合系统优化问题，具有多尺度、复杂耦合性、不确定性等特点[10]。农业水土资源优化配置具有明显的尺度特征，即在不同尺度下，农业水土资源配置目标不同、配置内容存在显著差异，且受资源、社会经济和生态环境的限制程度也存在差别。第二，农业水土资源优化配置具有复杂耦合性特征，即在一定区域内不同尺度间及尺度内的农业水土资源优化配置过程相互制约，同时，区域内水-粮食-能源相互关联，需对各尺度的农业水土资源及相关要素进行系统的耦合协调，才能充分促进农业的可持续发展。第三，农业水土资源规划系统表现出极强的不确定性特征[11]，即农业水土资源规划系统具有复杂性、开放性、系统组分和过程的随机性等特征，导致系统与自然条件、社会经济状况以及人类活动等多方面因素存在着极强的关联，进而致使研究过程中涉及多重不确定性干扰，尤其是在气候变化和人类活动的影响下，不确定性对农业水土资源配置的影响更为突出，如水文要素时空变化的随机性、社会经济发展过程中涉及的模糊性与区间性等。《联合国世界水发展报告》（第四版）中发表的"不确定性和风险条件下的水管理"中[2]强调了对水资源管理进行不确定性研究的必要性与重要性。传统的优化配置模型和方法将不确定性优化问题简化成确定性规划问题，考虑的信息量不足，不能完全反映系统的不确定性因素，导致优化结果具有局限性。因此，将不确定要素量化并引入灌区水资源高效配置的相关研究中以更客观地反映农业水土资源系统的真实情况，不仅能对相关理论研究做有益补充，还可以有效地提高水资源规划的科学性、降低灌区水资源管理的风险。本书致力于上述三方面内容的深入研究，旨在推进和强化农业防灾减灾能力。

综上所述，基于不确定性分析和复合系统理论研究黑龙江省典型灌区农业水土资源优化配置问题，构建适合灌区不同尺度的农业水土资源优化配置不确定性模型，探讨不同尺度水土能资源配置的相互响应关系将有助于加强黑龙江省典型灌区农业水土资源集约化管理，对促进农业可持续发展具有重要的理论研究价值和现实指导意义。

1.2　国内外研究现状及评述

1.2.1　农业水资源优化配置相关研究综述

农业水资源指农业生产使用的水资源，主要来源于天然水和灌溉水[12]，我国灌溉水资源约占农业水资源总量的 90%，本书的研究范畴为农业灌溉水资源。农业灌溉水资源优化配置是指在满足一定的约束条件下，在整个灌溉季节，将可利用的、有限的农业灌溉水资源在时空上进行合理的分配，以达到预先设定的某种目标。其不仅直接关系水资源和土地资源的高效利用，而且还可能影响第二、三产业结构发展与生态环境保护等重大问题，需要以可持续发展战略为指导，通过对水资源时空变化规律的科学分析，提出农业灌溉水资源系统内部最佳的配水方法。农业灌溉水资源优化配置属于水资源优化配置范畴，国外从 20 世纪 60 年代初开始对农业灌溉水资源优化配置进行研究，七八十年代的数学规划技术、控制原理、模拟技术等的引入，使农业灌溉水资源优化配置的研究得到迅速发展[13, 14]。90 年代，为了解决水资源紧缺、水污染加剧造成的水环境问题，传统的以水量为主的优化配置开始转为注重水质约束、环境效益及水资源可持续利用研究。21 世纪以来，新的优化求解算法的提出与应用大大推动了农业灌溉水资源优化配置的研究。此外，相关学者开展了水资源的产权界定、组织安排和经济机理对配置效益影响下的水资源配置机理的研究[15, 16]，成果显著。国内从 20 世纪 80 年代才开始重视农业灌溉水资源优化配置的相关研究[17, 18]，但发展较快，国内水资源优化配置研究先后经历了"就水论水配置""宏观经济配置""面向生态配置""广义水资源配置""大系统配置""量质一体化配置"等阶段[19]。其中，"就水论水配置"研究即以"以需定供"为主要模式，以解决经济用户缺水最少，用户水量配置最均衡等问题为主；"宏观经济配置"研究即以水资源作为资源条件，以经济效益最大为配水目标，在形成水与经济双向反馈机制的基础上优化配置农业灌溉水资源以保证供需动态平衡；"面向生态配置"是 20 世纪 80 年代兴起的，主要是在农业灌溉水资源优化配置过程中考虑水资源过度开发和不合理利用带来的生态问题；"广义水资源配置"的主要思路为基于耗水控制的优化配置，即从真实节水概念出发，在配置过程中保证总耗水不超过可消耗的耗水要求；"大系统配置"既考虑了水量配置的效益，又考虑了调水工程的优化调度效应，体现在水量分配的多用户、多水源、多阶段、多目标、多决策主体上。王浩等提出的"三次平衡分析"的理论与方法，为大系统水资源配置提供了可行的分析途径[20]。"量质一体化配置"即在配水过程中，将水量、水质结合起来，来满足不同用户对水质的不同要求。

农业灌溉水资源优化配置方法的最初思想源于系统工程[7]。1955 年美国哈佛大学首先制订了水资源大纲，重点研究现代水资源系统工程的方法论。20 世纪 60 年代开始，人们对水资源系统的优化工作开展大量研究，其方法归类划分为动态规划（dynamic programming，DP）法[21]、随机动态规划（stochastic dynamic programming，SDP）法[22]、线性规划（linear programming，LP）法[23]、机会约束线性规划（chance constrained linear programming，CCLP）法[24]和非线性规划（non-linear programming，NLP）法[25]等。DP 法是求解决策过程最优化的数学方法，并且适用于非线性系统[26]；SDP 法是在 DP 法的基础上，考虑水文过程的随机性；LP 法是处理线性目标函数和约束条件的有效方法；CCLP 法可以处理风险概率情况下具有随机参数的线性问题；NLP 法可以解决非线性系统规划问题或用其他算法得不到全局最优解的规划问题[27]。这些经典的数学方法在水资源优化配置领域中被广泛应用并推动水资源优化配置的发展进程。然而，这些传统的方法在处理复杂系统问题时具有局限性，如 DP 法的维数灾、LP 法和 NLP 法不能够处理非凸问题等。因此，系统工程学家对水资源优化配置的研究由对复杂系统问题的求解转向在"学习过程"中寻求最优的变化，从而形成了系统学和系统论，主要包括人工智能（20 世纪 50 年代）、混沌算法（1963 年）、模糊集合（1965 年）、协同学（1969 年）、突变论（1969 年）、耗散结构（1969 年）、超循环（1971 年）、知识工程（1977 年）等[7]。由于水资源系统是一个复杂的大系统，为了反映系统内部各子系统、各要素之间的相互作用与联系，大系统优化理论被广泛应用。大系统优化是 20 世纪 70 年代发展起来的一门新的学科，也是系统工程发展到新阶段的标志之一，其核心是分解协调原理[28]。Yaron 和 Dinar[29]提出了求解多种作物灌溉水量最优分配的二层结构大系统模型。张长江等[30]提出了基于大系统递阶模型的农业水资源优化配置模型。1982 年在美国举行的"水资源多目标分析"会议和 1987 年"可持续发展"概念的提出，使多目标规划（multiple objective programming，MOP）也被相继用于水资源优化配置中以协调经济、社会、环境、生态等系统的发展[31]，并与大系统理论耦合起来，形成大系统多目标递阶分析，这是系统分析解决复杂问题的重要发展途径[32]。我国 2011 年中央一号文件《中共中央 国务院关于加快水利改革发展的决定》中指出"要坚持人水和谐。顺应自然规律和社会发展规律，合理开发、优化配置、全面节约、有效保护水资源。"因此，研究中应着重将水资源、社会经济以及生态环境相互协调，促进水资源多目标优化配置的深入探讨。同时，模拟技术与优化技术的耦合使得水资源优化配置模型更能精确地刻画土壤水、地下水的运动[33]，并广泛应用于农业灌溉水资源优化配置中[34, 35]。随着计算机技术的飞速发展，一些新的优化算法被应用于农业灌溉水资源优化配置中，包括遗传算法（genetic algorithm，GA）[36]、人工神经网络（artificial neural network，ANN）[37]、模拟退火算法（simulated annealing algorithm，SAA）[38]、蚁群算法（ant colony algorithm，ACO）[39]、粒子群算法（particle swarm optimization，PSO）[40]等。上述方法的改进及相互交叉组合形式也相继应用在水资源优化配置中。例如，付强等[41]将改进的加速遗传算法与多维动态规划法相结合，构建了遗传动态规划模型并将其应用于作物非充分灌溉制度的优化中。Yang 等[42]将 DP、MOP 和 GA耦合起来进行地表水和地下水的联合优化调配。陈述等[43]提出了基于粒子群人工蜂群算法的灌区渠-塘-田优化调配耦合模型，所开发的粒子群-人工蜂群混合算法能够快速求解优化调配耦合模型，有利于解决复杂情况下高效用水模型的求解问题。20 世纪 70 年代起，美国田纳西流域管理局利用地理信息系统（geographic information system，GIS）技术来处理和分析流域管理数据，GIS 开始应用于水文学及水资源领域[44]，它能够很好地处理和分析水文及水资源领域中具有空间分布特性的数据并得到广泛应用，主要应用于水资源管理信息系统、水资源管理决策支持系统、水资源监测评价系统等方面。并且，GIS 与其他水资源优化配置技术的结合也成为研究热点[45, 46]。

总体来讲，20 世纪 60 年代至今，国内外关于农业灌溉水资源优化配置的研究很多，从单纯地对水资源量进行调配到对水资源数量和质量进行综合管理研究；从将有限的水量在单一作物生育阶段内进行优化配置到对作物生育阶段内、作物间、渠系、灌区间、区域间等组成的"大系统"进行农业灌溉水资源优化配置；从单一的数学规划方法到将数学规划与模拟技术、人工智能算法、向量优化理论、空间技术等结合对农业灌溉水资源配置模型及方法进行研究；从单一的时间尺度发展到时空尺度配置；从单目标转为多目标等。发展至今，农业灌溉水资源优化配置模型和方法的研究日渐成熟。

1.2.2　农业土地资源优化配置相关研究综述

农业土地资源优化配置是指为了达到一定的社会、经济和生态目标，利用一定的科学技术和管理手段对特定区域内一定数量的土地资源进行合理分配，实现土地资源的可持续利用[47]。农业结构调整是农业土地资源优化配置的目标，而种植业又是农业的耗水大户[48]。因此，本书的农业土地资源优化配置主要考虑农业种植结构优化。农业种植结构是农业和灌溉用水管理部门的重要参考数据[49]，种植结构优化可以促进水资源的优化配置，提高水资源的有效利用率，缓解水资源的供需矛盾，从而使农业得以持续发展[50]。国外从 20 世纪 70 年代开始关注农业种植结构优化问题，主要是按照研究区域的水资源和自然条件合理地调整粮、经、饲种植结构以达到提高种植业的效益，降低种植成本，缓解水资源短缺等目标[51-53]。我国种植结构优化研究比国外起步晚，主要经历以下三个阶段。

（1）20 世纪 80 年代前，在计划经济体制下以提高粮食总产为主要目标的种植模式研究；

（2）20 世纪 80 年代末到 90 年代，开展保障食物供给和提高种植业经济效益为目标的市场经济体制下的种植制度研究[54]；

（3）20 世纪末以来，农业种植结构优化以适当压缩高耗水作物种植比例，或以调整作物熟制和播期为手段，使作物生育期内的耗水与同期有效降水耦合，以获得最大的综合效益[55]。

种植结构优化常用的方法有线性规划、非线性规划、动态规划等。由于种植结构优化具有地域性、时空性、不确定性、复杂性等特点，传统方法在求解种植结构优化模型时存在困难。新发展起来的智能优化算法，如混沌算法、模糊优化等，在解决复杂大系统的优化问题上具有很大的优越性[56]。为避免种植结构单目标优化只注重单一效益的弊端，多目标优化模型和方法被相继使用[57]，常见的多目标优化方法有目标权重法、灰色分析法、妥协约束法、熵权系数法、模糊优选理论、有序度熵模型、进化算法等[58-61]。不同优化方法之间的结合，优化方法与计算技术、遥感等现代信息技术的结合使得建立反映农业种植结构调整复杂性系统的优化模型成为可能，求解也变得容易起来，同时提高了优化效率得到了很好的效果。

1.2.3 农业水土资源优化配置不确定性方法研究

自然界中的现象具有确定性和不确定性两个方面，确定性是相对而言的，而不确定性却是绝对的。文献[62]～[64]阐述了经典的不确定性理论，主要包括：随机理论、模糊数学理论、灰色理论。随机理论主要探讨研究对象发生与否的不确定性（随机性），模糊数学理论处理研究对象所呈现的类属和性态的界限的不确定性（模糊性），灰色理论处理研究对象信息量不充足而出现的不确定性（区间性）。传统的优化方法不能够反映和处理复杂系统的不确定性，不确定性规划方法因此而产生。对应系统中的不确定性，不确定性规划方法可分为以下三类。

（1）随机数学规划（stochastic mathematical programming，SMP），即在优化模型中引入服从某种概率分布的随机变量。主要包括机会约束规划（chance constrained programming，CCP）[65]、两阶段随机规划（two-stage stochastic programming，TSP）[66]、相关机会规划[67]等，其中，CCP 和 TSP 在水资源优化配置中得到了较为广泛的应用。CCP 是 20 世纪 50 年代末期由 Charnes 和 Cooper 提出的[68]，其核心在于当优化模型约束中存在随机变量时，决策者所做决策可以在一定程度上不满足约束最劣情况，即不必严格满足系统约束，但在随机变量概率分布函数已知的情况下，该决策使约束条件成立的概率不小于某一个足够小的置信水平，CCP 可以反映系统在不确定性条件下的可靠性。TSP 的核心在于"追索"思想，即在随机事件出现后，根据第一阶段做出的决策与实际情况之间的偏差进行追索或者补偿行为[69]。TSP 可以在与政策相关的预设政策情景的基础上分析处理系统中存在的不确定性因素。在 TSP 中，初始阶段的决策是根据不确定性事件制订的，当在分析了各阶段的不确定性因素以后，第二阶段决策会根据第一阶段决策的结果和预测的不确定性因素进行相应的调整。若系统存在多阶段规划问题，则 TSP 可以发展成多阶段随机规划（multi-stage stochastic programming，MSP）模型[70]。

（2）模糊数学规划（fuzzy mathematical programming，FMP），主要通过 Zadeh[71]提出的模糊集理论来解决模型系统中的不确定性。在 FMP 中，模糊性存在于系统的目标函数和约束条件中，用隶属函数来描述目标和约束的满意程度。目前，应用较广的 FMP 主要包括模糊弹性规划（fuzzy flexible programming，FFP）和模糊可能性规划（fuzzy possibilistic programming，FPP）。其中，FFP 主要处理模型目标函数和约束条件中的模糊不确定性，而 FPP 主要处理模型中参数的模糊不确定性。

（3）区间数学规划（interval mathematical programming，IMP）是近几十年来在水资源领域应用较广的一种处理区间不确定性的新技术，它可以有效处理因数据缺乏导致函数概率分布和隶属函数未知情况下模型的不确定性规划问题[72]。

农业水土资源优化配置问题涉及自然条件，水土资源开发利用的政策要求，系统近期、中期、远期利益之间的平衡，国家和地区的经济发展，生态环境改善等，其中含有大量的不确定性因素。此外，水土资源优化配置模型中的众多参数、变量及它们之间的相互关系也常常是多变和不确定的。因此，需要用不确定性的优化理论来研究农业水土资源优化配置问题。不确定性优化理论在农业水土资源优化配置上的应用 20 世纪 90 年代才逐渐发展起来。然而，农业水土资源系统中的众多不确定性通常不是单独存在的，每种不确定性方法在解决实际问题中都有各自的优缺点，因此，为了能够更好地处理农业水土资源优化配置中的多重不确定性问题，一些学者根据实际要求将不确定规划方法耦合在农业水土资源优化配置的传统模型中。其中，Huang 研究团队开发了一系列水土资源优化配置多重不确定性模型及相应解法，为水土资源优化配置不确定性模型的构建与应用做了巨大贡献。2000 年，Huang 和 Loucks[73]首次将在 1992 年开发的区间参数规划（interval parameter programming，IPP）与 TSP 耦合，形成区间两阶段随机规划

（interval two-stage programming，ITSP）模型，给出耦合模型的详细解法并将其应用于水资源优化配置中。该模型的开发促进了后续一系列将不确定性规划方法，尤其是多重不确定性规划方法应用于农业水土资源优化配置的研究[74-76]。然而，早期的研究多注重农业水土资源优化配置不确定性模型的构建与相应解法的开发，采用假想案例对模型进行验证，简化了农业水土资源优化配置的实际物理过程，其实际应用性较差。为了验证所开发的农业水土资源优化配置不确定性模型具有实际应用价值，Li 等[77]根据灌区实际情况，在对来水随机性分析的基础上，详细阐述了如何利用 ITSP 模型对各作物进行优化配水以得到不同流量水平下的灌溉配水方案，为后续将不确定性优化理论应用于农业水土资源优化配置领域奠定了良好基础。为更充分反映系统不确定性，更多的不确定性方法被引入 ITSP 模型框架中，如 Li 等[78]将整合的模糊随机规划方法应用于灌溉水量优化配置实例研究中，以反映农业水资源配置系统中同时存在的随机性、模糊性和区间性。

1.2.4　农业可持续性分析

　　1980 年国际自然资源保护同盟受联合国环境规划署的委托起草了《世界自然保护大纲》，其中正式明确提出"可持续发展"的概念。农业可持续发展概念相继产生，1985 年美国的《可持续农业研究教育法》，正式提出了"农业可持续发展"这个概念。联合国粮食及农业组织（简称联合国粮农组织，Food and Agriculture Organization of the United Nations，FAO）将可持续农业定义为：可持续农业是能不断满足当代人及后代人对农产品需求的，能保护资源与环境的，技术上适当、经济上可行、社会上能够接受的农业发展模式。我国学者于 20 世纪 80 年代紧随国际学术前沿，对可持续农业的相关内容展开研究，并认为农业系统的可持续效益是生态效益、社会效益及经济效益的综合反映。众多学者从不同角度对农业可持续发展的相关问题展开了研究，从优化建模与评价分析角度出发，研究方向可包括以下方面。

　　（1）基于水-粮食-能源耦合规划的可持续农业研究。Hoff[79]构建了农业系统的水-粮食-能源耦合规划模型框架，并提出水-粮食-能源耦合规划对农业水安全和粮食安全具有重要作用。Ringler 等[80]对水-粮食-能源耦合关系展开研究，认为提高上述资源的协同规划程度是提高各项资源利用效率的关键。Finley 和 Seiber[81]对水-粮食-能源耦合关系展开研究，在此基础上开发了相应的水-粮食-能源耦合分析模型，并基于上述研究提出了农业绿色经济发展策略。de Vito 等[82]以水-粮食-能源耦合关系为基础构建了农业灌溉可持续评价模型，并对各项指标与农业灌溉可持续程度的相关性进行了分析，指出经济型土地生产力是影响灌溉农业可持续发展的关键要素。Tian 等[83]构建了以水-土-能耦合模型、生态模型、气象模型为基础的复合模型框架，以此分析水-土-能耦合规划、生态可持续发展、气候变化三者间的相互作用关系。Li 等[84]以水-粮食-能源耦合关系为基础构建了农业水资源随机规划模型，对水资源高效利用问题与农业系统的水-粮食-能源耦合关系进行协同规划，进而提高农业系统的可持续性。

（2）水土资源可持续利用研究。康绍忠[85, 86]提出了推动农业适水发展、绿色高效节水措施的管理举措，并指出提高农业水土资源利用效率是提高农业可持续发展程度的重要途径，同时，提出了加强我国灌区现代化改造的具体举措，指出生态灌区是灌区现代化改造的重要方向。王友芝和郭萍[87]基于多目标理论构建水资源优化配置模型，对黑河中游绿洲用水结构进行优化，通过多目标耦合增强水资源配置的可持续性。Xu 等[88]以两阶段随机规划为基础，对区域水资源配置结构展开研究。Li 等[89, 90]构建了以协同多目标为基础的水资源优化配置模型，该模型的构建旨在协同提升农业水资源利用效率和水资源规划的可持续程度。熊佳等[91]基于全国各行政区的现状灌溉水利用效率数据，采用地质统计学及空间自相关分析方法对灌溉水利用效率的空间分布特性进行分析。张凤太和苏维词[92]以贵州省为研究对象，构建水资源-经济-生态环境-社会系统耦合评价指标体系，经过主客观综合权重法赋权后，对 2000～2011 年水资源-经济-生态环境-社会系统效益进行定量评价并分析其耦合协调特征。Mosleh 等[93]以区域最适宜耕地量和最适宜灌溉量为基础，提出了基于可持续农业的农业水土资源耦合规划方法。李晨洋等[94]构建了变化环境下基于生态要素的水资源区间两阶段随机规划模型，提出了提高灌区生态水平的水资源配置方案。

1.2.5 评述

综上所述，关于农业水土资源优化配置的研究取得了丰富的研究成果，但仍有诸多研究亟待补充，主要表现在以下方面。

（1）以往关于农业水土资源优化配置模型的研究多数集中在某一特定的尺度，缺乏能够反映农业系统内适合各尺度特点的农业水土资源优化配置模型体系的研究。

（2）以往对农业水土资源优化配置模型的研究简化了自然及社会要素不确定性的定量表征及分析。自然要素（如水文要素）和社会经济管理要素（如政策要素）的时空变化直接影响农业水土资源配置结果，不同尺度的农业水土资源受资源、社会经济和生态环境影响的程度不同，导致所涉及的不确定性也不同。如何针对各尺度特点，采用合适的不确定性方法并与各尺度水土资源配置模型结合有待继续深入研究。

（3）农业水土资源优化配置是个复杂的大系统问题，系统内水、土、粮食、能源互馈关系紧密。以往相关研究中缺乏以农业尤其是种植业为主体的"水-粮食-能源"纽带关系的不确定性量化，基于此的农业水土资源优化配置更是匮乏。

本书致力于对上述有待研究的内容继续探索，旨在为相关研究成果做有益补充。

1.3　主要研究内容

1.3.1　农业水土资源优化配置不确定性方法与模型

研究主要以黑龙江省典型灌区（呼兰河灌区和锦西灌区）为研究对象，针对农业水土资源配置系统中存在的诸多不确定性，在明晰各尺度农业水土资源相互作用关系的基础上，构建适合不同尺度的农业水土资源优化配置不确定性模型体系并开发其解法，旨在为变化环境下农业水土资源配置的相关研究做有益补充。具体内容如下。

（1）单一作物生育期水资源配置。构建降水-径流联合分布函数，获得降水-径流丰枯组合概率；定量表征模型的不确定性；量化不确定性条件下水稻生育期水量平衡方程，构建基于直觉模糊不确定性的多目标非线性规划模型，对单一作物生育阶段水资源进行优化配置，开发所构建模型的优化算法；提出作物在不同生育期应对不同降水-径流丰枯组合条件下的水资源配置方案。

（2）单一作物水、土、肥资源综合配置。模拟作物全生育期水肥二次生产函数，构建以"增效-增利-减排"为目标的多目标非线性规划模型，开发所构建模型的优化算法，并对单一作物全生育期水、土、肥资源进行优化配置；随机抽样来水水平，模拟不同来水联合分布，获得水稻水、土、肥在变化水文条件下的最优利用量。

（3）多作物间水资源配置。拟合径流水文频率分析曲线；进行径流序列突变检验；随机抽样并模拟随机水文序列；估计水文分布参数；量化不同频率水平下径流区间值；计算社会经济要素长系列数据的均值与方差；模拟社会经济要素区间分布并估算对应区间阈值。分析灌区供需平衡；量化灌区"四水"转化约束；构建灌区多水源高效配置多目标模型；开发不确定性优化模型解法；分析不同流量水平的灌区水资源配置方案并给出水资源配置建议。

（4）田间-灌区双层系统水土资源协同配置。拟合供-需水分布频率曲线并估计参数，确定单变量边缘分布，构建供-需水联合分布函数并获取丰枯组合概率；随机模拟供需水量，生成供-需水可能组合情景。建立基于大系统分解协调理论的灌区水土资源配置多目标优化模型，确定模型迭代终止条件，建立灌区内农民-管理者的利益博弈模型。评价供需水不确定性条件下的灌区农业水资源承载力，提出解决灌区灌溉水资源供需矛盾的措施。

（5）灌区子区间水资源优化配置。分析灌区来水的多重不确定性并对其进行量化表征，量化缺水-经济损失风险模型，构建耦合区间随机数与风险模型的两阶段随机规划模型，获得多重不确定性条件下灌区不同子区在不同流量水平下的水资源配置方案，分析并评价水资源配置性能；量化灌区水资源高效利用对灌区社会、经济与环境维度的影响，获得灌区水资源高效利用与灌区可持续发展间的定量关系，提出促进灌区可持续发展的水资源配置策略。

1.3.2 耦合水-粮食-能源纽带关系的农业水土资源优化配置

（1）灌区尺度下基于水-粮食-能源纽带关系的水土资源优化配置。量化灌溉农业系统内水-粮食-能源纽带关系各组分间的关系；分析不同供水来源的高度不确定性，获取供水的随机边界区间数。构建耦合水-粮食-能源纽带关系及随机边界区间数的灌区水土资源协同调控多目标线性规划模型，并开发模型解法，提出灌区水、土、能应对复杂来水条件的综合调控方案。

（2）农业系统尺度下基于水-土-能纽带关系的水土地资源优化配置。量化灌区所在行政区以种植业和畜牧业为主线的水-土-能纽带关系；量化水-土-能纽带关系各组分参数的区间和随机不确定性，构建基于不确定性输入的耦合水-土-能纽带关系的水、土、能综合调控单目标和多目标模型，提出为提升灌区经济效益，减少温室气体排放与降低水污染，促进生物质能转化的水、土、能协同调控策略及应对变化环境的响应措施。

1.3.3 农业水土资源配置可持续性分析

（1）根据作物全生育期的水足迹、碳足迹、能源足迹和生态足迹分析，提出作物水、土、肥资源综合管理的合理性建议。

（2）灌溉水资源优化-决策模型构建。模型以多目标为基础，可为灌区提供多个环境友好、资源集约的灌溉水资源配置方案，并进一步从可持续发展的视角出发，耦合经济效益指标、社会效益指标以及环境效益指标对已优化的灌区灌溉水资源配置方案的可持续程度作进一步的分析，进而达到优中选优的研究效果。

第 2 章　研究区域概况

2.1　黑龙江省灌区概况

黑龙江省地处中国的东北部（121°11′E～135°05′E，43°26′N～53°33′N），其东部、北部与俄罗斯隔江相望，西部、南部分别与内蒙古、吉林接壤，是中国最北端以及陆地最东端的省份，其辖区土地总面积约 47.3 万 km^2，约占全中国陆地面积的 4.9%。地貌特征可概括为"五山一水一草三分田"。地势呈西北、北部和东南部高，东北、西南部低的特征。截至 2020 年，省内常住总人口约 3751.3 万人，GDP 约为 13612.7 亿元，其中，第一产业增加值 3182.5 亿元，第二产业增加值 3615.2 亿元，第三产业增加值 6815.0 亿元。

2.1.1　水资源概况

（1）省内主要水系分布情况。黑龙江省境内水系发达，主要水系包括黑龙江、乌苏里江、松花江、绥芬河，流域面积在 $50km^2$ 及以上的河流有 2881 条，总长度为 9.21 万 km。此外，境内还有兴凯湖、镜泊湖、五大连池等众多湖泊。常年水面面积在 $1km^2$ 及以上的湖泊有 253 个，其中，淡水湖 241 个，咸水湖 12 个，水面总面积为 $3037km^2$（不含跨国界湖泊境外面积）。

（2）降水及水资源结构。黑龙江省降水在年内、年际和地区间的变化均很大。年内降水量多集中在 6～9 月，占年降水总量的 60%～80%。据统计，2019 年黑龙江省平均年降水量为 753.1mm，比常年偏多约 40%，为 1961 年以来历史第一位，全省多年平均年降水量约为 523mm，折合水量约 2378.57 亿 m^3。

据统计，黑龙江省多年平均地表水资源量为 527.18 亿 m^3，多年平均地下水资源量为 269.69 亿 m^3，扣除两者之间重复计算量 131.27 亿 m^3，全省多年平均水资源量为 665.6 亿 m^3，人均水资源量约 2000m^3，均低于全国平均水平。

2.1.2　农业概况

黑龙江省是我国重要的商品粮基地，农用地面积 3950.2 万 hm^2，占全省土地总面积的 83.5%，主要粮食作物为玉米、大豆、水稻，商品粮产量占全国总量的 10%以上[95]，多年粮食总产量位居全国第一。

全省共有灌区 317806 个（包含大、中、小型灌区及纯井灌区），其中，大型灌区 32 个，中型灌区 306 个，小型灌区 9136 个，纯井灌区 308332 个，灌区有效灌溉面积约 7787.3 万亩（1 亩≈666.7m^2）[96]，主要分布在省内两大平原（松嫩平原和三江平原）上。黑龙江省主要农业分区概况如下。

（1）大小兴安岭林区。含 10 个县（市）、8 个中央直属森工局、19 个省属森工局、6 个国有农场，耕地面积约 784.6 万亩。

（2）三江平原农牧区。位于省东部，包括 21 个县（市）、50 个国有农场、6 个林业局，耕地面积约 4787 万亩。该区域内小麦和大豆的产量约占全省总量的 40%，水稻产量约占全省总量的 30%。

（3）张广才岭老爷岭林农区。位于省东南部，包括 11 个县（市）、5 个国有农场、11 个森工局和 78 个市（县）林场，耕地面积约 1014.7 万亩，该区域内水稻产量约占全省总量的 20%。

（4）松嫩平原农牧区。该区位于省西南部，包括 37 个县（市）、43 个国有农场、6 个省属劳改农场、1 个公安部直属农场、4 个森工局和 4 个省属渔场，耕地面积约 10183 万亩。该区域耕地面积占全省耕地总面积的 3/5，水稻、小麦、大豆的产量约占全省总量的 40%，玉米产量约占全省总量的 70%。

本书选取松嫩平原与三江平原内的两大典型灌区（呼兰河灌区和锦西灌区）为实证区域，在梳理上述两区域自然条件和社会经济发展状况后，对灌区水资源管理问题展开研究，旨在为大中型灌区灌溉水资源优化配置和可持续利用做有益补充。

2.2 呼兰河灌区概况

呼兰河灌区（125°55′E～128°43′E，45°52′N～48°03′N）位于黑龙江省庆安县境内，地处小兴安岭西南麓，松嫩平原和小兴安岭余脉交汇地带，灌区位于呼兰河流域中上游，是黑龙江省内的典型大型灌区。

2.2.1 基本自然概况

呼兰河灌区属于中温带半干旱半湿润大陆性季风气候，具有明显的季节气候特征。春季干燥少雨多大风，冷暖多变；夏季高温多雨；秋季降温快，易早霜；冬季寒冷；灌区所在地区多年平均降水量为 545.3mm，变化范围在 450～700mm，降水年际年内分配不均，多年平均水面蒸发量为 664.5mm（以 20cm 蒸发皿量测），变化范围在 462～873mm。多年平均气温为 1.7℃，多年平均大于或等于 10℃的有效积温为 2518℃。全灌区多年平均无霜期为 128d，最长为 150d，最短为 114d。全年平均日照时数为 2577h。受丘陵山地和林区的影响，西南部气温较高，北部较低，4 月末到 9 月 20 日作物生长日照为 1211h，全年太阳辐射量为 4604MJ/m²，全年结冻期 6 个月，最大冻深为 1.8～2.1m。

2.2.2　行政辖区及土地开发概况

呼兰河灌区为省内典型大型灌区，辖下含庆安县、铁力市辖区内的 10 个乡镇和两个国有良种场及省农垦柳河农场，即庆安县的平安镇、庆安镇、久胜镇、勤劳镇、新胜乡、丰收乡、发展乡、同乐乡和致富乡，铁力市双丰镇。灌区共下辖 6 个分区：和平片区、建业片区、柳河片区、兰河片区、劳模片区、丰田片区。灌区总面积 188.85km²，现有耕地面积 134400.5hm²，设计（规划）灌溉面积 24212.1hm²，有效灌溉面积 20343.5hm²，其中自流引水灌溉面积 15.00 万亩，井灌区面积 15.50 万亩，表 2-1 为呼兰河灌区特性表。

表 2-1　呼兰河灌区特性表

项目		情况
经济社会基本情况	项目区范围	指受益县名及乡、行政村数量
	总人口	29.16 万人
	农业人口	27.95 万人
	GDP	347600 万元
	农业总产值	111108 万元
	粮食总产量	491 万 t
	农民人均年纯收入	6878 元
水土资源条件	土地资源	
	耕地面积	134400.5hm²
	设计（规划）灌溉面积	24212.1hm²
	有效灌溉面积	20343.5hm²
	水资源	
	多年平均水资源总量	244671 万 m³
	地表水资源量	221200 万 m³

续表

项目			情况
水土资源条件	水资源	地下水资源量	23471 万 m³
		多年平均水资源可利用量	60997 万 m³
		水资源现有水利工程可供水能力	37526 万 m³
现状	农业生产	粮食播种面积	134400.5hm²
	水源工程	机电井数量	280 眼
		机电井功率	380kW

2.2.3　水源情况

庆安县呼兰河灌区属呼兰河流域，有六条支流汇入呼兰河，依次为依吉密河、安邦河、拉林清河、欧根河、尼尔根河、格木克河。其中，呼兰河及支流依吉密河、安邦河、拉林清河、欧根河为灌区水源。呼兰河属于松花江一级支流，发源于小兴安岭西麓铁力市东北部的炉吹山，流经庆安县中部，然后经北林区、望奎县、兰西县，在哈尔滨市呼兰区注入松花江，全长505km，流域面积36630.8km²。依吉密河为庆安县与铁力市的界河，属于呼兰河一级支流，发源于伊春市的南部锅顶山，河道总长103km，在距庆安县发展乡柴德福屯1km处汇入呼兰河。安邦河是庆安县与铁力市的界河，属于呼兰河一级支流，发源于铁力市平顶山西侧，河源高程960m，全长102km，流经庆安县平安镇闫合屯北入呼兰河。拉林清河是庆安县境内河流，属于呼兰河一级支流，发源于官五爷大山北麓，河源高程460m。欧根河是庆安县境内河流，属于呼兰河一级支流，发源于高岚山南侧，在庆绥公路的呼兰河桥东注入呼兰河，河源高程460m，河长174km。尼尔根河是庆安县境内河流，属于呼兰河一级支流，是庆安县与绥棱县、北林区的界河，发源于绥庆交界处的青水山支脉海同山，于庆安县罗家屯西南注入呼兰河，全长85km，流域面积522km²。

呼兰河灌区为多渠首灌区，根据土壤条件及地形条件和现状水田分布，灌溉水田以呼兰河为界分为南北两个分区，其中，南区主要由"李山屯渠首"引"呼兰河"水灌溉和平片区，并由"安邦河渠首"及"郑文举渠首"分别引"安邦河"和"拉林清河"为和平片区补水；由"建业渠首"引"拉林清河"水和由其上游的"柳河水库"灌溉建业片区和柳河片区。而北区由"丰田渠首""王海渠首"引"依吉密河"水，"北盖渠首"引"欧根河"水灌溉劳模片区；由"北盖渠

首""福成渠首"引"欧根河"水灌溉兰河片区。呼兰河灌区主要渠首工程共
10处,包括丰田渠首、王海渠首、北盖渠首、福成渠首、李山屯渠首、安邦河渠
首、郑文举渠首、建业渠首、丰收渠首及柳河水库。灌区内有9条干渠:兰河干
渠、同乐干渠、劳模干渠、丰田一干渠、丰田二干渠、和平干渠、建业干渠、丰
收干渠、柳河干渠。9条干渠布置在灌区较高位置处,可保证灌区大部分灌溉面
积自流灌溉。

2.2.4 和平灌区(分区)概况

和平灌区(125°55′E~128°43′E,45°52′N~48°03′N)是呼兰河灌区最大的分
区,位于呼兰河左岸的干、支流河漫滩及一级阶地上,灌区范围由东向西呈带状
分布,西邻绥化市,东至铁力市双丰镇,南到哈伊公路,北以呼兰河为界。

(1)气候条件。见2.2.1节。

(2)耕地及灌溉状况。灌区内总土地面积为22.78万亩,其中,耕地面积为
18.17万亩。和平灌区现有水田面积10万亩,其中,地表水灌溉水田9.2万亩,
井灌水田0.8万亩;旱田和其他作物8.17万亩。水稻、玉米、大豆的生育期一般
在125d左右。全灌区作物以大田播种为主要方式,由于水田效益较高,水稻种植
倍受农民青睐,灌区农业生产以水稻种植为主。

和平灌区现有干渠1条,长45km,支渠16条,直属斗渠12条,提水渠2条,
总长106.63km;排水干渠15条,总长56.87km。和平灌区灌溉以地表水为主要水
源,不足部分由水库补给,主要水源工程有和平渠首、安邦河渠首、郑文举渠首、
柳河水库。呼兰河及一级支流安邦河和拉林清河穿过灌区内部,与干渠平面交叉。
李山屯渠首从呼兰河引水,控制面积为4100km^2;安邦河渠首位于安邦河下游,
控制面积为856km^2;横太山水文站集水面积为565km^2;郑文举渠首位于拉林清
河上,柳河水库下游,控制面积为696km^2。和平渠首(李山屯渠首)设计引水流
量为12m^3/s,而干渠的输水能力只有9m^3/s,形成输水瓶颈,影响灌溉效率的充分
发挥,导致水资源不能得到充分利用。

2.3 锦西灌区概况

2.3.1 灌区总体概况

黑龙江省锦西灌区(131°30′E~132°37′E,46°48′N~47°14′N)位于富锦市西
部,是黑龙江省内的另一大型灌区,灌区内含四个分区,分别是松花江分区、锦
山分区、花马分区、头林分区,主要农作物是水稻、大豆、玉米、蔬菜和瓜果。

灌区北临松花江，东靠幸福灌区，南与友谊农场相望，西邻二九一农场，耕地面积为 $1.01 \times 10^5 \text{hm}^2$。灌区内大部分区域为广阔平原区，地势低平。农业为用水大户，占总用水量的 95%以上，其中，灌溉用水约占农业用水的 90%，因此，锦西灌区水资源的主要消耗方式为农业灌溉。

锦西灌区属于中温带大陆性气候，具有明显的季节性。经统计，年平均温度在 3.6℃ 左右，全年平均相对湿度为 67%，灌区处于西风带，年平均风速 3.7m/s。7 月平均气温为 21.2℃，1 月平均气温为−19.3℃。全年日照时数在 2151.3h 左右，无霜期在 148d 左右，作物生长期为 143d 左右，年平均降水量为 519mm，年蒸发量为 750mm，蒸发量显著高于降水量，属于水资源匮乏地区。

锦西灌区北靠松花江干流，南临外七星河。松花江干流在富锦市内流经长度为 84km，最大与最小径流量分别为 16400m³/s 与 360m³/s。外七星河为富锦市内唯一过境河流，全长 183km，流域面积为 6520km²。锦西灌区地势平坦，无天然河流，地表水利用程度低，需建设水利工程开发利用。

2.3.2　灌溉面积分布

锦西灌区工程位于富锦市西部，灌区总控制面积为 177.42 万亩，行政区隶属于富锦市锦山镇、头林镇、上街基镇。现有耕地面积 151.6 万亩，其中，水田面积 52.0 万亩。规划灌溉面积 110.33 万亩，其中，58.02 万亩的旱田改为水田。规划四个分灌区，分别为松花江分区（7.65 万亩）、锦山分区（18.38 万亩）、花马分区（50.13 万亩）、头林分区（34.17 万亩）。各分区主要面积指标详见表 2-2。

表 2-2　锦西灌区规划灌溉分区表

项目	松花江分区	锦山分区	花马分区	头林分区	合计
范围	北靠松花江，南至省道 S306，西与富锦市已建红卫灌区接壤，东至已建幸福灌区	北起省道 S306，南至外七星河，西与农垦二九一农场接壤，东至别拉音山	北起省道 S306，南至外七星河，西至别拉音山，东至已建幸福灌区和对锦山	西起对锦山，东至富锦支河下段，北起富锦支河上段，南至外七星河	
行政区	上街基镇	锦山镇	锦山镇	头林镇	
地面高程/m	61.8～64.4	61.8～64.4	59.1～64.5	56.1～61.4	
灌溉渠道	总干渠	山西干渠	花马干渠	头林、二林分干渠	
主要排水沟道	火烧沟排干	山西排干	万福、花马排干	头林、二林排干、富锦支河	
排水承泄区	松花江	外七星河	富锦支河上段	富锦支河下段	
主要作物	水稻	水稻	水稻、大豆	水稻、大豆、玉米	
控制面积/万亩	8.60	34.51	70.59	63.72	177.42
耕地面积/万亩	7.81	25.01	62.97	55.81	151.60

2.3.3 水资源利用分析

灌区所在区域多年平均降水量为 519mm，多年平均蒸发量为 720mm，多年平均径流量为 0.49 亿 m^3。灌区生活、工业用水全部利用地下水，灌区农业灌溉供水量由扣除生活及工业用水后的地下水可供水量和外江提水组成。全灌区总供水量包括区内地下水、松花江水及灌溉回归水。

（1）供用水情况。现状期项目区总供水量 21912 万 m^3，其中，生活用水量 1185 万 m^3，工业用水量 729 万 m^3，农业用水量 19998 万 m^3。项目区灌溉毛定额为 380m^3/亩左右。规划 2030 年，锦西灌区规划灌溉面积 110 万亩，在 $P=80\%$ 的概率水平下，灌区总可供水量 6.30 亿 m^3，其中，渠首松花江断面可供水量为 4.99 亿 m^3；多年平均灌区总可供水量为 5.27 亿 m^3，其中，渠首松花江断面可供水量为 3.53 亿 m^3。

（2）水资源开发利用状况。由于项目区农业开发速度较快，长期大量提取地下水进行农田灌溉。由地下水多年动态变化分析可知，地下水位呈下降趋势，下降幅度为 0.43m/a。锦西灌区地下水可开采量约为 1.39 亿 m^3/a，现状年地下水开采量约为 2.19 亿 m^3/a，全区地下水超采 58%。四个分区除松花江分区不超采外，其余三个分区地下水超采 1.50%～212%，各分区开采情况详见表 2-3。

表 2-3 各分区现状年地下水开采情况

灌区分区	可开采量/(万 m^3/a)	实际开采量/(万 m^3/a)	超采量/(万 m^3/a)	超采程度/%
松花江分区	3717	2782	不超采	—
锦山分区	3352	4276	924	28
花马分区	3777	11786	8009	212
头林分区	3023	3068	45	1.50
合计	13869	21912	8043	

2.3.4 锦西灌区面临的主要问题

锦西灌区面临的主要问题如下。

（1）灌溉水资源配置结构不合理，地下水超采。锦西灌区地下水可开采量约为 1.39 亿 m^3/a，由于灌区农业种植开发速度较快，长期大量抽取地下水进行农业灌溉，以 2014 年为例，灌区供水全部来自地下水，地下水开采量约为 2.19 亿 m^3，全区地下水超采 58%，导致地下水环境恶化，区域内地下水位呈下降趋势，下降幅度为 0.43m。

（2）灌区生态问题突出。主要表现在以下两方面：首先，随着灌区农业的快速发展，农业用水比例不断增加，据统计，农业灌溉用水总量已占全区耗水总量的 90% 以上，导致灌区内生态用水严重短缺。其次，随着灌区农业规模的扩大，农药、化肥的使用量不断增加，灌区农业排水中污染物（氮、磷、氨氮、COD_{Cr} 等）年排放总量已突破 4.4 万 t，导致灌区水体污染和水体富营养化现象加剧，极大地影响了灌区的可持续发展。

（3）农业水资源利用效率低。灌区内农业用水占灌区总耗水量的 90% 以上，经测算锦西灌区农业灌溉水资源生产力仅为 $0.9kg/m^3$，农业水资源利用效率偏低，同时，随着市政、工业等部门用水需求的增加，部门间的水资源竞争不断加剧，提升农业水资源利用效率，缓解水资源短缺成为灌区亟待解决的问题。

（4）不确定性要素对水资源配置的干扰。灌区农业水资源规划配置过程受大量的不确定性要素的干扰，如降水、径流及灌溉面积的变化等。同时，灌区的农业经济效益、社会效益以及环境效益之间的相互作用关系也动态影响水资源配置过程。

综上所述，锦西灌区作为我国重要的粮食生产基地，所面临的水资源管理问题较为复杂。首先，为了确保粮食产量，必须保障农业供水安全。其次，还要兼顾环境保护，以实现水资源的可持续配置和利用。与此同时，供需水量在降水等自然因素的干扰下，呈现显著的随机性特征，增加了水资源规划与管理的困难。因此，综合不确定性因素影响，深入研究锦西灌区农业水资源规划配置问题，对提升我国大型灌区水资源管理能力、推动生态灌区建设、促进农业可持续发展具有重要的现实意义。

2.4　本　章　小　结

本章首先分析了黑龙江省的农业及水资源概况，在此基础上对省内两大典型灌区（呼兰河灌区和锦西灌区）的基本情况进行了整理，并梳理了两大灌区面临的主要问题，旨在为相关研究做好铺垫。

第3章　作物生育期水资源优化配置

3.1　研　究　概　述

单一作物生育阶段优化配水即对作物不同生育阶段进行合理的水量分配，使全生育期作物的产量、配水效益最高。灌溉中为解决水资源短缺的问题，非充分灌溉方式常被采用，即根据作物在各个生长阶段对水分胁迫的敏感程度不同，制定使作物产量或经济效益达到最大的灌溉制度，这是一个多阶段决策过程。关于非充分灌溉条件下灌溉制度的制定，国内外相关研究成果较为丰富，多是按照典型年进行优化配水，或者依据不同典型年采用同一组作物敏感指数进行计算。但实际，降水和径流在不同维度驱动着灌溉水资源的分配，而降水和径流的年际变化规律并不一致，如果按其中一种要素来确定灌溉典型年，势必会对灌溉制度的准确性产生影响。因此，深化对降水和径流丰枯同步及丰枯异步条件下作物生育阶段的水资源优化配置研究对进一步深化灌溉制度相关研究具有重要意义。

黑龙江省和平灌区是我国重要的水稻种植基地，灌区内水稻种植面积占灌区总种植面积的95%以上，多年的农业生产中，水资源供需矛盾一直是灌区面临的主要问题之一，主要表现为灌区水资源配置制度与灌区社会经济发展紧密关联，提高配水量有助于促进水稻增产，从而增加农业经济效益。但同时，和平灌区属于典型的缺水灌区，供水不能满足需水要求，因此，当地灌溉制度的制定必须以发展节水农业为主要导向。此外，灌区的水稻种植受环境的不确定性影响显著，主要体现在大气降水和灌溉是影响水稻生长的主要水源，二者随时间的变化呈现出高度的随机性，且社会经济环境要素的动态变化呈现高度的模糊性，上述不确定性会对灌区水资源的配置过程造成显著干扰。综合上述分析，和平灌区农业生产面临的主要问题包括四方面主要内容。

（1）如何通过合理配置灌区水资源达到水资源-经济-社会的协同发展？

（2）如何将有限的可供水资源量合理、高效地配置在和平灌区不同分区（李山屯分区、安邦河分区、郑文举分区）及水稻的不同生育期（分蘖期、拔节期、抽穗期、乳熟期）？

（3）如何在配置中充分刻画农田水循环过程？

（4）如何量化地表供水与降水的耦合随机性对配水的影响？

　　针对上述问题，研究合理规划和平灌区水稻种植的用水结构，将有助于提升和平灌区的经济效益并促进节水农业的发展。因此，本研究首先对灌区水资源配置系统的不确定性进行识别和定量表征，在此基础上，构建降水和径流不同丰枯组合情景下的基于直觉模糊数的多目标非线性规划（intuitionistic fuzzy multi-objective non-linear programming，IFMONLP）模型。IFMONLP 模型的目标是将有限的地表水和地下水分配到水稻的不同生育时期，以实现作物增产、节约蓝水和降低供水成本的最优综合效益目的。采用 Copula 联合分布函数模拟降水-径流二元随机事件发生概率，并以此确定不同随机情景下和平灌区水稻田的灌溉方案及各方案可能发生的概率。本书的技术路线如图 3-1 所示。

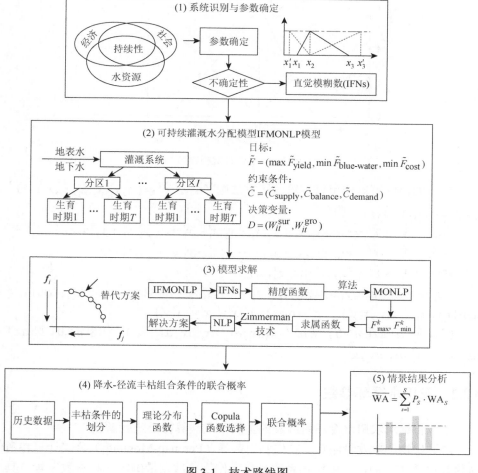

图 3-1　技术路线图

3.2 主要参数及方法

3.2.1 直觉模糊数

直觉模糊数是直觉模糊集理论的重要组成部分。其中，三角形分布和梯形分布是解决可能性数学规划问题最常用的手段[97]。本书选用三角直觉模糊数（trigonometric intuitionistic fuzzy number，TIFN）。TIFN 可以表示为 $\tilde{X}^I = (x_1, x_2, x_3; x_1', x_2, x_3')$，$x_1' \leqslant x_1 \leqslant x_2 \leqslant x_3 \leqslant x_3'$。TIFN $\tilde{X}^I$ 的示意图如图 3-2 所示。

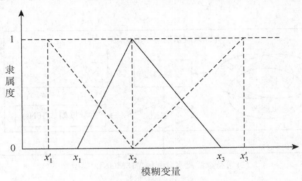

图 3-2　三角直觉模糊数

对于 TIFN，可以使用以下算术运算法则[98]。令 $\tilde{X}^I = (x_1, x_2, x_3; x_1', x_2, x_3')$，$\tilde{Y}^I = (y_1, y_2, y_3; y_1', y_2, y_3')$，则有

加法：$\tilde{X}^I + \tilde{Y}^I = (x_1 + y_1, x_2 + y_2, x_3 + y_3; x_1' + y_1', x_2 + y_2, x_3' + y_3')$。

减法：$\tilde{X}^I - \tilde{Y}^I = (x_1 - y_3, x_2 - y_2, x_3 - y_1; x_1' - y_3', x_2 - y_2, x_3' - y_1')$。

乘法：$\tilde{X}^I \times \tilde{Y}^I = (z_1, z_2, z_3; z_1', z_2', z_3')$

式中，$z_1 = \min\{x_1 y_1, x_1 y_3, x_3 y_1, x_3 y_3\}$，$z_2 = x_2 y_2$，$z_3 = \max\{x_1 y_1, x_1 y_3, x_3 y_1, x_3 y_3\}$，$z_1' = \min\{x_1' y_1', x_1' y_3', x_3' y_1', x_3' y_3'\}$，$z_3' = \max\{x_1' y_1', x_1' y_3', x_3' y_1', x_3' y_3'\}$。

标量乘法：如果 $a > 0$，则 $a\tilde{X}^I = (ax_1, ax_2, ax_3; ax_1', ax_2, ax_3')$；如果 $a < 0$，则 $a\tilde{X}^I = (ax_3, ax_2, ax_1; ax_3', ax_2, ax_1')$。

3.2.2 农田水循环参数

本节将针对农田水循环所涉及的主要参数测算标准进行解析。

（1）作物蒸散发量测算。首先利用彭曼（Penman-Monteith）公式计算参考作物蒸散发量（ET_0），再由作物系数与参考作物蒸散发量确定作物蒸散发量，具体公式如下：

$$\mathrm{ET}(t) = \min[K_\mathrm{c} \cdot K_\mathrm{s} \cdot \mathrm{ET}_0, H(t) + S(t)] \tag{3-1a}$$

$$\mathrm{ET}_0 = \frac{0.408\varDelta(R_\mathrm{n} - G) + \dfrac{900}{T+273}\gamma u_2(e_\mathrm{a} - e_\mathrm{d})}{\varDelta + \gamma(1 + 0.34 u_2)} \tag{3-1b}$$

$$k_\mathrm{s} = \begin{cases} 1 & \theta \geqslant \theta_\mathrm{t} \\ \dfrac{\theta - \theta_\mathrm{wp}}{\theta_\mathrm{t} - \theta_\mathrm{wp}} & \theta_\mathrm{wp} \leqslant \theta < \theta_\mathrm{t} \end{cases} \tag{3-1c}$$

$$\theta_\mathrm{t} = (1 - P') \cdot \theta_\mathrm{fc} + P' \cdot \theta_\mathrm{wp} \tag{3-1d}$$

式中，$\mathrm{ET}(t)$ 为时间 t 作物蒸散发量（mm）；K_c 为作物系数；K_s 为土壤应力系数；$S(t)$ 为时间 t 的土壤蓄水量（mm）；$H(t)$ 为时间 t 的田间蓄水量（mm）；ET_0 为参考作物蒸散发量（mm/d）；$\varDelta$ 为平均温度下的蒸汽压曲线（kPa/℃）；R_n 为作物表面净辐射量 [MJ/(m²·d)]；G 为土壤热通量密度 [MJ/(m²·d)]；γ 为干湿常数（kPa/℃）；u_2 为 2m 处的风速高度（m/s）；e_d 为饱和蒸汽压（kPa）；e_a 为实际蒸汽压（kPa）；θ 为土壤体积含水量；θ_wp 为萎蔫系数；θ_t 为含水量临界值；θ_fc 为田间持水量；P' 为作物有效土壤水分（水稻为 0.2）。

（2）深层渗漏量测算。渗漏过程包括表层渗漏和深层渗漏两种情况，其中，深层渗漏是在表层渗漏的基础上进行。渗漏量计算的关键是表层入渗率的计算，具体公式如下：

$$f_\mathrm{p}(t) = f_\mathrm{c} + (f_0 + f_\mathrm{c})[S_\mathrm{s} - S(t) / S_\mathrm{s}] \tag{3-2a}$$

$$f(t) = \begin{cases} \min[f_\mathrm{p}(t), H(t) - \mathrm{ET}(t)] & H(t) \geqslant \mathrm{ET}(t) \\ 0 & H(t) < \mathrm{ET}(t) \end{cases} \tag{3-2b}$$

式中，$f(t)$ 为表面入渗率（mm/d）；$f_\mathrm{p}(t)$ 为表面潜在渗漏率（mm/d）；f_0 为初始入渗率（mm/d）；f_c 为稳定渗漏率（mm/d）；S_s 为田间饱和含水量（mm）；$S(t)$ 为土壤含水量（mm）。

$$f_\mathrm{d}(t) = f_\mathrm{dmax} \frac{S(t) - S_\mathrm{w}}{S_\mathrm{s} - S_\mathrm{w}} \tag{3-2c}$$

式中，$f_\mathrm{d}(t)$ 为深层入渗率（mm/d）；f_dmax 为最大深层入渗率（mm/d）；S_w 为凋萎需水量（mm）。

（3）地表径流量测算。地表径流量是指田间蓄水量大于田埂高度而产生的水量，计算公式如下：

$$R_\mathrm{s} = \frac{2}{3}\sqrt{2g} \cdot C \cdot L \cdot (H - D)^{3/2} \tag{3-3}$$

式中，R_s 为田间径流量（mm³/d）；g 为重力加速度（m/s²）；C 为流量系数；L 为田埂长度（m）；D 为田埂高度（mm）。

（4）田间渗漏量测算。田间渗漏量为不透水层以上的回归水，计算公式如下：

$$R_\mathrm{f} = \frac{k_1 h}{\pi} \arcsin m \left(\frac{3m}{b} \right) \qquad (3\text{-}4)$$

式中，R_f 为田间渗漏量（mm²/d）；k_1 为土层导水率（mm/d）；h 为相邻不透水层上方的高差层（mm）；m 为单层土厚度（mm）；b 为田埂宽度（mm）。

（5）田埂渗漏量测算。田埂渗漏量是指水平方向通过田埂的回归渗漏量，具体计算公式如下：

$$R_\mathrm{r} = \frac{k_2}{2b}(h_1^2 - h_2^2) \qquad (3\text{-}5)$$

式中，R_r 为田埂渗漏量（mm²/d）；k_2 为田埂导水率（mm/d）；h_1 和 h_2 分别为田埂的上游水头和下游水头（mm）。

（6）回归水利用率测算。本书中所用回归水是指用于灌溉的回归水量，主要来自灌溉水、降水和可被利用的回归水。灌溉回归水利用率 θ_I 和灌溉降水回归水利用率 θ_{I+P} 用以表示回归水的重复利用情况，公式如下：

$$\theta_I = \frac{\mathrm{RF}}{I} \qquad (3\text{-}6\mathrm{a})$$

$$\theta_{I+P} = \frac{\mathrm{RF}}{I+P} \qquad (3\text{-}6\mathrm{b})$$

式中，RF 为总回归水量（mm）；I 为灌溉水量（mm）；P 为降水量（mm）。

上述变量中，田间径流量为地表回归水，田间渗漏量和田埂渗漏量为地下回归水。

3.3 IFMONLP 模型构建

3.3.1 模型参数含义

IFMONLP 模型中的具体参数与变量释义如表 3-1 所示。

表 3-1 IFMONLP 模型参量释义表

参量指标		释义
角标参量	i	分区的指数
	t	生育时期指数
	s	情景指数
	sur	地表水上标

续表

参量指标		释义
角标参量	gro	地下水上标
	max	最大值
	min	最小值
决策变量	W_{it}^{sur}	生育时期 t 分区 i 的地表水净分配量（m³/hm²）
	W_{it}^{gro}	生育时期 t 分区 i 的地下水净分配量（m³/hm²）
	TW_{it}^{sur}	生育时期 t 分区 i 的地表水可利用量（m³）
	S_{it}^{sur}	生育时期 t 分区 i 的剩余水量（m³）
模型参量	ET_t	生育时期 t 作物实际蒸散发量（m³/hm²）
	ET_t^{max}	生育时期 t 作物最大蒸散发量（m³/hm²）
	Y^{max}	单位面积作物最大产量（kg/hm²）
	λ_t	生育时期 t 的水敏感指数
	EP_t^s	情景 s 下生育时期 t 的有效降水量（m³/hm²）
	h_t	生育时期 t 单位面积田面水层含水量（m³/hm²）
	K_t	生育时期 t 单位面积渗漏量（m³/hm²）
	D_t	生育时期 t 单位面积排水量（m³/hm²）
	η^{sur}	地表水水分利用系数
	η^{gro}	地下水水分利用系数
	G	地下水总可利用量（m³）
	M_t^{max}	最大净灌溉水量（m³/hm²）
	M_t^{min}	最小净灌溉水量（m³/hm²）
直觉模糊参量	$\tilde{A}_i^{sur}$	分区 i 自流灌溉面积（hm²）
	$\tilde{A}_i^{gro}$	分区 i 井灌面积（hm²）
	$\tilde{C}^{sur}$	地表水供应成本（元/m³）
	$\tilde{C}^{gro}$	地下水供应成本（元/m³）
	$(\tilde{Q}_i^{sur})^s$	情景 s 下分区 i 地表水总可利用量（m³）
	$\tilde{R}_i^s$	情景 s 下分区 i 配水要求（m³）

3.3.2　模型目标函数构建

所构建的 IFMONLP 模型包含三个目标函数，具体如下。

（1）作物产量目标函数。作物增产能直接提高农业经济效益、改善农民生活水平，作物产量是反映灌溉经济效益和社会效益的重要指标。作物产量目标函数为极大化最优，即以整个生育时期作物最大产量为导向，并以作物水分生产函数为基础，利用作物水分生产函数表示作物产量与蒸散发量的关系，采用 Jensen 连乘模型[99]，研究作物多个生育时期水分对总产量的影响，旨在优化作物不同生育时期的灌溉用水量。作物产量目标函数具体表达式为

$$\max F_{\text{yield}} = \sum_{i=1}^{I}(\tilde{A}_i^{\text{sur}} + \tilde{A}_i^{\text{gro}}) \cdot Y^{\max} \cdot \prod_{t=1}^{T}\left(\frac{\text{ET}_t}{\text{ET}_t^{\max}}\right)^{\lambda_t} \tag{3-7a}$$

式中，ET_t 可由田间水分平衡公式表示，水田作物采用式（3-7b）计算，旱地作物采用式（3-7c）计算：

$$\text{ET}_t = h_t - h_{t+1} + \text{EP}_t^s + W_{it}^{\text{sur}} + W_{it}^{\text{gro}} - K_t - D_t \tag{3-7b}$$

$$\text{ET}_t = h_t' - h_{t+1}' + \text{EP}_t^s + W_{it}^{\text{sur}} + W_{it}^{\text{gro}} - K_t + F_t \tag{3-7c}$$

式中，h_t' 和 h_{t+1}' 分别为生育时期 t 和 $t+1$ 的田面水层含水量（m^3/hm^2）；F_t 为生育时期 t 的地下水补给量（m^3/hm^2），其他参数含义见参数变量释义表 3-1。

（2）蓝水利用目标函数。绿水和蓝水是农业灌溉用水的主要来源，绿水为降水引起的非饱和带土壤水，蓝水包括河流水和湖泊水及地下水等[100]。二者均可直接用于农业生产灌溉，但蓝水除了对农业生产的贡献外，还可以直接用于社会经济部门生产中，而绿水则不能[101]。因此，在农业生产过程中，应在保证作物最小需水量的前提下，充分利用绿水，节约蓝水。由上述分析可知，蓝水利用目标函数为极小化最优，意在节约蓝水，提高水资源整体利用效率。该目标函数可表示为式（3-8）：

$$\min F_{\text{blue-water}} = \sum_{i=1}^{I}\sum_{t=1}^{T}(\tilde{A}_i^{\text{sur}}W_{it}^{\text{sur}}/\eta^{\text{sur}} + \tilde{A}_i^{\text{gro}}W_{it}^{\text{gro}}/\eta^{\text{gro}}) \tag{3-8}$$

（3）供水成本目标函数。供水成本是决策者在经济层面上应该考虑的灌溉影响因素，其含义是灌溉中使用不同的水源供水，其所对应的供水成本存在差异，进而影响灌溉的整体经济效益。这一目标函数旨在导向优先分配成本较低的水源进行灌溉。因此，供水成本目标函数为极小化最优函数，其表达如式（3-9）所示：

$$\min F_{\text{cost}} = \sum_{i=1}^{I}\sum_{t=1}^{T}(\tilde{C}^{\text{sur}}\tilde{A}_i^{\text{sur}}W_{it}^{\text{sur}}/\eta^{\text{sur}} + \tilde{C}^{\text{gro}}\tilde{A}_i^{\text{gro}}W_{it}^{\text{gro}}/\eta^{\text{gro}}) \tag{3-9}$$

3.3.3　约束条件构建

（1）地表水供应约束。该约束具有两层含义：其一，某种作物生育时期的地表水分配量应低于此阶段的地表水可利用量与前一阶段的剩余水之和，具体如式（3-10a）所示。其二，由于地表水供给量有限，各作物生育期所消耗的地表水总量不能超过来自河流的地表水的总供给量，具体如式（3-10b）所示。

$$\tilde{A}_i^{\mathrm{sur}} W_{it}^{\mathrm{sur}} / \eta^{\mathrm{sur}} \leqslant \mathrm{TW}_{it}^{\mathrm{sur}} + S_{i(t-1)}^{\mathrm{sur}} \qquad \forall i,t \qquad S_{i1}^{\mathrm{sur}} = 0 \qquad (3\text{-}10a)$$

$$\sum_{t=1}^{T} \mathrm{TW}_{it}^{\mathrm{sur}} \leqslant (\widetilde{Q}_i^{\mathrm{sur}})^s \qquad \forall i,s \qquad (3\text{-}10b)$$

（2）余水约束。余水约束的实质为水量平衡约束，即作物某一生育时期的剩余水量应等于该时期地表水可利用量与上一阶段剩余水量之和减去该阶段分配的水量。余水约束可有效避免水资源的浪费。该约束可表示为式（3-10c）：

$$S_{i(t-1)}^{\mathrm{sur}} = S_{i(t-2)}^{\mathrm{sur}} + \mathrm{TW}_{i(t-1)}^{\mathrm{sur}} - \tilde{A}_i^{\mathrm{sur}} W_{i(t-1)}^{\mathrm{sur}} / \eta^{\mathrm{sur}} \qquad \forall i,t \qquad (3\text{-}10c)$$

（3）地下水供应约束。与地表水供给约束相似，地下水分配不得超过地下水可供应总量，该约束旨在保护地下水环境。该约束可表示为式（3-10d）：

$$\sum_{i=1}^{I} \sum_{t=1}^{T} \tilde{A}_i^{\mathrm{gro}} W_{it}^{\mathrm{gro}} / \eta^{\mathrm{gro}} \leqslant G \qquad (3\text{-}10d)$$

（4）分配水量约束。某种作物分配水量即为该作物的地表水配水量与地下水配水量之和，其取值应在该作物最小灌溉水量和最大灌溉水量范围内。该约束可表示为式（3-10e）：

$$M_t^{\min} \leqslant W_{it}^{\mathrm{sur}} + W_{it}^{\mathrm{gro}} \leqslant M_t^{\max} \qquad \forall i,t \qquad (3\text{-}10e)$$

（5）灌溉需求约束。作物各生育时期的有效地表水和地下水资源的分配量应满足各分区的灌溉水需求量。该约束可表示为式（3-10f）：

$$\sum_{t=1}^{T} (\tilde{A}_i^{\mathrm{sur}} W_{it}^{\mathrm{sur}} / \eta^{\mathrm{sur}} + \tilde{A}_i^{\mathrm{gro}} W_{it}^{\mathrm{gro}} / \eta^{\mathrm{gro}}) \geqslant \tilde{R}_i^s \qquad \forall i,s \qquad (3\text{-}10f)$$

（6）模型结构约束。各分区不同作物生育时期的地表水、地下水分配灌溉量应满足非负约束，可表示为式（3-10g）：

$$W_{it}^{\mathrm{sur}} \geqslant 0,\ W_{it}^{\mathrm{gro}} \geqslant 0,\ \mathrm{TW}_{it}^{\mathrm{sur}} \geqslant 0,\ S_{it}^{\mathrm{sur}} \geqslant 0 \qquad \forall i,t \qquad (3\text{-}10g)$$

在 IFMONLP 模型中，$\tilde{A}_i^{\mathrm{sur}}$、$\tilde{A}_i^{\mathrm{gro}}$、$\tilde{C}^{\mathrm{sur}}$、$\tilde{C}^{\mathrm{gro}}$、$(\widetilde{Q}_i^{\mathrm{sur}})^s$、$\tilde{R}_i^s$ 为 TIFN，其中 $\tilde{A}_i^{\mathrm{sur}}$ 和 $\tilde{A}_i^{\mathrm{gro}}$ 为社会属性参数，$\tilde{C}^{\mathrm{sur}}$ 和 $\tilde{C}^{\mathrm{gro}}$ 为经济属性参数，$(\widetilde{Q}_i^{\mathrm{sur}})^s$ 和 $\tilde{R}_i^s$ 为灌溉系统中水资源参数。

3.4　模　型　求　解

将不确定多目标模型转化为确定性单目标模型，是求解 IFMONLP 模型的核心。该求解过程包含两个步骤：首先，根据不同类型 TIFN 的测定以及 TIFN 的精度函数，将所建立优化模型的 TIFN 转化为确定数；其次，利用 Zimmerman 模糊规划算法将多目标规划模型转化为单目标规划模型。

3.4.1 TIFN 的测定和精度函数

（1）TIFN 的测定。在优化模型中，TIFN 可能存在于目标函数、约束条件的左侧或右侧。对于约束条件右侧的 TIFN，需要注意以下三点[102]：①某些资源的可用数量（$\tilde{X}^I$）在准许范围内存在着一定的增量，这是决策者可接受的变动范围，此处，可接受的最大增量为 x_3，x_3' 之外的增量属于不可接受的非合理增量。此情况下的 TIFN 表示为 $\tilde{X}^I = (x_2, x_2, x_3; x_2, x_2, x_3')$。本书中，$(\tilde{Q}_i^{\text{sur}})^s$ 属于此种情况。②某些资源的需求不应小于 $\tilde{X}^I$，即可以接受高达 x_1 的公差，但小于 x_1' 的值都是不可接受的。那么，此情况下的 TIFN 表示为 $\tilde{X}^I = (x_1, x_2, x_2; x_1', x_2, x_2)$。本书中，$\tilde{R}_i^s$ 属于此种情况。③假设约束条件取等式，此情况下，TIFN 左侧和右侧的估计误差分别高达 x_1 和 x_3，而小于 x_1' 或大于 x_3' 的资源量的值属于不可接受的非合理取值。此情况下的 TIFN 表示为 $\tilde{X}^I = (x_1, x_2, x_3; x_1', x_2, x_3')$。在 IFMONLP 模型中，$\tilde{A}_i^{\text{sur}}$、$\tilde{A}_i^{\text{gro}}$、$\tilde{C}^{\text{sur}}$ 和 $\tilde{C}^{\text{gro}}$ 属于此情况。目标函数中和约束的左端项中 TIFN 的确定没有特殊要求。

（2）TIFN 的精度函数。TIFN 精度函数的作用是将直觉模糊数转化为确定性模糊数，从而将不确定模型转化为确定性模型。令 $f(\tilde{X}^I)$ 表示 $\tilde{X}^I$ 的精度函数，于是 $f(\tilde{X}^I) = \dfrac{S(\mu_{\tilde{X}^I}) + S(v_{\tilde{X}^I})}{2}$，其中，$S(\mu_{\tilde{X}^I})$ 和 $S(v_{\tilde{X}^I})$ 分别是隶属函数 $\mu_{\tilde{X}^I}$ 和非隶属函数 $v_{\tilde{X}^I}$ 的核心函数，$S(\mu_{\tilde{X}^I}) = \dfrac{x_1 + 2x_2 + x_3}{4}$，$S(v_{\tilde{X}^I}) = \dfrac{x_1' + 2x_2 + x_3'}{4}$ [103]。

3.4.2 水量平衡原理及系统动力学模型构建

（1）水量平衡原理。水量平衡原理的基本内容是指在一定时期内，研究系统各项入流量 $W_\text{入}$ 等于出流量 $W_\text{出}$ 加上储存的变化水量 ΔS（图 3-3）。具体针对田间尺度的灌溉系统，水量平衡公式如下：

$$P + I - \text{ET} - D - R = \Delta S \tag{3-11}$$

式中，P 为降水量（mm）；I 为灌溉水量（mm）；ET 为作物蒸散发量（mm）；D 为深层渗漏量（mm）；R 为总回归水量（mm），包括地表回归水量和地下回归水量；ΔS 为田间储水变化量，通常由单位面积上水位变化程度（mm）表示。上述各参量的具体计算公式可根据式（3-1）~式（3-6）求得。

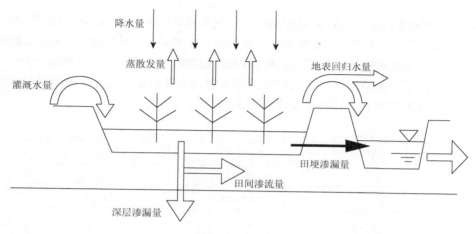

图 3-3　田间水循环图

（2）系统动力学模型构建。系统动力学是研究系统内部信息反馈机制的学科，采用定性与定量相结合的方法分析系统内部各因素、系统与环境间的关系。本书建立的田间水循环系统动力学结构示意图见图 3-4。系统动力学建模主要包括以下

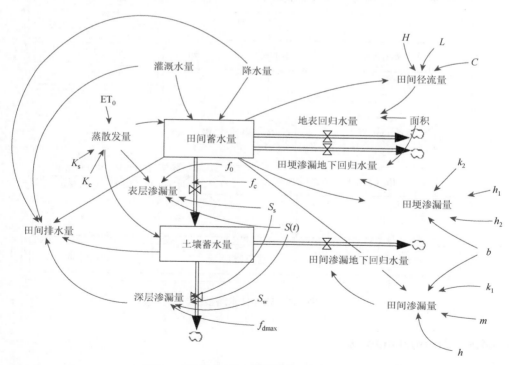

图 3-4　田间水循环系统动力学结构示意图

步骤：①确定系统边界，明确系统内部问题，确定系统内部、外部变量；②因果分析，分析系统中总体与局部的反馈机制，明确因果反馈关系；③模型建立，确定系统流程，建立各因素间数量关系式；④模型检验，检验模型系统与实际系统的一致性。

根据水量平衡原理建立了田间水循环系统动力学模型，以研究田间回归水的变化趋势及影响因素，其技术路线如图 3-5 所示。

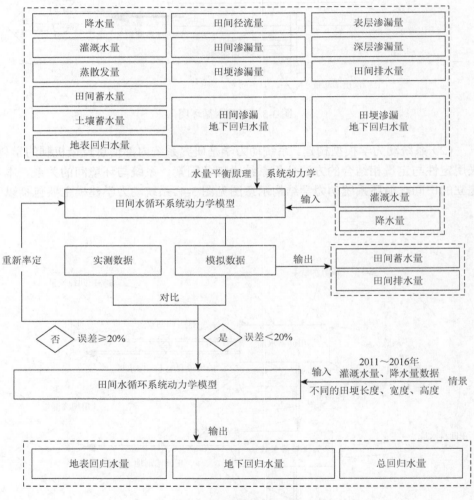

图 3-5　研究技术路线图

3.4.3　Zimmerman 法

一些方法可将多目标规划模型转换为单目标规划模型，如 Zimmerman 法、γ 算子和最小有界求和算子。其中，Zimmerman 法具有计算简单、可操作性强的优点，在处理模糊环境下的多目标规划问题中得到了广泛的应用。因此，本书采用 Zimmerman 法将多目标规划模型转化为单目标规划模型。多目标规划非线性问题一般形式可表示如下：

$$\max f_k(x) \qquad k = 1, 2, \cdots, K_1 \tag{3-12}$$

$$\min f_k(x) \qquad k = K_1, K_2, \cdots, K \tag{3-13}$$

服从以下约束：

$$g_i(x) \leqslant b_i \quad i = 1, 2, \cdots, I \tag{3-14}$$

$$x \geqslant 0 \tag{3-15}$$

式中，$f_k(x)$ 为第 k 个目标函数；k 为目标函数的标量个数；$g_i(x)$ 为第 i 个约束，i 是约束标量的个数，x 是决策变量；$f_k(x)$ 和 $g_i(x)$ 中至少有一个是非线性函数。

对于 IFMONLP 模型，采用非线性隶属函数 $\mu(f_k(x))$ 作为目标函数，可定义如下：

当目标函数为极大化最优时：

$$\mu(f_k(x)) = \begin{cases} 0 & f_k(x) < [f_k(x)]_{\min} \\ \dfrac{[f_k(x)]^{\theta} - [f_k(x)]_{\min}^{\theta}}{[f_k(x)]_{\max}^{\theta} - [f_k(x)]_{\min}^{\theta}} & [f_k(x)]_{\min} \leqslant f_k(x) \leqslant [f_k(x)]_{\max} \\ 1 & f_k(x) > [f_k(x)]_{\max} \end{cases} \tag{3-16}$$

当目标函数为极小化最优时：

$$\mu(f_k(x)) = \begin{cases} 1 & f_k(x) < [f_k(x)]_{\min} \\ \dfrac{[f_k(x)]_{\max}^{\theta} - [f_k(x)]^{\theta}}{[f_k(x)]_{\max}^{\theta} - [f_k(x)]_{\min}^{\theta}} & [f_k(x)]_{\min} \leqslant f_k(x) \leqslant [f_k(x)]_{\max} \\ 0 & f_k(x) > [f_k(x)]_{\max} \end{cases} \tag{3-17}$$

式中，$[f_k(x)]_{\max}$ 和 $[f_k(x)]_{\min}$ 分别为 $f_k(x)$ 的最大值和最小值；θ 为辅助参数，用于描述隶属函数的非线性，由决策者指定，$\theta > 0$。

引入"max-min"算子和满意度 γ，可将多目标非线性规划问题转化为单目标问题，其转化形式如下：

$$\max \gamma \tag{3-18}$$

$$[f_k(x)]^{\theta} - [f_k(x)]_{\min}^{\theta} \geqslant \gamma \{ [f_k(x)]_{\max}^{\theta} - [f_k(x)]_{\min}^{\theta} \} \qquad k = 1, 2, \cdots, K_1 \tag{3-19}$$

$$[f_k(x)]_{\max}^{\theta} - [f_k(x)]^{\theta} \geqslant \gamma \{ [f_k(x)]_{\max}^{\theta} - [f_k(x)]_{\min}^{\theta} \} \qquad k = K_1 + 1, K_1 + 2, \cdots, K \tag{3-20}$$

$$g_i(x) \leqslant b_i \qquad i = 1, 2, \cdots, I \tag{3-21}$$

$$x \geqslant 0 \tag{3-22}$$

$$0 \leqslant \gamma \leqslant 1 \tag{3-23}$$

3.4.4 IFMONLP 模型求解替代模型

基于上述方法，IFMONLP 模型的求解替代模型可表示成如下形式。

目标函数：

$$\max \gamma \tag{3-24}$$

约束条件：

$$\left\{ \sum_{i=1}^{I} [f(\tilde{A}_i^{\mathrm{sur}}) + f(\tilde{A}_i^{\mathrm{gro}})] \cdot Y^{\max} \cdot \prod_{t=1}^{T} \left(\frac{\mathrm{ET}_t}{\mathrm{ET}_t^{\max}} \right)^{\lambda_t} \right\}^{\theta} - (F_{\mathrm{yield}}^{\min})^{\theta} \tag{3-25}$$
$$\geqslant \gamma [(F_{\mathrm{yield}}^{\max})^{\theta} - (F_{\mathrm{yield}}^{\min})^{\theta}]$$

$$(F_{\mathrm{blue\text{-}water}}^{\max})^{\theta} - \left\{ \sum_{i=1}^{I} \sum_{t=1}^{T} [f(\tilde{A}_i^{\mathrm{sur}}) W_{it}^{\mathrm{sur}} / \eta^{\mathrm{sur}} + f(\tilde{A}_i^{\mathrm{gro}}) W_{it}^{\mathrm{gro}} / \eta^{\mathrm{gro}}] \right\}^{\theta} \tag{3-26}$$
$$\geqslant \gamma [(F_{\mathrm{blue\text{-}water}}^{\max})^{\theta} - (F_{\mathrm{blue\text{-}water}}^{\min})^{\theta}]$$

$$(F_{\mathrm{cost}}^{\max})^{\theta} - \left\{ \sum_{i=1}^{I} \sum_{t=1}^{T} (f(\tilde{C}^{\mathrm{sur}}) f(\tilde{A}_i^{\mathrm{sur}}) W_{it}^{\mathrm{sur}} / \eta^{\mathrm{sur}} + f(\tilde{C}^{\mathrm{gro}}) f(\tilde{A}_i^{\mathrm{gro}}) W_{it}^{\mathrm{gro}} / \eta^{\mathrm{gro}}) \right\}^{\theta} \tag{3-27}$$
$$\geqslant \gamma [(F_{\mathrm{cost}}^{\max})^{\theta} - (F_{\mathrm{cost}}^{\min})^{\theta}]$$

$$f(\tilde{A}_i^{\mathrm{sur}}) W_{it}^{\mathrm{sur}} / \eta^{\mathrm{sur}} \leqslant \mathrm{TW}_{it}^{\mathrm{sur}} + S_{i(t-1)}^{\mathrm{sur}} \qquad \forall i,t \quad S_{i0}^{\mathrm{sur}} = 0 \tag{3-28}$$

$$\sum_{t=1}^{T} \mathrm{TW}_{it}^{\mathrm{sur}} \leqslant f[(\tilde{Q}_i^{\mathrm{sur}})^s] \qquad \forall i,s \tag{3-29}$$

$$S_{i(t-1)}^{\mathrm{sur}} = S_{i(t-2)}^{\mathrm{sur}} + \mathrm{TW}_{i(t-1)}^{\mathrm{sur}} - f(\tilde{A}_i^{\mathrm{sur}}) W_{i(t-1)}^{\mathrm{sur}} / \eta^{\mathrm{sur}} \qquad \forall i,t \tag{3-30}$$

$$\sum_{i=1}^{I} \sum_{t=1}^{T} f(\tilde{A}_i^{\mathrm{gro}}) W_{it}^{\mathrm{gro}} / \eta^{\mathrm{gro}} \leqslant G \tag{3-31}$$

$$M_t^{\min} \leqslant W_{it}^{\mathrm{sur}} + W_{it}^{\mathrm{gro}} \leqslant M_t^{\max} \qquad \forall i,t \tag{3-32}$$

$$\sum_{t=1}^{T} [f(\tilde{A}_i^{\mathrm{sur}}) W_{it}^{\mathrm{sur}} / \eta^{\mathrm{sur}} + f(\tilde{A}_i^{\mathrm{gro}}) W_{it}^{\mathrm{gro}} / \eta^{\mathrm{gro}}] \geqslant f(\tilde{R}_i^s) \qquad \forall i,s \tag{3-33}$$

$$W_{it}^{\mathrm{sur}} \geqslant 0, \ W_{it}^{\mathrm{gro}} \geqslant 0, \ \mathrm{TW}_{it}^{\mathrm{sur}} \geqslant 0, \ S_{it}^{\mathrm{sur}} \geqslant 0 \qquad \forall i,t \tag{3-34}$$

$$0 \leqslant \gamma \leqslant 1 \tag{3-35}$$

式中，$f(\bullet)$ 为 TIFN 的精度函数，如 $f(\tilde{A}_i^{\mathrm{sur}})$ 为 $\tilde{A}_i^{\mathrm{sur}}$ 的精度函数；$F_k^{\max}$ 和 $F_k^{\min}$ 分别为第 k 个目标函数的最大值和最小值。

3.5 降水-径流丰枯组合情景

在 IFMONLP 模型中，地表水可利用量和降水量是两个具有随机性变化特征的重要供水源。为了更好地反映实际情况，地表水可利用量和降水量应耦合成不同丰枯情况的组合。在确定各组合的联合概率的情况下，生成考虑各丰枯组合条件下的灌溉用水平均分配方案，进而帮助决策者掌握不同情景下灌溉用水分配的总体情况。本书中的不同情景指的是由径流量测算出的地表水可利用量和降水量的丰枯情况的不同组合。灌溉用水分配的平均情况可表示如下：

$$\overline{WA} = \sum_{s=1}^{S} P_s \cdot WA_s \tag{3-36}$$

式中，P_s 为情景 s 的联合概率；WA_s 为情景 s 下的总配水量。

研究中使用 Copula 函数来计算 P_s。Copula 函数可用于推导给定边缘分布条件下的联合分布，并用于度量随机变量对非参数的依赖性[104, 105]。Copula 函数的公式是在各变量的边缘分布函数的基础上构建的，边缘分布函数可以用参数估计或非参数估计方法估计。考虑随机变量分布函数特定形式的确定所带来的风险，本书使用核密度估计（非参数方法）来估计随机变量的非参数边际分布函数[106]。假设 $Y_1, Y_2, \cdots, Y_n$ 是从单变量连续数据系列中抽取的样本。那么，概率密度函数 $\hat{f}_h(y)$ 可定义如下：

$$\hat{f}_h(y) = \frac{1}{nh} \sum_{i=1}^{n} KF\left(\frac{y - Y_i}{h}\right) \tag{3-37}$$

式中，n 为观测数；h 为"带宽"的平滑参数；$KF(\cdot)$ 为核函数。

可采用多种类型的 Copula 函数，如高斯 Copula 函数、t-Copula 函数、Gumbel Copula 函数、Ali-Mikhail-Haq Copula 函数、Frank Copula 函数和 Clayton Copula 函数[107]。每种 Copula 函数对应其各自的结构函数和参数估计方法。欧几里得距离的平方可以用来评价不同的 Copula 函数的拟合程度。在评价之前，引入了经验 Copula 函数的概念。假设 (x_i, y_i) $(i = 1, 2, \cdots, n)$ 是二维样本 (X, Y) 的一个样本，X 和 Y 的经验分布函数分别为 $F_n(x)$ 和 $G_n(x)$。那么，经验 Copula 函数被定义为

$$\hat{C}_n(u, v) = \frac{1}{n} \sum_{i=1}^{n} I_{[F_n(x_i) \leqslant u]} I_{[G_n(x_i) \leqslant v]} \qquad u, v \in [0, 1] \tag{3-38}$$

式中，$I_{[\cdot]}$ 为指示函数，当 $F_n(x) \leqslant u$ 时，$I_{[F_n(x_i) \leqslant u]} = 1$，否则，$I_{[F_n(x_i) \leqslant u]} = 0$。

常见的 Copula 函数如表 3-2 所示。

表 3-2　常见的 Copula 函数

函数名称	$C(u, v)$	解释
高斯 Copula	$\int_{-\infty}^{\phi^{-1}(u)} \int_{-\infty}^{\phi^{-1}(v)} \frac{1}{2\pi\sqrt{1-\rho^2}} \exp\left[-\frac{s^2 - 2\rho st + t^2}{2(1-\rho^2)}\right] ds dt$	ϕ^{-1} 为标准正态分布函数的逆函数，ρ 为变量间线性相关系数
t-Copula	$\int_{-\infty}^{t_k^{-1}(u)} \int_{-\infty}^{t_k^{-1}(v)} \frac{1}{2\pi\sqrt{1-\rho^2}} \left[1 + \frac{s^2 - 2\rho st + t^2}{k(1-\rho^2)}\right] ds dt$	t_k^{-1} 为自由度为 k 的 t 分布函数的逆函数，ρ 为变量间线性相关系数

函数名称	$C(u,v)$	解释
Clayton Copula	$(u^{-\theta}+v^{-\theta}-1)^{-1/\theta}$	$\theta>0$ 和 $\tau=\dfrac{\theta}{\theta+2}$。$\tau$ 为 Kendall 等级相关系数，并且相同
Frank Copula	$-\dfrac{1}{\theta}\ln\left[1+\dfrac{(e^{-\theta u}-1)(e^{-\theta v}-1)}{e^{-\theta}-1}\right]$	$\theta\in R$，$\tau=1-\dfrac{4}{\theta}\left[-\dfrac{1}{\theta}\displaystyle\int_{\theta}^{0}\dfrac{t}{\exp(t)-1}\mathrm{d}t-1\right]$
Gumbel Copula	$\exp[-((-\ln u)^{\theta}+(-\ln v)^{\theta})^{1/\theta}]$	$\theta\geqslant 1$，$\tau=1-\dfrac{4}{\theta}\left[-\dfrac{1}{\theta}\displaystyle\int_{\theta}^{0}\dfrac{t}{\exp(t)-1}\mathrm{d}t-1\right]$
Ali-Mikhail-Haq Copula	$\dfrac{uv}{1-\theta(1-u)(1-v)}$	$\theta\in[-1,1)$，$\tau=\left(\dfrac{3\theta-2}{\theta}\right)-\dfrac{2}{3}\left(1-\dfrac{1}{\theta}\right)^{2}\ln(1-\theta)$

根据经验 Copula 函数，欧几里得距离的平方表示为

$$d^{2}=\sum_{i=1}^{n}|\hat{C}_{n}(u_{i},v_{i})-\hat{C}(u_{i},v_{i})|^{2} \qquad (3\text{-}39)$$

式中，$u_{i}=F_{x}(x_{i})$；$v_{i}=F_{y}(y_{i})$ $(i=1,2,\cdots,n)$；d 反映了 $\hat{C}(u_{i},v_{i})$ 任何类型的 Copula 函数对原始数据的拟合程度，d^{2} 值越小，拟合效果越好。

假设地表水可利用量和降水量都具有湿润、中等和干旱三种水文特征。一些指标如保证率和异常百分比可用于划分湿润、中等和干旱。本书采用前者来划分干湿（丰枯）条件。湿润和干旱条件的累积概率分别为 $p_{w}=62.5\%$ 和 $p_{d}=37.5\%$，即湿润条件下，$Z_{i}>z_{w}$；干旱条件下，$Z_{i}\leqslant z_{d}$；中等条件下，$z_{d}<Z_{i}\leqslant z_{w}$，其中，$Z_{i}$ 为第 i 年的地表水可利用量或降水量；z_{w} 和 z_{d} 分别为湿润条件和干旱条件之间的临界值。假设地表水可利用量和降水量表示为 Z_{1} 和 Z_{2}，地表水可利用量与降水量之间干湿（丰枯）条件组合的联合概率（P_{s}）的计算表达式如下：

（1）两种湿润条件组合：$P_{s}(Z_{1}>z_{1w},Z_{2}>z_{2w})=1-u_{w}-v_{w}+C(u_{w},v_{w})$；

（2）两种中等条件组合：$P_{s}(z_{1d}<Z_{1}\leqslant z_{1w},z_{2d}<Z_{1}\leqslant z_{2w})=C(u_{w},v_{w})-C(u_{w},v_{d})+C(u_{d},v_{d})-C(u_{d},v_{w})$；

（3）两种干旱条件组合：$P_{s}(Z_{1}\leqslant z_{1d},Z_{1}\leqslant z_{2d})=C(u_{d},v_{d})$；

（4）湿润和干旱条件组合（如 Z_{1} 表示干旱条件，Z_{2} 表示湿润条件）：$P_{s}(Z_{1}\leqslant z_{1d},Z_{1}>z_{2w})=v_{d}-C(u_{d},v_{w})$；

（5）中等和干旱条件组合（如 Z_{1} 表示中等条件，Z_{2} 表示干旱条件）：$P_{s}(z_{1d}<Z_{1}\leqslant z_{1w},Z_{1}\leqslant z_{2d})=C(u_{w},v_{d})-C(u_{d},v_{d})$；

（6）湿润和中等条件组合（如 Z_{1} 表示中等条件，Z_{2} 表示湿润条件）：$P_{s}(z_{1d}<Z_{1}\leqslant z_{1w},Z_{1}>z_{2w})=u_{w}-C(u_{w},v_{w})+C(u_{d},v_{w})-u_{d}$。

上述六种情景中 u_w、u_d、v_w、v_d 分别为 z_{1w}、z_{1d}、z_{2w}、z_{2d} 的边缘分布值，同理，其他组合可通过上述计算公式推导得出。

3.6　模型输入参数

本书数据主要来自《庆安县呼兰河灌区可行性研究报告》、庆安县统计年鉴（2010～2015 年）、中国气象网及相关参考文献。研究区域位置及数据采集布设如图 3-6 所示。模型具体参数见表 3-3 和表 3-4。

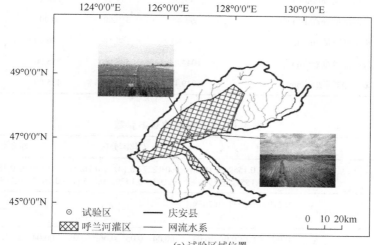

(a) 试验区域位置

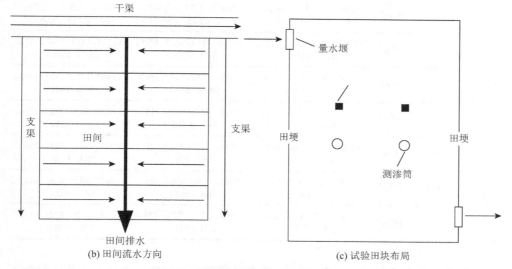

(b) 田间流水方向　　　　　　　　　　(c) 试验田块布局

图 3-6　试验区域位置及数据采集布设图

表 3-3　不同生育时期的基本参数

指标		分蘖期	拔节期	抽穗期	乳熟期
水分敏感性指数		0.46	0.58	0.14	0.07
有效降水量/(m³/hm²)	湿润年份	940.03	628.35	460.79	685.90
	中等年份	831.09	563.00	412.86	554.12
	干旱年份	644.42	476.95	349.76	482.89
作物蒸散发量/(m³/hm²)		1334.65	936.04	577.55	800.15
渗漏量/(m³/hm²)		549.70	254.40	152.10	116.00
排水量/(m³/hm²)		396.40	319.00	0.00	0.00
水层变化量/(m³/hm²)		−35.90	144.10	−90.10	61.30
最小灌溉量/(m³/hm²)		1044.82	588.00	255.00	255.88
最大灌溉量/(m³/hm²)		1219.19	771.82	435.00	510.88

表 3-4　不同分区的基本参数

指标		单位	李山屯分区	安邦河分区	郑文举分区
渠灌面积		10⁴hm²	(0.1235, 0.1552, 0.1868; 0.1210, 0.1552, 0.1908)	(0.1222, 0.1422, 0.1621; 0.1197, 0.1422, 0.1655)	(0.1649, 0.1851, 0.2052; 0.1615, 0.1851, 0.2095)
井灌面积		10⁴hm²	(0.2199, 0.2331, 0.2464; 0.2153, 0.2331, 0.2516)	—	—
地表水供应成本		元/m³	(0.04, 0.05, 0.06; 0.03, 0.05, 0.07)	(0.04, 0.05, 0.06; 0.03, 0.05, 0.07)	(0.04, 0.05, 0.06; 0.03, 0.05, 0.07)
地下水供应成本		元/m³	(0.072, 0.075, 0.078; 0.07, 0.075, 0.080)	(0.072, 0.075, 0.078; 0.07, 0.075, 0.080)	(0.072, 0.075, 0.078; 0.07, 0.075, 0.080)
地表水可利用量	湿润	10⁴m³	(1218, 1218, 1223; 1218, 1218, 1350)	(1189, 1189, 1207; 1189, 1189, 1336)	(1573, 1573, 1587; 1573, 1573, 1802)
	中等	10⁴m³	(1096, 1096, 1117; 1096, 1096, 1131)	(1069, 1069, 1105; 1069, 1069, 1112)	(1403, 1403, 1425; 1403, 1403, 1442)
	干旱	10⁴m³	(959, 959, 999; 959, 959, 1031)	(914, 914, 946; 914, 914, 1010)	(1256, 1256, 1329; 1256, 1256, 1359)
最小需水量	湿润	10⁴m³	(695, 736, 736; 688, 736, 736)	(688, 728, 728; 681, 728, 728)	(928, 983, 983; 919, 983, 983)
	中等	10⁴m³	(648, 663, 663; 635, 663, 663)	(641, 656, 656; 628, 656, 656)	(865, 885, 885; 847, 885, 885)
	干旱	10⁴m³	(550, 577, 577; 484, 577, 577)	(544, 571, 571; 479, 571, 571)	(734, 770, 770; 647, 770, 770)

在试验数据的基础上，对 Jensen 模型等号两边取对数，用最小二乘法得到不

同生育时期的水分敏感性指数。图 3-7 给出了三个分区的可利用水量和降水量的长序列变化。表 3-3 中的数据用 TIFN 表示。根据 TIFN 量化原理，首先对可利用水量和降水量进行划分。使用每个条件（湿润、中等和干旱条件）下的数据，分别计算 TIFN 的 x_1'、x_1、x_2、x_3、x_3' 对应的最小值、下四分位值、平均值、上四分位值和最大值。为了确定不同分区水稻灌溉面积的 TIFN，从《庆安县呼兰河灌区可行性研究报告》中获得当前面积（记录为 a_c）和计划面积（记录为 a_p），然后计算 $0.95a_c$、$0.97a_c$、$0.95a_p$、$0.97a_p$，将它们分别设置为 TIFN 的 x_1'、x_1、x_3、x_3'，将 x_1 和 x_3（$(x_1 + x_2)/2$）的平均值设为 x_2。

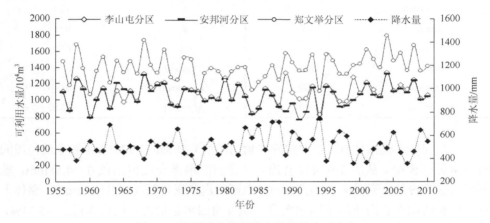

图 3-7　可利用水量和降水量的长序列变化

根据庆安县统计年鉴可知，近年水稻总种植面积比重为 95%～97%。地表水和地下水利用系数分别为 0.51 和 0.85，地下水可利用总量为 $1348 \times 10^4 \mathrm{m}^3$，地表水和地下水供应成本的不同值可参考文献[108]。根据 TIFN 量化原理，可得到各种 TIFN 的最终形式。同时，采用有效系数法计算不同条件下的有效降水量。根据试验数据求出水稻整个生育时期二次产水函数的极值，得到水稻的最高产量为 $9154 \mathrm{kg/hm}^2$。

3.7　结果分析与讨论

3.7.1　系统动力学模型结果

（1）模型检验。为检验田间水循环系统动力学模型的模拟精度，将 2016 年的降水量和灌溉水量代入研究所建立的系统动力学模型中，对模型中的参数进行优化，结果见表 3-5。对所建立模型的模拟值与实测值进行对比验证，如图 3-8 所示，可以看出，田间水位与田间排水量的模拟值与实测值的变化趋势基本吻合，逐日田间水位的绝对误差范围为–0.1996～0.2034mm，相对误差范围为(0.2663%, 2.4943%) ⊆ (–5.0000%, 5.0000%)；逐日田间渗漏量的绝对误差范围为–0.2183～0.1853mm，相对误差范围为(0.6602%, 1.9829%) ⊆ (–5.0000%, 5.0000%)，结果表明，建立的田间水循环系统动力学模型可以很好地模拟田间水量平衡过程。

表 3-5　模型参数优化结果

参数	优化取值	参数	优化取值
$H(t=1)$/mm	1	C	1.37
D/mm	120	S_s	0.55
b/mm	45	S_w	0.10
L/mm	200	f_c/(mm/d)	14.37
k_1/(mm/d)	280	f_{dmax}/(mm/d)	131.00
k_2/(mm/d)	300	f_0/(mm/d)	123.50

（2）回归水模拟分析。以率定好参数的模型为基础，对 2016 年和平灌区田间回归水进行模拟。从图 3-9 可以看出，地表回归水量变化范围在 0～4.58mm，地下回归水量的变化范围在 0～1.99mm，总回归水量变化范围在 0～6.3mm。整体上看，地表回归水量高于地下回归水量，地表回归水总量占总回归水量的 65.53%，且二者的变化趋势相似，整个灌溉过程中地表回归水量对总回归水量的影响较大；

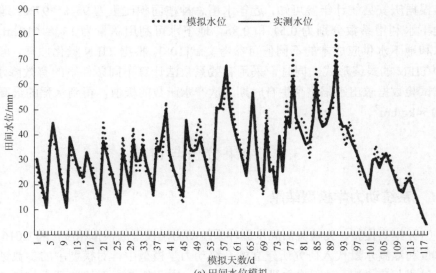

(a) 田间水位模拟

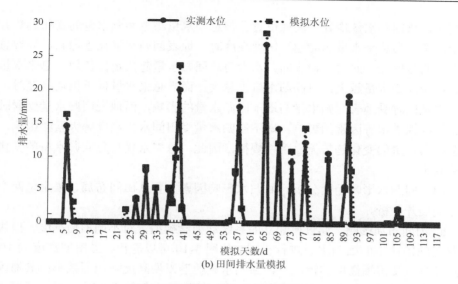

(b) 田间排水量模拟

图 3-8　田间水系统动力学模型结果

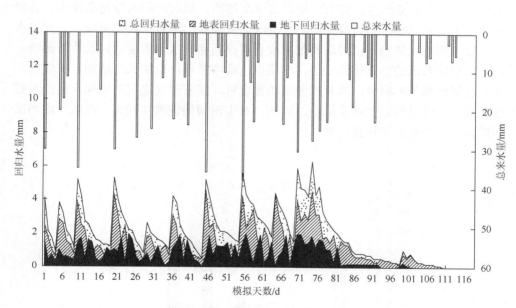

图 3-9　2016 年回归水量模拟结果

地下回归水量与地表回归水量、总回归水量的变化趋势相似性较低，仅在生育期第 85 天后（乳熟、黄熟期）与后两者的变化趋势同步，此时的总来水量较少，相应的地表与地下回归水量均逐渐减少至无，因此，变化趋势同步，但整体上看地下回归水量的变化趋势较为复杂。总来水量为降水量与灌水量之和，当总来水量较高时，总回归水量均处于波峰位置，但总来水量与总回归水量的变化趋势并不完全同步，当总来水量明显超过田埂高度时，地表回归水量显著增长，导致总回归水量明显增加，此时，地表回归水量对总回归水量起决定性作用，总来水量越大，地表回归水量越大，总回归水量也越大；而当总来水量低于田埂高度时，总回归水量同时受地表回归水量与地下回归水量的影响，而地表回归水量受瞬时降水、持续性灌水等因素的影响，地下回归水量受田间水位高度等因素的影响，使得总回归水量的变化趋势无显著性规律，因此，总来水量与总回归水量的变化趋势不同步。

（3）回归水影响因素分析。回归水影响因素主要从田间布局、来水量两个主要方面展开分析。

a. 田间布局影响。通过已建立的系统动力学模型，对不同田埂高度、田块长度及宽度条件下的回归水量进行模拟。从图 3-10 可以看出，当田埂高度为 10cm 时，在只改变田埂高度的情况下，回归水量随着田埂高度增加而减小；其原因是田埂高度主要对地表回归水产生影响，当田埂高度小于等于 10mm 时，地表回归水量近似等于总来水量，随着田埂高度逐渐增大，地表回归水量逐渐减小，总回归水量也随之减小。当只改变田块长度时，可以看出随着田块长度增加，回归水量呈现逐渐增大的趋势；田块长度的改变对田间回归水及田埂回归水均有影响，但对田埂回归水的影响较为显著，在模拟过程中发现，田块长度增加，田埂回归水呈现线性增长的趋势。当只改变田块宽度时，随着田块宽度的增加，回归水量逐渐减小，且降低幅度逐步缩小。因此，对于田间的管理与规划，应适当增加田埂的高度，调整田块长宽比例。

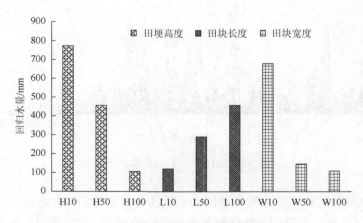

图 3-10 不同条件下回归水量模拟值

H10、H50 和 H100 表示田埂高度分别为 10mm、50mm 和 100mm；L10、L50 和 L100 表示田块长度分别为 10mm、50mm 和 100mm；W10、W50 和 W100 表示田块宽度分别为 10mm、50mm 和 100mm

b. 来水量影响。将 2011～2016 年共六年的水量数据输入所建立的系统动力学模型中，以分析不同来水量情况下回归水的变化情况，得到的回归水模拟值及计算结果见表 3-6。其中，灌溉回归系数为总回归水量与灌溉水量的比值，灌溉降水回归系数为总回归水量与总来水量的比值。六年的灌溉回归系数范围为 0.5825～0.6395，灌溉降水回归系数范围为 0.2734～0.3386，灌溉降水回归系数范围大于灌溉回归系数，整体上看，各年间两项指标的波动并不显著，由于降水量的不确定性较大，但也属于有效来水量，因此，利用灌溉降水回归系数表征回归水量的利用程度更符合实际情况。

表 3-6　年度回归水模拟值统计表

	2011 年	2012 年	2013 年	2014 年	2015 年	2016 年
降水量 P/mm	379.5	449.7	398.8	320.5	402.9	391.0
灌溉水量 I/mm	341.5	421.5	399.5	375.6	356.4	414.6
地表回归水量 RF_s/mm	175.8	202.9	187.5	154.5	160.8	190.8
地下回归水量 RF_u/mm	42.6	66.0	63.0	81.20	46.8	65.8
总回归水量 RF/mm	218.4	268.9	250.5	235.7	207.6	256.6
灌溉回归系数 η_I	0.6395	0.6380	0.6270	0.6275	0.5825	0.6189
灌溉降水回归系数 η_{I+p}	0.3029	0.3087	0.3138	0.3386	0.2734	0.3185

分别拟合灌溉水量、降水量与回归水量的关系，以分析回归水量随灌溉水量、降水量的变化情况，如图 3-11 所示。

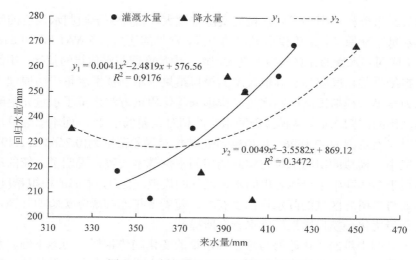

图 3-11　来水量与回归水量拟合关系图

回归水量与灌溉水量的拟合程度较高，R^2 为 0.9176，回归水量随着灌溉水量的增大而呈现显著上升的趋势。回归水量与降水量的拟合程度较低，R^2 为 0.3472，可见，降水量对回归水量的影响机制较为复杂。回归水量随降水量的增加呈现先减小后增大的趋势，分析其原因，当降水量与田间水位之和低于田埂高度时，来水量主要用于保证作物耗水及少量的田间渗漏，产生的回归水量较少，当降水量与田间水位之和高于田埂高度时，地表回归水量逐步增加，进而导致总回归水量逐步上升。

进一步分析灌溉水量、降水量与地表回归水量、地下回归水量及总回归水量之间的关系，拟合结果如表 3-7 所示。其中，Y 为总回归水量拟合直线，总回归水量与降水量、灌溉水量均呈正相关，灌溉水量的回归系数远高于降水量的回归系数，表明灌溉水量对总回归水量的影响程度较大；Y_1 为地表回归水量拟合直线，地表回归水量与降水量、灌溉水量均呈正相关，灌溉水量较降水量对地表回归水量的影响程度大；Y_2 为地下回归水量的拟合直线，地下回归水量与降水量、灌溉水量均呈正相关，降水量与灌溉水量对地下回归水量的影响程度相当。

表 3-7　不同类型回归水与降水量和灌溉水量的拟合结果

回归水类型	回归系数		R^2	P	残差检验		RMSE
	降水量	灌溉水量			平均残差	正态分布	
总回归水量（Y）	0.0847	0.7050	0.9993	0.0004	−0.3179	是	8.2659
地表回归水量（Y_1）	0.0115	0.1116	0.9870	0.0010	−0.4092	是	9.0216
地下回归水量（Y_2）	0.2531	0.4164	0.8152	0.0038	0.0913	是	6.3665

注：RMSE 指均方根误差。

（4）结果分析。由于回归水量的实测难度大，目前关于回归水尺度的研究大多基于水量平衡原理，采用模型模拟的方式，常见的模型有 SWAT 和 MODFLOW模型。田间回归水量的计算与模拟是大尺度、中尺度回归水估算的基础，田间回归水量模拟结果的精度要高于其他尺度的模拟结果。本书基于水量平衡原理，采用系统动力学模型模拟田间回归水量。崔远来等使用该方法模拟了水量充足时我国南方地区田间回归水量，其模拟田间水位的相对误差低于 2%。而本书逐月田间水位的绝对误差范围为−0.1996～0.2034mm，其相对误差范围为(0.2663%, 2.4943%)。两项研究中，模拟的田间水位与实测的田间水位基本一致，说明了系统的动力学特性适用于湿润和半干旱地区田间水量循环的模拟。然而，本书的模拟精度偏低，其原因或与本研究区域的降水量偏少有关。随着多年连续观测实验的补充，模型参数将逐步优化，模拟结果精度也会有所提升。

地表回归水量的变化趋势与总回归水量的变化趋势相似，而地下回归水量的变化不显著，地下回流流量变化不大，地表回归水量占总回归水量的比例较大，崔远来等的研究结果中地表回归水量占总回归水量的 70%，本书的占比为 65.53%，比例均超过 50%。而占比的略微差异或与土壤类型、地面坡度等因素有关，其影响机理有待进一步探究。

本书分析了田埂高度、田块宽度和田块长度对回归水的影响。总回归水随田埂高度和田块宽度的增加而减小，随田块长度的增加而增加。在不同的场地布局或不同的气候或水资源条件下，回归水的变化趋势没有显著差异。

在模拟回归水变化趋势基础上，本书分析了来水量与总回归水之间的关系，补充了典型半干旱地区回归水的研究，包括田间回归水的模拟、影响因素分析以及灌溉、降水回归水的利用程度等。本书可为田间回归水的再利用、节水策略的制定以及相关回归水的研究提供理论参考。

本书模拟了 2011～2016 年的回归水利用率，如图 3-12 所示。为了进一步讨论不同气候条件下的回归水变化规律，将该研究区域 1986～2016 年的降水量数据输入已建立的模型中，模拟三种不同水文年条件下的回归水利用情况，枯水年降水频率为 90%，平水年降水频率为 50%，丰水年降水频率为 10%。由图 3-12 可知，$\eta_{I+p枯} < \eta_{I+p平} < \eta_{I+p丰}$，$\eta_{I枯} > \eta_{I平} > \eta_{I丰}$。枯水年以灌溉水为主，回归水主要是进入支渠的灌溉回流水，因此，η_I 大于 η_{I+p}，丰水年降水量较大，以降水入渗为主，回归水主要是流入田间的降水回归水，因此 η_{I+p} 接近 η_I。

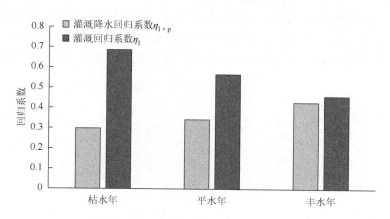

图 3-12　不同气候条件下的回归水利用率

本书研究区域位于冷温带的高纬度地区。本书研究结果与其他不同气候条件地区的研究结果进行了比较。表 3-8 列出了不同气候条件下回归水的研究结果。现场回归水与区域自然条件、降水条件和其他气候条件有关。表 3-8 表明，降水量越大，灌溉降水回归系数越小，这一结果受到作物种类和土壤类型等环境因素的影响，然而，由于比较样本数量有限，这一结论还需要进一步验证。

表 3-8　不同气候条件下回归水

地区	气候类型	降水量/mm	灌溉水量/mm	总回归水量/mm	η_I	η_{I+p}
呼兰河（黑龙江）	寒冷	390.4	384.8	239.6	0.62	0.31
漳河（湖北）	亚热带	428.0	788.7	364.0	0.46	0.30
GiCheon（韩国）	温和	1382.4	1192.0	306.2	0.26	0.12

3.7.2　丰枯组合条件的联合概率

从图 3-7 可以看出，不同分区的可利用水量的长序列变化基本相同，而相应年份的可利用水量与降水量的变化差异显著。可利用水量和降水量基本上都是对应于不同干湿条件的随机参数。因此，确定可利用水量与降水量之间的干湿（丰枯）条件组合，对后续优化灌溉用水分配具有重要意义。采用 3.5 节介绍的 Copula 函数方法，计算郑文举分区（可利用水量最大的分区）在不同干湿组合条件下的可利用水量和降水量的联合发生概率，如图 3-13 所示。

基于核密度估计，估算了郑文举分区的可利用水量和降水量的边缘分布，如图 3-14 所示。基于核密度估计的可利用水量和降水量的拟合形状与经验分布函数基本一致，且更为平滑。根据干湿条件划分原则，选择 $1365 \times 10^4 \mathrm{m}^3$ 和 $1461 \times 10^4 \mathrm{m}^3$ 作为水分有效性的干湿边际，边际概率分别为 0.3822 和 0.6201。选取 477.5mm 和 543.6mm 作为降水的干湿边际，边际概率分别为 0.3611 和 0.6326。对高斯 Copula

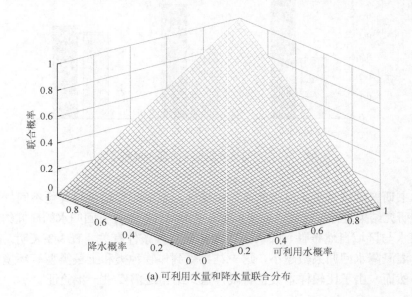

(a) 可利用水量和降水量联合分布

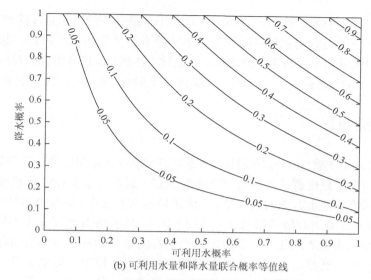

(b) 可利用水量和降水量联合概率等值线

图 3-13　可利用水量和降水量的联合概率

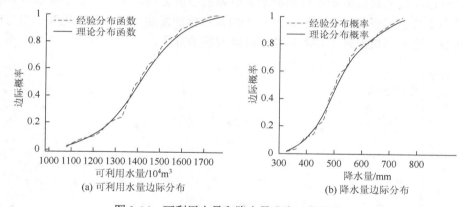

(a) 可利用水量边际分布　　　　　　　(b) 降水量边际分布

图 3-14　可利用水量和降水量分布函数的估计

函数、t-Copula 函数、Clayton Copula 函数、Frank Copula 函数和 Gumbel Copula 函数进行拟合，可得到欧几里得距离平方分别为 0.0127、0.0120、0.1046、0.0126 和 0.1020。因此，选择与最小欧几里得距离平方值相对应的 t-Copula 函数来计算联合概率。可利用水量和降水量的联合分布如图 3-13 所示，由此得到联合概率。根据干湿组合条件的联合概率公式，得到不同组合的联合概率。本书共产生九个组合，分别为：①两种湿润条件组合（简称 RW-PW）；②两种中等条件组合（简称 RN-PN）；③两种干旱条件组合（简称 RD-PD）；④湿润条件下的可利用水量和正常条件下的降水量（简称 RW-PN）；⑤湿润条件下的可利用水量和干旱条件下的降水量（简称 RW-PD）；⑥中等条件下的可利用水量和湿润条件下的降水量（简称 RN-PW）；⑦中等条件下的可利用水量和干旱条件下的降水量（简称 RN-PD）；⑧干旱条件下的可利用水量和湿润条件下的降水量（简称 RD-PW）；⑨干旱条件下的可利用水量和中等条件下的降水量（简称 RD-PN）。这些组合的对应概率分别为 9.22%、8.32%、8.08%、9.15%、19.62%、7.54%、8.17%、19.98%和 9.92%。

3.7.3　配水目标

采用 LINGO 软件中的非线性求解器对 IFMONLP 模型的替代模型进行求解。求解替代模型的最优解的方法是逐次线性规划。通过对 IFMONLP 模型的求解，可得到目标值和配水方案的最优结果。灌溉目标共有 3 个，即作物增产（最大化）、节约蓝水（最小化）和降低供水成本（最小化）。图 3-15 显示了基于不同情景（可利用水量和降水量之间的干湿条件的不同组合情景）的各目标函数的最大值、最优值和最小值。通过逐次单目标函数求解 IFMONLP 模型，可确定每个目标函数的极小值和极大值，最后通过替代模型获得最优值。从图中可以看出，不同情景下各目标函数的最优值均在相应的最大值和最小值之间，进而证实 IFMONLP 模型平衡了与自然资源、社会和经济三个相关目标的发展，而不是注重某一单方面的利益，这一结果诠释了灌溉系统可持续发展的理念。

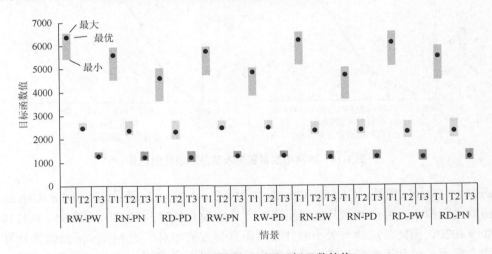

图 3-15　不同情景下不同目标函数的值

T1 为作物增产目标（10^4kg），T2 为节约蓝水指标（10^4m^3），T3 为供水成本降低目标（10^3元）

与此同时，由于配水目标考虑三个目标函数的最优值到作物增产目标最大值的距离需小于最优值到节约蓝水指标和供水成本降低目标最小值的距离，因此最优结果往往会出现优先于增产目标的情况。由图 3-15 可知，在不同情景下，作物增产目标差异显著，而节约蓝水指标和供水成本降低目标变化不显著。其主要原因是在作物增产目标中，将水量平衡公式考虑到 Jensen 模型中，而降水作为水量平衡公式的重要组成部分，具有明显的干湿特征，表现为降水量与产量正相关，即湿润条件下的作物产量高于中等及干旱条件下的作物产量，同样，中等条件下的作物产量也高于干旱条件下的作物产量。上述结果表明，作物增产目标对降水敏感。

由图 3-15 可知，在九种情景中有两种极端情景，其一是可利用水量和降水量都处于湿润条件的 RW-PW 情景。在此情景下，作物增产目标的最优值为 6371×10^4kg，相对最大值低 17%，节约蓝水指标的最优值为 2471×10^4m^3，相对最小值高 19%，供水成本降低目标的最优值为 128×10^4 元，相对最低值高 20%。在上述情况下，所有三个目标的最优结果与其理想点之间的距离小于总距离的 20%（总距离即每个目标最大值和最小值之差），同时由于供水充足，该情景被认为是最有利状况。其二是可利用水量和降水量都处于干旱条件的 RD-PD 情景。在此情景下，作物增产目标的最优值为 4594×10^4kg，相对最大值低 31%，节约蓝水指标的最优值为 2296×10^4m^3，相对最小值高 38%，供水成本降低目标的最优值为 121.5×10^4 元，相对最低值高 39%。此情景下，三个目标的最优结果距理想点有较大距离，同时，由于供水不足，上述情景被认为是最不利状况。其他情景的最优结果均在上述两种极端情景范围内。

3.7.4　灌溉用水分配量

不同情景下不同分区中各个生育时期的作物灌溉用水优化配置结果如图 3-16 所示。总体而言，分蘖期和拔节期的配水量均显著高于抽穗期和乳熟期的配水量。这一结果与分蘖期和拔节期需水量较大有关。同时，上述两阶段的水分敏感指数也远大于其他两个阶段（表 3-3），导致 IFMONLP 模型倾向于为这两阶段分配更多的水分以获得更高的产量。

对水稻的生育时期而言，分蘖期和拔节期是灌溉的关键时期，由分析可知，分蘖期的降水量和地表水可利用量在大多数情景下均满足作物需水量需求，但在干旱条件下例外。因此，在干旱条件下（即 RD-PD、RD-PN 和 RD-PW 情景下），IFMONLP 模型优化结果分别分配了 182m^3/hm^2、156m^3/hm^2 和 170m^3/hm^2 的地下水作为补充。而对于拔节期和抽穗期，地下水在所有九种情景下均被分配利用，在 RW-PW、RN-PN、RD-PD、RW-PN、RW-PD、RN-PW、RN-PD、RD-PW 和 RD-PN 情景下，拔节期和抽穗期的地下水分配分别占整个生育时期地下水总量的 100%、75%、53%、100%、100%、68%、79%、52% 和 53%。可见，拔节期和抽穗期两个生育时期是地下水利用的高峰期。对于乳熟期，湿润条件下的可供给水量可以满足需水要求，因此不需要井灌。

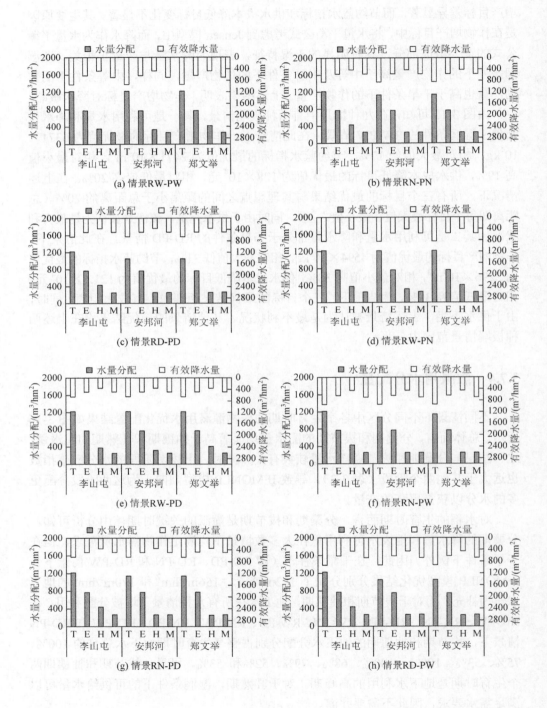

(a) 情景RW-PW

(b) 情景RN-PN

(c) 情景RD-PD

(d) 情景RW-PN

(e) 情景RW-PD

(f) 情景RN-PW

(g) 情景RN-PD

(h) 情景RD-PW

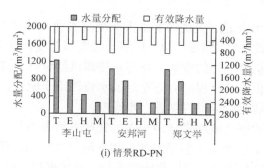

(i) 情景RD-PN

图 3-16　不同情景下的最优配水方案和有效降水量

T 为分蘖期，E 为拔节期，H 为抽穗期，M 为乳熟期

各情景的地表水和地下水配水量及满意度结果如图 3-17 所示。由图可见，在水资源供给处于干旱状态的情况下，大量地下水被用于分配以保证满足最低需水量。图 3-17 中虚线表示平均配水量，横坐标为根据式（3-36）设定的联合概率情景。平均配水量是 $2374 \times 10^4 \mathrm{m}^3$，以该平均线作为基准，对比在 RW-PW、RN-PN、RD-PD、RW-PN、RW-PD、RN-PW、RN-PD、RD-PW 和 RD-PN 情景下的水分分配量，依次比平均值高 $96 \times 10^4 \mathrm{m}^3$、$-15 \times 10^4 \mathrm{m}^3$、$-78 \times 10^4 \mathrm{m}^3$、$106 \times 10^4 \mathrm{m}^3$、$105 \times 10^4 \mathrm{m}^3$、$-32 \times 10^4 \mathrm{m}^3$、$-13 \times 10^4 \mathrm{m}^3$、$-100 \times 10^4 \mathrm{m}^3$ 和 $-82 \times 10^4 \mathrm{m}^3$，其中，情景 RN-PN 和 RN-PD 下的配水量最接近平均线。上述结果有助于决策者了解各种可能的情景下水量分配情况，从而做出正确的配水决策。

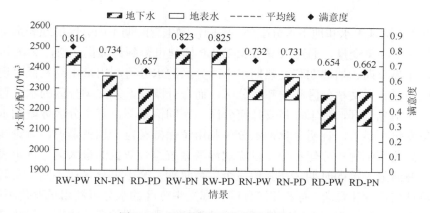

图 3-17　不同情景下总水量分配情况

配水方案满意度越高，代表多目标协调性越好，相应的配水方案也越有利于促进农业的可持续发展。由图 3-17 可知，配水量较大的方案所对应的满意度高于配水量较小方案的满意度，可见，满意度与配水量趋于正相关变化，即伴随水资

源供给量的增加，可以通过更优的配水方案提高农业系统"经济-产量-环保"等目标的协调性。与此同时，由图 3-17 可知，最大满意度值仅为 0.825，说明各个方案的整体满意度仍有上升的空间，且与水资源供给量有直接关联，即如果可以科学地增加水资源供给，以保障有更充足的水资源用于配置，则配水方案的满意度及农业可持续发展程度可以得到进一步改善。

情景 RD-PW 的联合概率值（19.98%）在所有情景中最大，因此，以该情景为例。图 3-18 给出了该情景下和平灌区水稻不同生育时期水量平衡各组成部分的详细数值，该成分的总和就是实际作物需水量。具体来说，RD-PW 情景下作物实际需水量分别为 1175m³/hm²、1082m³/hm²、611m³/hm²、964m³/hm²，以上数值可为农田灌溉提供指导。

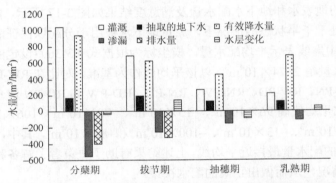

图 3-18　RD-PW 情景下和平灌区水稻不同生育时期的水量平衡

此外，除地表水和地下水分配外，不同作物生育时期不同分区的地表水可利用量是另一个决策变量，通过求解 IFMONLP 模型可得到具体优化值，见图 3-19。可知，在拔节期、抽穗期和乳熟期，不同分区的水分可利用量由高到低表现为：李山屯分区、郑文举分区和安邦河分区，而在分蘖期，郑文举分区的水分可利用量大于李山屯分区，最末位是安邦河分区。不同情景下，三个分区分蘖期水分可利用量变化不显著，说明分蘖期水分可利用量保持稳定，也就是说，无论哪种情况下，分蘖期都优先分配水分，以实现灌溉系统综合效益的最大化，这也表明分蘖期是灌溉最关键的时期。在其他三个生育时期，李山屯分区在不同生育时期的水分可利用量变化显著，而安邦河分区和郑文举分区的水分可利用量变化不明显，这说明李山屯分区对水分更为敏感。而抽穗期和乳熟期的变化幅度大于拔节期。水资源配置结果表明，在有限供水条件下，不同生育时期水量分配的顺序依次为：分蘖期、拔节期、乳熟期和抽穗期。同时，水分可利用量最优结果的较大变化也说明了不同情景下存在不同程度的缺水现象。应重视提高灌溉水的利用效率，以适应大田作物对水分的需求。

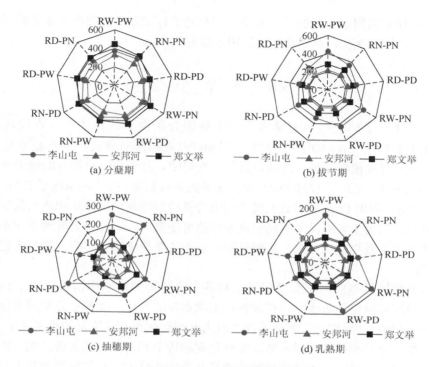

图 3-19　不同生育时期不同分区水分可利用量结果（单位：m³）

3.7.5　IFMONLP 模型优点

实例研究表明，丰枯（干湿）组合条件下的 IFMONLP 模型是实现灌溉水可持续分配的有效工具。IFMONLP 模型具备三方面优点。

（1）IFMONLP 模型协调了社会、经济和自然资源方面的利益，促使作物产量最大化、供水成本最小化和蓝水利用量最小化三项目标相耦合，以保障可持续的灌溉用水分配。同时，通过对作物不同生育时期引入 Jensen 模型，降低了多目标规划框架下非线性优化问题的复杂性，使模型更加合理实用。

（2）IFMONLP 模型解决了用直觉模糊数表示的社会、经济和自然资源等方面的不确定性，使模型更真实地反映实际情况。采用精度函数将模糊参数转化为确定性参数，从而确定模型的输出，为决策者提供了更多的指示性方案，而不是像以往相关研究中采用的不同 α 模糊切割水平下的方案（α 切割是一个水平集，它描述了隶属度水平的模糊程度，强调模糊事件量化的重要性）[109]。该模型有效地降低了模糊不确定性的复杂性，减轻了灌溉系统的计算负担。

（3）本书计算了不同水文要素，即地表可供水量和降水量的联合概率，并以此估算长期灌溉用水分配的平均水平。这有助于管理者尽可能深入地了解不同情况下水量分配的变化，从而指导灌溉用水规划。

3.8 本 章 小 结

本章建立了地表供水和降水不同丰枯组合条件下的作物生育阶段内水资源优化配置模型（IFMONLP 模型）。IFMONLP 模型有效地将多目标规划、非线性规划和直觉模糊数等方法耦合到同一框架中。基于直觉模糊数的精度函数和 Zimmerman 法，给出了 IFMONLP 模型求解的替代模型，并归纳总结了 IFMONLP 的求解方法。利用 Copula 函数生成丰枯组合条件的地表可供水量和降水量的联合发生概率，为决策者提供了不同配水方案的可能概率。研究结果有助于在不同变化条件下产生系列替代方案，从而有助于决策者在变化环境下确定灌溉水资源分配政策。

本书将该模型应用于和平灌区水稻各生育阶段的配水中，得出以下结论：①作物增产目标优于蓝水节约指标和供水成本降低目标。②配水方案满意度与配水量呈正相关变化，配水方案最大满意度为 0.825，如果有更充足的水量用于分配，将产生更具可持续性的灌溉方案。③分蘖期和拔节期是灌溉的关键时期，需优先灌溉保证水稻产量。而拔节和抽穗期是井灌的高峰期，其加权平均量占整个生育时期地下水可利用量的 76%。④IFMONLP 模型对水分可利用量和降水量的变化敏感。考虑供水和降水在不同丰枯组合条件下的联合发生概率，可得到加权平均灌溉用水分配量为 $2374 \times 10^4 m^3$，RN-PN 和 RN-PD 情景下的配水量较接近平均线，发生概率分别为 8.32% 和 8.17%。

第4章 作物水-土-肥耦合配置

4.1 研 究 概 述

我国是最大的水稻生产国,在占全球18.3%的稻田耕种面积上贡献了全球30.98%的水稻产量[110]。据估计,未来几十年,全球稻米产量将以每年1.2%~1.5%的速度增长,以满足不断增长的粮食需求[111]。然而,水稻种植是温室气体排放的最大来源之一,例如,水稻种植中甲烷(CH_4)排放量占全球甲烷总排量的10%以上[112],并且增加了田间二氧化碳(CO_2)的排放,残留的腐烂或烧成灰烬的稻茬也是CH_4和一氧化二氮(N_2O)的重要源头。同时,水稻又是耗水作物,水稻产量对水分敏感。在缺水地区,对水稻进行高效灌溉是非常必要的举措,灌溉水利用效率因此成为衡量水稻种植用水性能的关键指标[113]。因此,水稻生产的可持续管理不仅要考虑水稻产量和与之伴生的经济效益,还要考虑水稻生长过程水分利用效率及温室气体排放对环境的影响。

影响水稻生产的因素很多,主要包括自然资源(如水和土地)、气象条件(如光、热、温度、降水等)、耕作方式(如化肥、农药、农业机械、薄膜等的使用)和社会经济因素[114, 115]。在这些因素中,水资源配置被认为是水稻生产的关键问题[116]。世界上大约75%的水稻采用漫灌的方式[112]。采用漫灌方式种植水稻通常配水量较大,然而,水资源的减少和水质的恶化限制了水稻的生产,并且原本可用于水稻生产的水资源可能被考虑用于其他效益更高的作物,甚至转移进入用于工业或生态活动中。这种转移会相应地减少水稻产量和相应的效益,从而影响水稻种植用地的空间分布。此外,氮肥被证明是水稻产量的另一个决定性因素[117, 118]。在传统的水稻种植生产过程中,施用过量的氮肥来增加水稻产量是较为普遍的现象,然而,这一举措对环境(大气、地表或地下水)有着巨大的负面影响。因此,科学有效地规划水资源和肥料的利用对可持续发展具有重要的现实意义。研究表明,水和肥料的有效管理取决于土地管理,因为水稻生产的技术措施,如耕作、施肥、灌溉、田间管理都与土地有关。因此,现代化的水稻生产需要对土地、水、氮肥进行综合配置,以利于指导田间管理,保障粮食安全。

如何来评价水稻生产水-土-肥综合管理效果是一个值得深入研究的科学问题。足迹指标具有评估单个事件对水利用格局、全球变暖、能源消耗、垃圾封存生态能力等方面贡献的潜力。广泛使用的足迹指标，如水足迹（water footprint，WF）、碳足迹（carbon footprint，CF）、生态足迹（ecological footprint，ECF）、能源足迹（energy footprint，ENF）等，能够从不同角度跟踪人类对周围环境的压力[119]。每个足迹指标通常都有自己的关注点和解释方式。"足迹家庭"的概念是从基于消费的角度定义的一组指标，为不同的具体研究问题提供了答案，并有助于更全面地监控可持续发展的表现[120]。结合"优化技术"和"足迹家庭"评估方法，将为水稻生产的土地、水、肥料可持续管理问题的研究提供科学的方法。

因此，本章致力于构建一个用于水稻生产的水、土地和肥料资源综合分配的优化-评估模型框架。研究包括以下内容。

（1）确定水稻生产的土地、水和肥料资源管理的最佳配置组合，从而提高经济效益、水利用效率和环境影响的综合效应。

（2）量化供水和降水的联合随机不确定性，并评价其对模型性能的影响。

（3）确定资源（即土地、水、肥料）分配对"足迹家庭"指标的影响，为资源利用提供方向，并以和平灌区为例，对模型框架进行验证。本章技术路线见图 4-1。

4.2　优化模型构建

本节旨在建立水稻生产的土地、水、肥料资源综合配置优化模型。该模型构建的宗旨是以可持续的方式管理水稻种植过程中所需的土地、水和肥料资源，获得资源利用效率高、经济效益好、环保优良的方案。因此，优化模型包含三个目标函数，即净经济效益（net economic benefits，NEB）最大化、灌溉水利用效率（irrigation water use efficiency，IWUE）最大化和全球增温潜势（global warming potential，GWP）最小化。模型的决策变量为土地利用量、单位面积用水量和单位面积施肥量。在优化模型中，土地、水、肥料资源的规划过程通过模型的目标函数和约束条件相耦合。具体如下：水稻单产依赖于水、肥料的综合效应，拟合二元二次函数表示二者的交互关系；灌区作物产量和由此产生的系统利润受到土地、水和肥料的共同影响；土地、水和肥料共同影响灌溉水利用效率，因为所有灌溉区域的灌溉水利用效率都受到产量和用水的影响；全球增温潜势主要与土地和肥料有关，因为温室气体排放的数量取决于水稻种植面积，而肥料对温室气体排放的贡献通常大于杀虫剂、薄膜、柴油和用电等其他农业活动。同时，各分区中供水稻生产使用的土地资源、水资源和肥料间存在彼此制约、相互平衡的作用关系，主要表现在以下两方面：其一，净经济效益最大化、灌溉水利用效率最大化、全球增温潜势最小化三个目标的矛盾性。例如，更高的经济效益要求更多的

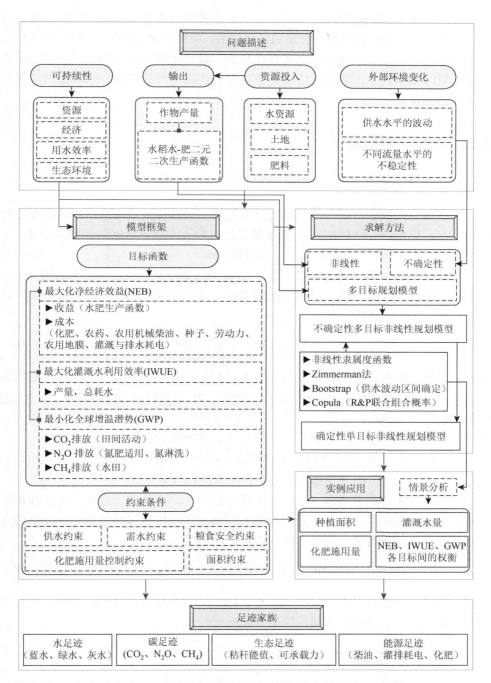

图 4-1 本章技术路线图

土地和肥料用于水稻生产，但更多的土地和肥料将带来更多的温室气体排放。而在一定程度上，用水量的增加会增加经济效益，但同时也会降低水分生产率效益，且不同地区的土地、水和肥料之间存在制约，以平衡相互冲突的目标。其二，在有限的资源量限制下，粮食供给安全需要得到保障，导致肥料、水和土地资源利用之间的制衡。

4.2.1 目标函数构建

1. 最大化净经济效益（NEB）

经济效益是反映区域经济发展的重要指标。该目标函数可以从经济的角度对土地、水、肥料进行优化配置。NEB 可以通过收入和成本之间的差额来量化：

$$\max F^{\text{NEB}} = \max(\text{Revenue} - \text{Cost}) \tag{4-1a}$$

式中，F^{NEB} 为经济效益目标函数（元）；Cost 为成本（元）；Revenue 为收益（元）。

（1）收益（Revenue）与水稻的市场价格、种植面积、单位面积产量相关，通过上述三项指标求得收入指标，可得

$$\text{Revenue} = \sum_{i=1}^{I}[\text{MP}_i \cdot A_i \cdot f_i^{\text{Yield}}(\text{IW}_i, \text{NF}_i)] \tag{4-1b}$$

式中，i 为分区下角标，总分区数量为 I；MP_i 为价格（元/kg）；A_i 为种植面积（hm^2）；$f_i^{\text{Yield}}(\text{IW}_i, \text{NF}_i)$ 为水稻水肥生产函数；IW_i 为灌溉水量（m^3/hm^2）；NF_i 为氮肥利用量（kg/hm^2）。其中，$f_i^{\text{Yield}}(\text{IW}_i, \text{NF}_i)$ 至关重要，由水-肥协同作用决定。水稻全作物生育期水肥生产函数可以用二元二次形式表示[121]：

$$f_i^{\text{Yield}}(\text{IW}_i, \text{NF}_i) = a + b\text{NF}_i + c\text{IW}_i + d(\text{NF}_i)^2 + e(\text{IW}_i \times \text{NF}_i) + f(\text{IW}_i)^2 \quad \forall i \tag{4-1c}$$

式中，a、b、c、d、e、f 为水稻水肥生产函数的拟合系数。

（2）水稻生产的总成本（Cost）主要来自种子、劳动力、灌溉、排水和耕作方式，如由肥料、杀虫剂、农业机械和农用薄膜的使用量等要素决定。上述成本要素都与土地使用有关，因此，成本可以表示为

$$\text{Cost} = \sum_{i=1}^{I}[A_i(\text{CNF}_i + \text{CP}_i + \text{CD}_i + \text{CID}_i + \text{CS}_i + \text{CL}_i + \text{CAF}_i)] \tag{4-1d}$$

式中，CNF_i、CP_i、CD_i、CID_i、CS_i、CL_i 和 CAF_i 分别为氮肥、农药、农机柴油、排灌、种子、劳役和农膜的价格（元/hm^2）。

2. 最大化灌溉水利用效率（IWUE）

灌溉水利用效率是指粮食产量与灌溉水总量之比[122]。该目标函数有助于节约用水，并为水稻生产生成高效利用土地、水和肥料等资源的方案。可以表示为

$$\max F^{\mathrm{IWUE}} = \max\left(\frac{\mathrm{Yield}}{\mathrm{TIW}}\right) \tag{4-2a}$$

$$\mathrm{Yield} = \sum_{i=1}^{I}[A_i f_i^{\mathrm{Yield}}(\mathrm{IW}_i, \mathrm{NF}_i)] \tag{4-2b}$$

$$\mathrm{TIW} = \sum_{i=1}^{I}(A_i \cdot \mathrm{IW}_i) \tag{4-2c}$$

式中，Yield 为粮食产量；F^{IWUE} 为灌溉水利用效率最大目标函数（kg/m³）；TIW 为灌溉水总量（m³/hm²）。

3. 最小化全球增温潜势（GWP）

GWP 可用于量化包括 CO_2、CH_4 和 N_2O 在内的温室气体排放的综合效应[123]。其中，CO_2 的排放主要来自各种农田活动，N_2O 的排放主要来自肥料的硝化反硝化和氮淋溶。最大限度地降低 GWP 有助于获得以环保为导向的水稻生产的水-土-肥分配方案。该目标函数可表示为

$$\min F^{\mathrm{GWP}} = \min\left[\frac{44}{12}E^{\mathrm{CO_2}} + \left(\frac{16}{12}\times 21\right)E^{\mathrm{CH_4}} + \left(\frac{44}{28}\times 310\right)E^{\mathrm{N_2O}}\right] \tag{4-3a}$$

$$E^{\mathrm{CO_2}} = \sum_{i=1}^{I}[A_i(\delta^{\mathrm{NF}}\mathrm{NF}_i + \delta^{\mathrm{P}}\mathrm{Pe}_i + \delta^{\mathrm{AF}}\mathrm{AF}_i + \delta^{\mathrm{D}}D_i + \delta^{\mathrm{IE}}\mathrm{IE}_i)] \tag{4-3b}$$

$$E^{\mathrm{CH_4}} = \sum_{i=1}^{I}(\alpha_i A_i) \tag{4-3c}$$

$$E^{\mathrm{N_2O}} = \sum_{i=1}^{I}[\mathrm{NF}_i(\beta^{\mathrm{ferN_2O}} + 0.01\beta^{\mathrm{ferNH_3}} + 0.0075\beta^{\mathrm{ferRL}})] \tag{4-3d}$$

式中，GWP 目标函数（kg CO_2eq）为极小化最优函数；$E^{\mathrm{CO_2}}$、$E^{\mathrm{CH_4}}$ 和 $E^{\mathrm{N_2O}}$ 分别为 CO_2、CH_4 和 N_2O 的排放量（kg CO_2eq）；δ^{NF}、δ^{P}、δ^{AF} 和 δ^{D} 分别为氮肥、农药、农膜和农机柴油的碳排放系数（kg CO_2eq/kg）；δ^{IE} 为灌溉用电碳排放系数（kg CO_2eq/kWh）；Pe_i、AF_i、D_i 分别为各地区的除害剂用量、农膜用量及柴油用量（kg/hm²）；IE_i 为区域灌溉用电量（kWh/hm²）；α_i 为 CH_4 的排放系数（kg/hm²）；$\beta^{\mathrm{ferN_2O}}$、$\beta^{\mathrm{ferNH_3}}$、β^{ferRL} 分别为氮肥 N_2O、肥料氨、径流和肥料淋溶的排放系数；0.01 和 0.0075 分别为 N_2O 当量对 NH_3 和氮淋溶的转化系数[124]。

4.2.2　约束条件构建

（1）供水约束。供水约束反映灌区内各分区在灌溉过程中消耗的水量不应超过该分区水资源总供给量（包括地表水和地下水）。

$$\mathrm{IW}_i \cdot A_i \leqslant \mathrm{WS}_i^{\mathrm{sur}}\eta_i^{\mathrm{sur}}\sigma_i^{\mathrm{sur}} + \mathrm{WS}_i^{\mathrm{gro}}\eta_i^{\mathrm{gro}}\sigma_i^{\mathrm{gro}} \quad \forall i \tag{4-4}$$

式中，WS_i^{sur} 和 WS_i^{gro} 分别为区域地表水总供应量和地下水总供应量（m^3）；η_i^{sur} 和 η_i^{gro} 分别为区域地表水和地下水利用效率；σ_i^{sur} 和 σ_i^{gro} 分别为该地区水稻灌溉的地表水和地下水利用比例。

（2）需水约束。需水约束反映灌区内各分区实际灌溉量应弥补降水不足所导致的作物生长基本需水量的匮乏。

$$IW_i + P_i^{eff} \geqslant WD_i \qquad \forall i \tag{4-5}$$

式中，P_i^{eff} 为有效降水量（m^3/hm^2）；WD_i 为需水量（m^3/hm^2）。

（3）面积约束。面积约束反映灌区内各分区的实际种植面积不应超过该分区规定的最大及最小种植面积值。

$$A_i^{min} \leqslant A_i \leqslant A_i^{max} \qquad \forall i \tag{4-6}$$

式中，A_i^{min} 为最小种植面积（hm^2）；A_i^{max} 为最大种植面积（hm^2）。

（4）化肥利用量约束。化肥利用量约束反映在灌区内各分区的氮肥使用量应低于规定用量的上限值。

$$NF_i \leqslant NF^{max} \qquad \forall i \tag{4-7}$$

式中，NF^{max} 为最大氮肥施用量（kg/hm^2）。

（5）粮食安全约束。粮食安全约束反映灌区的粮食总产量必须高于最低供给红线值。

$$\sum_{i=1}^{I}[A_i \cdot f_i^{Yield}(IW_i, NF_i)] \geqslant PO \times FD^{min} \tag{4-8}$$

式中，PO 为人口；FD^{min} 为人均粮食需求量（kg/人）。

（6）非负约束。非负约束反映模型中的所有决策变量（种植面积、配水量及氮肥用量）应满足变量非负的现实物理意义。

$$A_i, IW_i, NF_i \geqslant 0 \qquad \forall i \tag{4-9}$$

4.2.3　模型解法

上述优化模型框架为多目标非线性规划模型，模型的一般形式可见第 3 章内容。其解法的开发思路主要包括以下内容。

（1）模型转型，即将多目标模型转化为单目标非线性规划模型。首先，利用非线性隶属函数对模型中的多个目标函数进行处理，形成多目标模型向单目标非线性规划模型转化基础。其中，最大目标函数和最小目标函数的非线性隶属函数的确定在第 3 章中已有了详细介绍，详见 3.3 节内容。其次，引入满意度，得到等效的单目标非线性规划模型。

（2）根据三个目标函数的权重值，将转换后的模型进行编码求解。其中，转换模型的输出是水稻在不同分区的土地利用、水利用和肥料利用量决策值。

本章的模型解法与第 3 章解法的主要区别在于，本章对单个目标函数赋予了权重，以权重为基础耦合多目标。

4.3　"足迹家族"主要指标评价方法

本节将引入"足迹家族"方法论，包括水足迹、碳足迹、生态足迹和能源足迹，以综合评估上述优化方法的可持续性，帮助决策者从不同角度认识如何针对不同情景对水稻种植的水-土-肥资源展开协同调控。

4.3.1　水足迹评价

（1）水足迹（WF）是一种与水相关并反映其潜在环境影响的量化指标。在灌溉农业系统中，WF 的目标是量化特定作物产量所需的水量[125]。WF（m^3/kg）可表示为

$$WF = WF^{green} + WF^{blue} + WF^{grey} \qquad (4\text{-}10)$$

式中，WF^{green}、WF^{blue} 和 WF^{grey} 分别为绿水足迹、蓝水足迹和灰水足迹（m^3/kg）。

绿水是指在农作物生产过程中，由降水所产生的渗入土壤可以被植物吸收利用的水分[126]。蓝水是指为农田灌溉所提供的地表水或地下水[127]。根据环境水质标准，灰水是吸收生产过程造成的污染物负荷所必需的水量[128]。对水稻生产来说，灰水足迹主要是由氮肥在田间的施用量所决定的[129]。各部分表达式如下：

$$WF^{green} = \frac{WC^{green}}{Yield} = \frac{ET^{green}}{Yield} \qquad (4\text{-}11a)$$

$$WF^{blue} = \frac{WC^{blue}}{Yield} = \frac{ET^{blue}}{Yield} \qquad (4\text{-}11b)$$

$$WF^{grey} = \frac{(\theta \cdot AR)/(c_{max} - c_{nat})}{Yield} \qquad (4\text{-}11c)$$

$$ET^{green} = \min(ET_c, P_{eff}) \qquad (4\text{-}11d)$$

$$ET^{blue} = \max(0, ET_c - P_{eff}) \qquad (4\text{-}11e)$$

$$P_{eff} = \begin{cases} p(125 - 0.6p)/125 & p \leqslant 250/3 \\ 125/3 + 0.1p & p > 250/3 \end{cases} \qquad (4\text{-}11f)$$

式中，WC^{green} 为绿水消耗量（m^3）；ET^{green} 为绿水蒸散发量（m^3/hm^2），可根据蒸散发量和有效降水量的最小值进一步确定，详见式（4-11d）；P_{eff} 为作物生长期

内的有效降水（mm），可利用式（4-11f）求得；p 为 10 日内的有效降水（mm）；WC^{blue} 为蓝水消耗量（m^3）；ET^{blue} 为蓝水蒸散发量（m^3/hm^2），见式（4-11e），若蒸散发量与有效降水的差值大于零，否则为 0；ET_c 为作物蒸散发量；θ 为浸出率（%）；AR 为单位面积施氮量（kg/hm^2）；c_{max} 和 c_{nat} 分别为最大允许硝酸盐浓度和自然硝酸盐本底浓度（mg/L）。

（2）粮食水足迹在水足迹概念上得来，其定义为某个区域生产粮食作物单位产量所消耗的水资源量。粮食水足迹为粮食蓝水足迹、绿水足迹及总水足迹的统称，其具体含义如下：①粮食蓝水足迹是指农田中可被作物利用的灌溉地表水和地下水的消耗量，反映粮食生产过程中消耗的灌溉水资源；②粮食绿水足迹是指雨水落入农田中可被作物利用的水资源量，反映粮食生产过程中降水资源的利用情况；③粮食总水足迹为粮食蓝水足迹和绿水足迹的总和。本书中涉及的粮食蓝水足迹、绿水足迹及总水足迹均为三种作物蓝水足迹、绿水足迹及总水足迹平均值。粮食水足迹的具体公式为

$$w_f = w_{fb} + w_{fg} \tag{4-12a}$$

$$\begin{cases} w_{fb} = 10\dfrac{I_g}{y} \\ w_{fg} = 10\dfrac{P_e}{y} \end{cases} \tag{4-12b}$$

式中，w_f 为粮食总水足迹（m^3/t）；w_{fb} 为粮食蓝水足迹（m^3/t）；w_{fg} 为粮食绿水足迹（m^3/t）；I_g 为粮食作物生育期内的毛灌溉水量（mm）；P_e 为粮食作物生育期内的有效降水量（mm）；y 为粮食产量（t）；10 是常量因子，是将水深转化为单位面积水量的转换系数。

4.3.2 农产品的碳足迹分析

农产品的碳足迹（CF）是监测农业生产力过程效率和可持续性的主要指标之一[130]。CF 可以估算产品整个生命周期的温室气体排放总量（以碳当量计算）。农田系统的 CF 模型可以表示为[131]

$$CF = \frac{CE}{Yield} \tag{4-13a}$$

$$CE = E^{CO_2} + 25E^{CH_4} + 298E^{N_2O} \tag{4-13b}$$

式中，CF 为碳足迹（kg CO_2eq/kg）；CE 为水稻生产碳排放总量（kg CO_2eq），即 CO_2、CH_4、N_2O 的直接排放之和；298 和 25 分别表示 N_2O 和 CH_4 的转换系数。

4.3.3　生态足迹分析

生态足迹（ECF）是一个综合指标，可以通过维持目前生活方式所需的土地使用量来显示人类活动对环境的影响。本书使用能值理论计算 ECF[132]，其核心是将各种形式的能量转化为统一的标准，即太阳能（sej）。ECF 可以表示为

$$ECF = \sum_{k=1}^{K} ECF_k = \sum_{k=1}^{K} \frac{E_k}{\rho} \tag{4-14}$$

式中，k 为水稻秸秆的加工方式；ρ 为能值密度（sej/hm^2）；E_k 为秸秆第 k 种处理方式的能值（sej），可由收集量的累积效应、能值转换系数、能值转换率和秸秆处理方式的比例系数进一步确定。

4.3.4　能源足迹分析

能源对水稻生产很重要，它取决于可耕地数量和机械化水平。本书中，能源足迹（ENF）侧重于"粮食视角"，用水稻生命周期中的能源消耗进行估算。ENF 可以表示为

$$ENF = \frac{EC}{Yield} \tag{4-15}$$

式中，EC 为能源消耗（J），分为直接和间接两类[133]。直接能源是与水稻生产过程有关的农场和田间使用的能源燃料和电力，如灌溉、整地、收割、农业投入物和农产品的运输。间接能源不直接用于农场，主要包括化肥、杀虫剂和种子的投入。通过引入对应于不同类型能耗的能量耗散系数，对直接和间接能耗进行量化。

4.4　数　据　分　析

4.4.1　数据类别分析

本章所构建模型将应用于和平灌区，在数据整理过程中主要完成以下两方面内容。

（1）针对第一部分主要内容（即多目标模型求解）所涉及的相关水资源、农业产量、灌区经济、灌区生态环境以及能源有关的诸多数据进行了系统化的收集、整理和分析。

（2）针对第二部分主要内容（即"足迹家族"评价）所涉及的数据进行梳理，此部分所涉及的数据包括两个方面：其一，是基于第一部分优化模型输出结果的

数据统计，包括种植面积、灌溉量、氮施肥、作物产量和温室气体排放等；其二，是"足迹家族"评估需要的原始数据统计，包括作物蒸散、有效降水、使用农药、柴油、电力等。

4.4.2 数据处理及获取说明

水资源相关数据是研究的核心数据支撑，包括地表水和地下水供应、有效降水和需水量，其中，径流和降水数据如表 4-1 所示。基于 Copula 方法，考虑高、中、低三个水文特征，生成供水和降水联合发生概率。其中，依据第 3 章所确定的联合概率的具体原则，高、中、低流量的经验频率分别为 25%、50%、75%。地表水供应来自相应的河流，而有效降水量是根据美国农业部土壤保持服务方法计算获得的。根据水稻蒸散发量（ET_c）确定需水量，ET_c 由作物系数乘以作物参考蒸散发量计算[134]。返青期 ET_c 为 18.5mm，分蘖期 ET_c 为 154.2mm，拔节期 ET_c 为 132.9mm，乳熟期 ET_c 为 54.3mm，黄熟期 ET_c 为 36.5mm。

表 4-1 径流和降水数据

参数	单位	水源	高	中	低
径流	$10^8 m^3$	呼兰河	[8.38, 9.91]	[5.88, 7.16]	[3.84, 5.00]
		安邦河	[1.36, 1.67]	[0.93, 1.14]	[0.58, 0.75]
		拉林清河	[0.65, 0.86]	[0.39, 0.52]	[0.19, 0.31]
降水	m^3/hm^2		[3668, 4099]	[3330, 3629]	[3019, 3228]

水稻产量表现为单位面积水肥生产函数，该函数的拟合需依据大田试验数据。采用控制灌溉、间歇灌溉、浅水灌溉、漫灌四种灌溉方式和四种施氮水平（非氮肥、75kg/hm²、105kg/hm²、135kg/hm²），重复处理三次，拟合系数为 $a=0.06$，$b=0.481$，$c=0.252$，$d=0.857$，$e=-0.808$，$f=-0.361$。根据回归分析，拟合优度检验值为 0.93，拟合效果较好。

环境相关数据主要是温室气体排放。主要碳源包括农药（4.04kg/hm²）、农膜（18.25kg/hm²）、柴油（82.46kg/hm²）、电力（415.82kWh/hm²）和氮肥（决策变量），各参量所对应的碳排放系数见文献[124]。计算水稻的能量潜力需要一些参数，包括稻谷-秸秆比、秸秆收集系数、秸秆能值转换系数、秸秆能值转换率、秸秆利用方式及相应比例。稻谷-秸秆比为 0.85，秸秆收集系数为 0.83，秸秆能值转换系数为 1.42×10^{13}J/kg，秸秆能值转换率为 4.53×10^4sej/J。根据实际调查，秸秆可用于肥料、饲料、燃料、基料、原料和燃烧，研究区对应的比例分别为 30.61%、19%、16.04%、2.93%、4.39% 和 27.04%。本书将农机柴油和农田水利用电作为直接能源消耗，将化肥和农药作为间接能源消耗。柴油、电力、化肥和农药的能量耗散系数分别为 $0.44 \times 10^8 \mathrm{J/kg}$、$0.12 \times 10^8 \mathrm{J/kg}$、$1.00 \times 10^8 \mathrm{J/kg}$ 和 $0.24 \times 10^8 \mathrm{J/kg}$。

4.5 优化结果分析与讨论

4.5.1 不确定条件下的模型优化结果分析

（1）配水方案分析。对于不确定性分析，研究设计了九种基于地表水供应高-低流量水平和降水组合的情景。在每一种情景下，供水和降水的输入以区间数表示。供水和降水通过供水水平的变化决定水量分配情况而影响模型的性能。通过模型求解，得到不同情景下的水资源配置方案，如图 4-2 所示。由图 4-2 可知，RH-PL 情景下（即供水量最多降水最少情况）配水量最大，RL-PH 情景下（即供水量最少降水最多情况）配水量最小，这是两个极端情况下的配水方案，RM-PM 情景下的配水量居中，在 $1.568 \times 10^7 \sim 1.933 \times 10^7 \mathrm{m}^3$，整体优化结果与自然规律相符合。

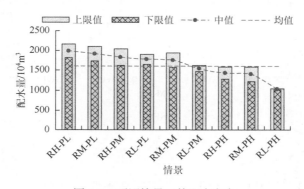

图 4-2 不同情景下的配水方案

R 表示径流量；P 表示降水量；H 表示高流量水平；M 表示中等流量水平；L 表示低流量水平

同时，由图 4-2 可知，水资源配置量随着地表水供给的减少而减少，随降水的增加而增加，这是因为在垂直方向上降水可以视为水源。图中配水方案以区间数形式给出，区间数的上限和下限表示在特定情况下（即在一定的供水和降水组合下）的最佳情况和最差情况。决策者可以根据实际情况和自己的偏好，在区间范围内选择任意的配水量。敢于冒险的决策者为了获得更大的经济效益，可能会选择接近上限的水资源分配方案，但同时也会面临缺水的风险。相反，风险规避型的决策者为了避免水资源短缺，可能会选择接近下限的水资源分配方案，但经济效益较低。根据供水和降水的联合概率，可产生平均分配水量方案，即 $1.596 \times 10^7 \mathrm{m}^3$，该值可作为多年平均参考。

（2）水资源配置目标分析。不同情景下决策变量的变化会直接导致目标函数，即净经济效益（NEB）、灌溉水利用效率（IWUE）和全球增温潜势（GWP）取向的不同。采用双线性平均度量来制订不同目标之间的权衡，并进行定量评估。该度量结合了与经济、效率和环境相关的三个方面，并以上述三个目标为基础构建了三角形的蜘蛛图，如图4-3所示。图4-3给出了不同情景下三个目标的变化情况，以及三个目标的协同程度，三角形面积越大，即对应综合指数值越大，三个博弈目标的协同性越好。从图中可以看出，不同的目标之间存在着权衡。如果只考虑一个目标，每个目标的值都会达到图4-3子图（SH-PH）中的圆点值。优化模型通过平衡经济、环境和效率三个相互博弈的目标，实现土地-水-肥料资源的可持续配置。从图4-3可以看出，IWUE的目标在不同情景下都是较为稳定的，接近最大值，NEB和GWP的变化较为显著。目标函数的协同性与供水量的变化相关，在地表水供应量较大的情况下，三个目标的协同作用较好，最好的协同情景发生在SM-PM的情景下，而最坏的协同发生在供水水平较低的SL-PL情景下。GWP对降水变化较为敏感。可见，供水和降水的综合效应决定了这三个相互博弈的目标的协同作用。

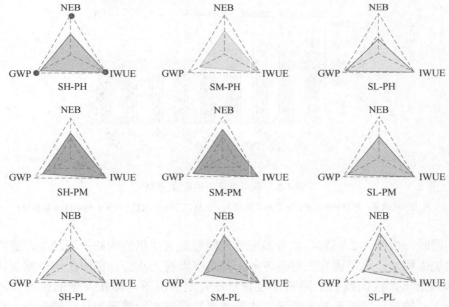

图4-3　不同情景下目标函数的变化与系统协同性

S表示地表水量；P表示降水量；H表示高流量水平；M表示中等流量水平；L表示低流量水平

4.5.2　不同偏好情况下的目标函数值变化

根据区域发展要求和决策者的主观偏好，对不同的目标给予不同程度的重视

（即权重），本节主要分析目标权重对目标函数值的影响。研究采用层次分析法确定权重[135]。根据三个目标的重要性顺序，生成四个场景，情景 1（S1），$\omega_1 = \omega_2 = \omega_3$（$\omega_1$ 表示 NEB 的目标权重，ω_2 表示 IWUE 的目标权重，ω_3 表示 GWP 的目标权重）；情景 2（S2），$\omega_1 > \omega_2 > \omega_3$；情景 3（S3），$\omega_2 > \omega_1 > \omega_3$；情景 4（S4），$\omega_3 > \omega_1 > \omega_2$。最重要目标权重为 0.6370，第二重要目标权重为 0.2583，最不重要目标权重为 0.1047。

不同偏好情景下目标函数的变化如图 4-4 所示。从图中可以看出，权重的变化使 NEB 的值变化在 $[1.53, 1.80] \times 10^8$ 元，IWUE 的值变化在 $[2.90, 3.04]\text{kg/m}^3$，GWP 的值变化在 $[0.74, 0.84] \times 10^8 \text{kg CO}_2\text{eq}$。目标函数值在 S1、S3、S4 下的变化情况相似，都倾向于达到各自的最优值，其中，IWUE 表现这一特征最为显著。S1、S3、S4 三个情景的权重都倾向于分配较低的资源。相反，S2 对目标函数值变化的影响最大，因为该情景下的权值导向于分配更多的资源，以获得更多的效益为主，其次考虑温室气体排放量和资源利用效率。结果还表明，最大限度地提高 IWUE 和最大限度地降低 GWP 的目标对土地、灌溉用水和氮肥等资源具有相同的配置偏好，而最大限度地提高 NEB 的目标具有相反的偏好。

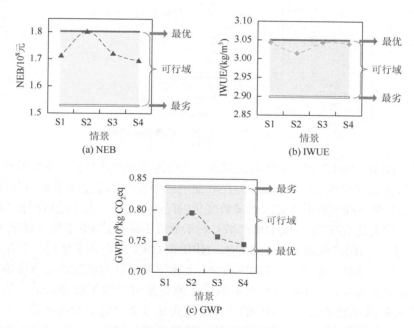

图 4-4　不同偏好情景下目标函数的变化

4.5.3　敏感性分析

通过敏感性分析可以了解土地、水、肥料利用率对 NEB、IWUE 和 GWP 的影响，结果如图 4-5 所示。由图 4-5 可知，三个目标对土地、水和肥料利用率都很敏感。具体内容如下。

（1）NEB、IWUE 和 GWP 取值对肥料的敏感性分析。NEB、IWUE 和 GWP 取值与肥料利用率呈正相关变化且较为敏感。肥料促进了水稻增产，也极大地影响了温室气体的排放。同时，从图 4-5 可以看出，随着肥料利用率的提高，系统的 NEB 和 IWUE 呈上升趋势，但同时，根据可持续性原则，为保证环境效益，肥料施用量必须加以限制。

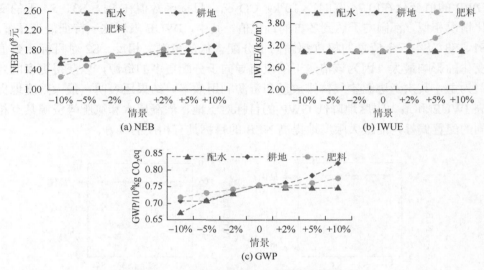

图 4-5 水、土地、肥料对不同目标的影响

（2）NEB、IWUE 和 GWP 取值对水、土资源的敏感性分析。更大的可用土地利用量将会带来更高的经济效益，但在农业生产中也产生了更多的温室气体排放。具体而言，与基线（即不考虑敏感参数变化的结果）相比，当土地可用性为±10%时，NEB 的变化情况为[−5%, 11%]（减号表示数值下降），GWP 的变化情况为[−6%, 9%]。同时，当配水量增加低于 2%时，NEB 和 GWP 值对水量敏感。当配水量增加 2%以上时，NEB 和 GWP 值保持稳定。上述结果可以为水资源配置决策提供指导。由图 4-5 可知，IWUE 值对水资源和土地资源可用性不敏感。这一结果归因于 IWUE 的量化表达式，IWUE 的量化表达式是一个分数非线性公式，水资源和土地资源可用量同时出现在 IWUE 表达式的分子和分母上，进而弱化了 IWUE 值对水资源和土地资源可用性的敏感程度，而肥料只出现在分子上，因此肥料使用量对水稻产量影响很大。一般而言，所建立的优化模型倾向于多施肥、少配水、少占用耕地的原则，以平衡最大化 NEB、最大化 IWUE 和最小化 GWP 的目标博弈，敏感性分析说明了这三种资源之间存在着深度的联系和权衡。

4.5.4　优化结果与实际现状对比分析

通过平衡经济（量化为 NEB）、效率（量化为 IWUE）和环境（量化为 GWP）三个相互博弈的目标，对灌区土地、水和氮肥资源的配置量进行优化，优化结果如表 4-2 所示。

表 4-2　模型优化结果

指标	参数表达	单位	分区	优化结果
种植面积	A_i	$10^4 hm^2$	李山屯（LST）	0.13
			安邦河（ABH）	0.22
			郑文举（ZWJ）	0.35
灌溉水量	IW_i	m^3/hm^2	李山屯（LST）	3195
			安邦河（ABH）	2869
			郑文举（ZWJ）	2603
氮肥利用量	NF_i	kg/hm^2	李山屯（LST）	115
			安邦河（ABH）	115
			郑文举（ZWJ）	115
作物产量		kg/hm^2	李山屯（LST）	8060
			安邦河（ABH）	8433
			郑文举（ZWJ）	8732
成本		10^4 元		3541
灌溉水利用效率	IWUE	kg/m^3		3.04
全球增温潜势	GWP	$10^4 kg\ CO_2eq$		7546

（1）水-土-肥资源配置对比分析。优化结果是通过对不同分区的种植面积、灌溉水和氮肥进行再分配得到的。具体而言，与现状相比，虽然总种植面积有所减少，但不同分区变化情况不一，如李山屯分区增加了 700hm²，安邦河分区减少了 600hm²，郑文举分区减少了 600hm²。种植面积的优化确保现有工程运行条件的前提下，使土地资源更加均衡。同时，灌溉用水也进行了优化，提高了灌溉效率，李山屯分区灌溉水量增加了 8.67%，安邦河分区和郑文举分区分别减少了 2.42% 和 11.45%，且与现状相比，优化后的氮肥用量显著减少，有效抑制了农业生产对环境的污染。

（2）综合可持续性分析。为了更好地展示模型性能，模型优化结果与现状的对比结果如图 4-6 所示。与现状相比，优化模型倾向于分配较少的资源（种植面积、灌溉用水量和氮肥），以获得可持续的综合效益。其中，种植面积减少6.66%，灌溉水减少 1.73%，氮肥分配减少 2.21%。虽然资源的减少会降低作物产量（约降低 4.56%），但农业系统的成本也随之降低（约降低 6.66%）。同时，优化后灌溉水利用效率提高 1.6%，这样的结果对缺水的干旱和半干旱地区而言是非常有益的。同时全球增温潜势下降 7.45%，说明水稻生产产生的温室气体排放减少，将有利于空气环境保护。综上所述，较现状而言，优化结果有效地提高了水稻生产的经济效益目标（量化为 NEB）、水资源利用效率目标（量化为 IWUE）和环境效益目标（量化为 GWP）的协同程度，促进了农业的生产可持续。

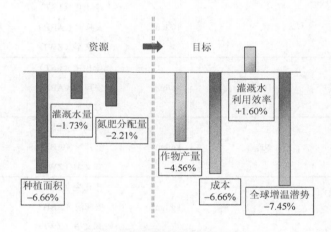

图 4-6　模型优化结果与现状对比

4.6　"足迹家族"评价

"足迹家族"评价主要包括：水足迹（WF）、碳足迹（CF）、能量足迹（ENF）、生态足迹（ECF）评价。本节研究内容主要包含两方面：①由于水足迹能够最直接地反映水资源的利用情况，本章在对研究区域进行水足迹分析的基础上，将其拓展到整个黑龙江省，对全省粮食水足迹进行分析；②基于本章构建模型的输出结果，对研究区域的水足迹、碳足迹、能量足迹、生态足迹展开综合分析。

4.6.1　黑龙江省水足迹时空分布分析

本节主要对黑龙江省粮食水足迹进行分析。

（1）黑龙江省粮食水足迹时间分布规律分析。由图 4-7 可知，2008～2018 年黑龙江省粮食总水足迹整体呈波动下降趋势：2008～2010 年粮食总水足迹呈缓慢上升趋势，而 2011 年骤降至 175000m³/t 后，一直处在 200000m³/t 上下，同比 2008～2010 年的粮食总水足迹平均值下降 20%，直至 2018 年恢复上升趋向。由趋势线可以看出，粮食总水足迹的趋势线斜率为–2748.7，其下降趋势最为显著。造成黑龙江省粮食总水足迹下降的原因包括两个方面：其一，自然环境因素。全球气候变暖对粮食种植产生了较大影响，降水减少而蒸发加快，大大降低了可用于粮食生产的有效降水量，使得粮食总水足迹下降。其二，社会发展因素。随着工业制造业用水增多，农业用水逐渐被挤占，分配于粮食种植的可利用水资源也有减少趋势，这也是黑龙江省粮食总水足迹下降的重要原因之一。

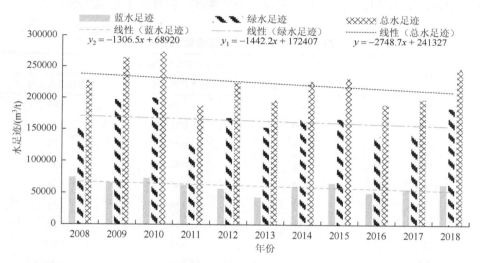

图 4-7 2008～2018 年黑龙江省粮食绿水足迹、蓝水足迹、总水足迹时间分布图

由图 4-7 可知，黑龙江省粮食蓝水足迹、绿水足迹的变化趋势与粮食总水足迹一致：2008～2010 年粮食蓝水足迹、绿水足迹呈上升趋势，自 2011 年骤降后，其间虽有波动但未能恢复，直至 2018 年才有所上升。从粮食蓝水足迹、绿水足迹的对比情况来看，粮食绿水足迹趋势线斜率为–1442.2，粮食蓝水足迹趋势线斜率为–1306.5，粮食绿水足迹下降趋势比蓝水足迹显著；粮食蓝水足迹与绿水足迹比例始终趋于 1:3，表明黑龙江省粮食用水结构 10 年间基本保持不变。

2008～2018 年黑龙江省粮食绿水足迹均值在 175000m³/t，整体有下降趋势。2011 年黑龙江省粮食作物生产经历了春旱、伏旱等气象灾害，使得当年黑龙江省粮食绿水足迹显著下降，之后的几年持续波动，因此将 2008～2018 年黑龙江省粮食绿水足迹分成了两个时期：2008～2010 年（粮食绿水足迹平均值 183785m³/t）

和 2011～2018 年（粮食绿水足迹平均值 156242m³/t）。黑龙江省粮食蓝水足迹也有着类似的情况，自然灾害同样影响 2011 年黑龙江省粮食蓝水足迹，旱灾使得降水量减少，导致可灌溉供水量骤降，进而引起粮食蓝水足迹下降。

（2）黑龙江省粮食水足迹空间分布规律分析。黑龙江省各地区的粮食水足迹见表 4-3。黑龙江省粮食总水足迹整体呈现南、北高，东、西低的变化趋势，其中，粮食绿水足迹及蓝水足迹的空间分布具有一致性，粮食蓝水足迹、绿水足迹高值区在黑龙江省的牡丹江、伊春和齐齐哈尔，而哈尔滨、大庆等中东部地区属粮食蓝水足迹、绿水足迹低值区。粮食总水足迹空间分布规律与降水量有密切联系，黑龙江省南、北部和西部降水量较多，属于湿润地区，粮食总水足迹高；而中部和东部地区降水量偏少，属于半湿润半干旱地区，粮食总水足迹较低。

表 4-3　黑龙江省各地区粮食水足迹

地区	粮食水足迹/($10^4 m^3$/t)		
	粮食绿水足迹	粮食蓝水足迹	粮食总水足迹
哈尔滨	0.88	0.36	1.24
齐齐哈尔	1.50	0.81	2.31
大庆	0.86	0.43	1.29
伊春	2.48	0.82	3.30
佳木斯	1.32	0.43	1.75
鸡西	1.05	0.46	1.51
牡丹江	1.90	0.80	2.70
鹤岗	1.72	0.48	2.20
双鸭山	1.48	0.50	1.98
七台河	1.72	0.60	2.32
绥化	1.44	0.43	1.87

黑龙江省绿水足迹的低值区主要集中在大庆、哈尔滨、鸡西、双鸭山、佳木斯、绥化各地区，其中大庆最低，占总绿水足迹的 5.3%。绿水足迹的高值区主要分布在伊春、牡丹江、七台河、鹤岗、齐齐哈尔，其中伊春市最高，占粮食绿水足迹比例为 15.2%。黑龙江省蓝水足迹的低值区主要集中在黑龙江省的中部和东部地区，特别是大庆、哈尔滨、绥化和佳木斯。而高值区则分布在南部、北部和西部地区，包括齐齐哈尔、伊春、牡丹江，北部地区齐齐哈尔的粮食蓝水足迹最高。黑龙江省粮食总水足迹整体呈现南北高、东西低的变化趋势。为了更清晰地表征黑龙江省各个地区的粮食总水足迹等级分布情况，将粮食总水足迹分为四个等级：伊春、牡丹江粮食总水足迹为Ⅰ级，粮食总水足迹十分丰富；齐齐哈尔、

七台河和鹤岗为Ⅱ级,粮食总水足迹较为丰富;双鸭山、佳木斯、鸡西、绥化为Ⅲ级,粮食总水足迹相对匮乏;而大庆地区、哈尔滨地区为Ⅳ级,粮食总水足迹十分匮乏。由此可以看出,各个地区水足迹分布不均,差异较大,存在着粮食水足迹过剩与稀缺并存的情况。可采取工程措施实现省内的"南北水,东西调",将粮食水足迹丰富地区如伊春、牡丹江的水资源,调入水足迹匮乏地区如哈尔滨、大庆,以改善粮食水足迹的空间分布结构。

(3)黑龙江省粮食水足迹影响因素分析。利用斯皮尔曼相关系数法对黑龙江省粮食水足迹的影响因素进行分析,得到各影响因素相关系数(表 4-4)。对于粮食蓝水足迹,人口密度对其影响最大,其次是 GDP、播种面积、降水量、粮食产量、单位面积产量,其中,GDP、单位面积产量、粮食产量、播种面积的相关系数为负值。GDP 的相关系数为-0.5732,负相关程度最显著。粮食蓝水足迹反映了粮食生产过程中消耗的灌溉水资源,在灌溉用水比例一定的情况下,粮食蓝水足迹越低,灌溉水资源的利用效率越高。GDP 是指一定时期内生产活动的最终成果,代表着经济发展水平,一个地区的经济发展水平越高,工业及第三产业越发达,相应的用水量越大,导致农业可供水被工业及第三产业用水挤占越多,因而 GDP 与粮食蓝水足迹呈现负相关;人口密度对粮食蓝水足迹影响最大,相关系数为 0.7182,表明人口越多,粮食的需求量越高,生产过程中消耗的农业灌溉水资源总量就越多。此外,降水量可间接影响灌溉可供水量,降水量越大,灌溉可供水量越大,因而降水量与粮食蓝水足迹呈正相关。

表 4-4 黑龙江省蓝水足迹、绿水足迹、总水足迹各影响因素相关系数

指标	GDP	播种面积	粮食产量	单位面积产量	降水量	人口密度
蓝水足迹	-0.5732	-0.5727	-0.4727	-0.4182	0.4818	0.7182
绿水足迹	-0.1909	-0.2636	-0.1636	-0.1455	0.6727	0.1091
总水足迹	-0.2364	-0.1182	-0.0818	0.6636	-0.1818	0.2727

对于粮食绿水足迹,降水量对其影响最大,其次是播种面积、GDP、粮食产量、单位面积产量、人口密度,其中,GDP、单位面积产量、粮食产量、播种面积与粮食绿水足迹呈负相关。粮食绿水足迹反映了粮食生产过程中降水资源的可利用情况,由于降水量直接影响作物生长蒸腾作用中可利用雨水资源量,其对粮食绿水足迹影响最大,相关系数为 0.6727。播种面积与粮食绿水足迹的负相关性最显著,相关系数为-0.2636,在作物生育期有效降水量稳定的状态下,随着播种面积的增大,单位播种面积上的可利用降水量先增加后减少,进而导致粮食绿水足迹下降。

对于粮食总水足迹,GDP、播种面积、粮食产量、降水量与其呈负相关,单

位面积产量、人口密度与粮食总水足迹呈正相关。根据粮食水足迹的计算公式可知，单位面积产量是计算粮食蓝水足迹、绿水足迹及总水足迹量的重要变量之一，因而单位面积产量的影响最大，相关系数为 0.6636；而 GDP 越高，其他部门对农业用水的挤占越严重，因而 GDP 与粮食总水足迹的负相关性最显著。

（4）黑龙江省粮食水足迹预测结果分析。结合当地规划目标，选取对粮食水足迹影响较大的三个因素进行预测，即播种面积、降水量、粮食产量（1998～2018 年），得出 2021～2025 年粮食水足迹主要影响因素预测趋势图（图 4-8）。由图可以看出，粮食产量和播种面积在未来五年都有上升趋势，而降水量波动幅度较大。

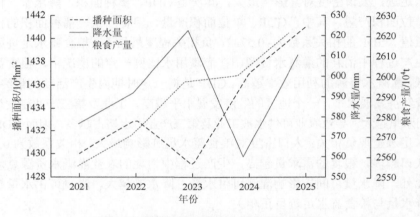

图 4-8　播种面积、粮食产量、降水量预测

对粮食蓝水足迹、绿水足迹及总水足迹进行时间序列预测，由表 4-5 可知，2021～2025 年黑龙江省粮食绿水足迹远大于粮食蓝水足迹，粮食蓝水足迹平均值为 12432.2m³/t，粮食绿水足迹平均值为 32650m³/t，粮食总水足迹平均值为 45082.2m³/t，粮食蓝水足迹、绿水足迹、总水足迹均有下降趋势。

表 4-5　粮食蓝水足迹、绿水足迹、总水足迹预测结果　（单位：m³/t）

指标	2021 年	2022 年	2023 年	2024 年	2025 年
蓝水足迹	12545	12483	12427	12376	12330
绿水足迹	32945	32783	32636	32506	32380
总水足迹	45490	45266	45063	44882	44710

结合上述结果分析造成粮食蓝水足迹、绿水足迹及总水足迹下降趋势的原因：①气候变化使降水量减少，同时气候变暖使蒸发加快，因而粮食蓝水足迹、绿水足迹及总水足迹的可利用量下降。②以当前的政策形势来看，与农业相比，工

业发展促进经济增长显著。虽然播种面积和粮食产量在未来几年略有上升，预计 2021~2025 年播种面积从 $1.42 \times 10^7 hm^2$ 增长到 $1.441 \times 10^7 hm^2$，涨幅为 1.48%；粮食产量由 $2.531 \times 10^7 t$ 增长到 $2.623 \times 10^7 t$，涨幅为 3.63%，然而工业等其他行业用水挤占农业用水的现象凸显，用于粮食种植的农业用水量会越发减少，进而粮食蓝水足迹、绿水足迹及总水足迹呈现降低趋势。可采取科学方法合理制定农业发展规划，提高农业水资源利用率，合理促进农业发展。

4.6.2　和平灌区"足迹家族"分析

本节将对黑龙江省和平灌区水资源优化结果的水足迹、碳足迹、能量足迹、生态足迹展开分析，评价结果如图 4-9 所示，具体分析如下。

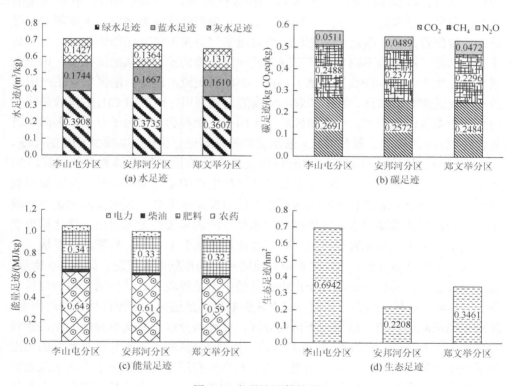

图 4-9　各足迹计算结果

（1）水足迹分析。如图 4-9 所示，李山屯分区、安邦河分区、郑文举分区的水足迹分别为 $0.7079 m^3/kg$、$0.6766 m^3/kg$ 和 $0.6534 m^3/kg$。不同分区的总水足迹差异较小，三个分区的总水足迹组成相似，绿水足迹最多，占比约 55%，其次是蓝色水足迹，占比约 25%，最后是灰水足迹，占比约 20%。不同分区水足迹的差异取决于作物产量。根据优化模型，李山屯分区单产 8060kg/hm², 安邦河分区单产 8433kg/hm², 郑文举分区单产 8732kg/hm², 导致李山屯分区的水足迹最大，郑文举分区的水足迹最小。

同时，与现状相比，水足迹总量增加了 4.5%，说明生产同等重量水稻时，水肥利用率有所提高。造成这一结果的主要原因是氮肥用量减少导致水稻单产下降。结果还表明，优化氮肥施用对水稻生产的重要性。不同含水量的结果可以帮助决策者调节水分利用量（降水和供水量）和控制肥料的施用，从而提高水分和肥料的利用率。

（2）碳足迹分析。碳足迹是不同温室气体排放的综合结果，包括 CO_2、CH_4 和 N_2O 的排放。如图 4-9 所示，对水稻而言，CO_2 和 CH_4 的排放占据主要位置，占所有温室气体排放量的 91%，而 N_2O 的排放仅占 9%。与现状相比，优化结果的平均温室气体排放量（碳当量）下降了 7.3%，说明优化模型倾向于生成环境友好型的资源配置方案。碳足迹的变化趋势与温室气体排放的变化趋势相同。与水足迹相似的是，产量的不同导致了不同分区间碳足迹的差异。从结果来看，由于大规模农业生产，CO_2 排放量贡献了将近一半的碳足迹，因此，灌区农业生产中应进一步促进肥料、农药、农机和农用薄膜的高效利用。而稻田 CH_4 的排放是化肥的另一个重要污染因素，与土壤性质、水因子、肥料和气候因子有关。因此，需要合理地对水稻品种、耕作方式、灌肥管理等内容进行优化，以减少 CH_4 的排放。

（3）能量足迹分析。能量足迹可以反映水稻单位产量不同类型的能耗。如图 4-9 所示，灌溉电力和肥料几乎贡献了水稻生产的全部能源消耗，而柴油和农药所占比例很小。灌溉和施肥是水稻生产的重要组成部分。根据前面水足迹和碳足迹分析，优化灌溉用水和氮肥施用对水稻生产的重要性尤为突出。优化结果表明，由于减少了土地配置和氮肥用量，总能耗降低至 155MJ，显著低于现状。

（4）生态足迹分析。生态足迹可以反映水稻的规划面积状况。如图 4-9 所示，低产量和较小的种植面积导致李山屯分区的生态足迹较大。秸秆的肥料、饲料、燃料、基料、原料、燃烧等利用方式直接影响生态足迹值。为评价秸秆利用程度，计算生态承载力取值，结果为李山屯分区、安邦河分区、郑文举分区的生态承载力分别为 0.15hm²、0.27hm² 和 0.43hm²。安邦河分区和郑文举分区对秸秆的利用处于生态承载力范围内，而李山屯分区对秸秆的利用则远远超出了生态承载力范围。对安邦河分区和郑文举分区而言，秸秆利用方式有一定的扩展空间，尤其是对于直接废弃而没有任何利用的秸秆。如果考虑合理的处理和利用，就会实现社会经济和生态环境效益的双赢。最优结果降低了李山屯分区生态赤字 0.12hm²，改善了水稻秸秆的利用条件。但李山屯分区对秸秆的利用方式仍需调整，使其对应的生态足迹回归到相应的承载能力范围内。

4.7　本章小结

　　本章为水稻生产的水-土-肥料的可持续管理提供了一种综合方法。该方法集成了优化模型模块和"足迹家族"评估模块。其中,优化模型的框架为多目标非线性规划,并考虑了供水和降水的随机性。"足迹家族"包括水足迹、碳足迹、能源足迹和生态足迹。这两个模块为输入-输出关系。本章的主要创新如下:①在同一框架内同时配置不同分区水稻的种植面积、灌溉用水和氮肥量,实现经济效益、灌溉用水效率和环境影响这三个相互博弈的目标之间的平衡;②通过分析"足迹家族",提高对土地、水、肥料资源利用的跟踪能力,了解实施方案的优化方向;③反映复杂环境的不确定性,提供资源配置决策方案。实例应用结果表明,土地、灌溉水和氮肥资源同时协同配置,才有助于产生成本节约、高效环保的农业资源配置方案。

第5章 多作物多水源水资源优化配置

5.1 研究概述

灌区往往种植多种作物，它们共同占有灌区有限的水资源。在水资源短缺、农业灌溉水资源利用效率低的现实情景下，对灌区多作物采用多水源联合高效配置是十分必要的。从管理层面分析，通过优化技术来重新分配灌区水资源使其在不同作物间得到高效利用，即尽可能地利用最少的水资源获得最大的作物产量及收益是推动农业可持续发展的重要举措。

本章拟采用多目标规划工具来解决灌区节水与增产增效之间的矛盾，同时考虑供水、需水、地表水与地下水相互转化等约束，以寻求不同水源的水资源在不同作物间高效利用的最佳模式。灌区水资源高效配置过程包括水文气象要素变化、社会经济政策的改变、灌区管理等情况，导致灌区水资源高效配置中涉及众多不确定性，增加了灌区水资源高效配置的复杂性。因此，在对多种作物进行水资源优化配置过程中如何用简单易行的方法量化这些不确定性值得决策管理者思考，所开发的方法应既使灌区水资源的高效配置能够充分反映实际情况，又使其方法理论能够在实际配水过程中得到应用。考虑以上问题，开展了如下内容的研究。

（1）定量表征水文气象参数与社会经济参数的不确定性。拟合径流水文频率分析曲线；进行径流序列突变检验；随机抽样并模拟水文序列；估计水文分布参数；量化不同频率水平下径流区间值；计算社会经济要素长系列数据的变差系数；模拟社会经济要素区间分布并估算对应区间值。

（2）构建基于不确定性的灌区灌溉水资源优化配置模型。分析灌区供需平衡；量化灌区四水转化约束；构建灌区多水源高效配置多目标模型；求解不确定性优化模型；分析不同流量水平的灌区水资源配置方案并给出水资源配置建议。本章所构建的模型与相应方法将应用于呼兰河灌区，通过实例应用，可获得呼兰河灌区六个子区主要粮食作物（水稻、玉米、大豆）在生育期的灌溉水资源高效配置方案。定量给出呼兰河灌区在不同来水流量水平下的水资源高效配置方案集及各方案的允许调控区间范围，以减少极端水文事件对灌区经济效益带来的损失，并为完善农业防灾减灾工作提供参考。

5.2　模型框架构建

本章开发了一个区间线性多目标规划（ILMP）模型框架，具体内容如下：
①用 Bootstrap 方法生成区间参数；②基于区间参数生成 ILMP 模型；③基于模糊规划（FP）方法求解 ILMP 模型；④不确定性多目标规划框架建立。ILMP 模型的计算流程图见图 5-1。

5.2.1　Bootstrap 方法

Bootstrap 方法是一种抽样技术。该方法只需对原始样本序列进行重新抽样，不需要对总体分布进行假设，然后对抽取样本的参数值进行估计，最后推导出未知总体样本的参数特征，可定量描述参数估计的不确定性。因此，它是一种基于长期数据估计和生成区间数的有效方法。具体如下：

假设 $X = (x_1, x_2, \cdots, x_n)$ 是原始样品，θ 是整个分布的未知参数。从最低值到最高值，原始样本可以写为 $x_{(1)} \leq x_{(2)} \leq \cdots \leq x_{(n)}$，其经验分布函数 F_n 描述如下：

$$F_n = \begin{cases} 0, & x \leq x_{(1)} \\ \dfrac{k}{n}, & x_{(k)} \leq x \leq x_{(k+1)}, k = 1, 2, \cdots, n-1 \\ 1, & x \geq x_{(n)} \end{cases} \tag{5-1}$$

通过对 F_n 重新抽样，可获得相同样本数量的 $X^* = (x_1^*, x_2^*, \cdots, x_n^*)$。首先基于 Bootstrap 样本 X^*，通过一定的参数估计方法，可以计算出分布函数参数 θ 的估计值 θ^*。采用 Bootstrap 方法重复抽样 N 次，可以得到 N 组 Bootstrap 样本，描述为 $X^{*(j)} = (x_1^{*(j)}, x_2^{*(j)}, \cdots, x_n^{*(j)})$（$j = 1, 2, \cdots, N$）。然后可以求出参数 θ 的 N 个参数估计 $\theta^{*(j)}$（$j = 1, 2, \cdots, N$）。取 $\theta^{*(j)}$（$j = 1, 2, \cdots, N$）作为未知参数 θ 的样本，参数分布 θ 因此可以得到。根据该分布，可以根据预先设定的置信水平估计样本置信区间，进而获得不同频率下的区间估计。

5.2.2　区间线性多目标规划

（1）区间数的性质。

性质 5-1：设 A 表示一个封闭有界的实数集合，$A^{\pm}$ 定义为一个具有上界和下界的区间数。$A^{\pm} = [A^-, A^+] = \{A^- + z(A^+ - A^-) \mid 0 \leq z \leq 1\}$，其中，$A^-$ 和 A^+ 分别表示区间数 $A^{\pm}$ 的下限和上限，z 表示可用于将区间参数转换为确定参数的辅助变量。

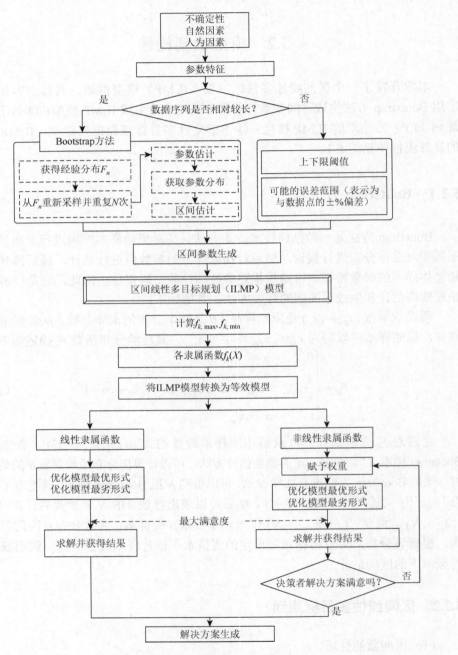

图 5-1 ILMP 模型计算流程图

性质 5-2：对于 $A^{\pm}$，有以下关系成立：①如果 $A^{-} \geqslant 0$ 且 $A^{+} \geqslant B^{+}$，则 $A^{\pm} \geqslant 0$；

②如果 $A^- \leqslant 0$ 且 $A^+ \leqslant B^+$，则 $A^\pm < 0$。此外，对于 $A^\pm$ 和 $B^\pm$，有其他关系：①如果 $A^- \leqslant B^-$ 且 $A^+ \leqslant B^+$，则 $A^\pm \leqslant B^\pm$；②如果 $A^- \geqslant B^-$ 且 $A^+ \geqslant B^+$ 则 $A^\pm \geqslant B^\pm$。

性质 5-3：设 $* \in \{+, -, \times, \div\}$，对区间数进行二进制运算。对于 $A^\pm$ 和 $B^\pm$ 有
$$A^\pm \times B^\pm = [\min\{A \times B\}, \ \max\{A \times B\}], \ A^- \leqslant A \leqslant A^+, \ B^- \leqslant B \leqslant B^+ 。$$

在除法情况下，假定 $B^\pm$ 不包含 0，有
$$A^\pm + B^\pm = [A^- + B^-, \ A^+ + B^+]$$
$$A^\pm - B^\pm = [A^- - B^-, \ A^+ - B^+]$$
$$A^\pm \times B^\pm = [\min\{A \times B\}, \ \max\{A \times B\}] \qquad A^- \leqslant A \leqslant A^+, \ B^- \leqslant B \leqslant B^+$$
$$A^\pm \div B^\pm = [\min\{A \div B\}, \ \max\{A \div B\}] \qquad A^- \leqslant A \leqslant A^+, \ B^- \leqslant B \leqslant B^+$$

（2）ILMP 模型框架。ILMP 模型可表示为
$$\min f_k^\pm(X) = C_k^\pm X \qquad k = 1, 2, \cdots, p \qquad (5\text{-}2a)$$

约束于
$$A^\pm X \leqslant B^\pm \qquad (5\text{-}2b)$$
$$X \geqslant 0 \qquad (5\text{-}2c)$$

式中，$f_k^\pm(X)$ $(k = 1, 2, \cdots, p)$ 为线性目标函数；$X = (x_1, x_2, \cdots, x_n)^\mathrm{T}$ 为自变量向量；$C_k^\pm = (c_{k1}^\pm, c_{k2}^\pm, \cdots, c_{kn}^\pm)$ $(k = 1, 2, \cdots, p)$ 为价值系数；$A^\pm = (a_{1j}^\pm, a_{2j}^\pm, \cdots, a_{mj}^\pm)^\mathrm{T}$ $(j = 1, 2, \cdots, n)$ 为约束条件的技术系数矩阵；$B^\pm = (b_1^\pm, b_2^\pm, \cdots, b_m^\pm)^\mathrm{T}$ 为约束右侧的向量。

（3）ILMP 模型求解方法。ILMP 模型的求解基于模糊方法，其本质是求目标函数的隶属函数。对于最小化问题的隶属函数通常可以写成：
$$\mu(f_k(X)) = \begin{cases} 1 & f_k(X) \leqslant f_{k,\min} \\ \dfrac{f_{k,\max} - f_k(X)}{f_{k,\max} - f_{k,\min}} & f_{k,\min} < f_k(X) < f_{k,\max}, \ 1 \leqslant k \leqslant p \\ 0 & f_k(X) \geqslant f_{k,\max} \end{cases} \qquad (5\text{-}3)$$

式中，$\mu(f_k(X))$ 为第 k 个目标函数的隶属函数；$f_{k,\min}$ 和 $f_{k,\max}$ 分别为 $f_k(X)$ 的下限和上限，假设 $f_{k,\min}$ 不等于 $f_{k,\max}$。计算 $f_{k,\min}$ 和 $f_{k,\max}$，它们具有相同的约束条件，但目标函数不同。

计算目标函数 $f_{k,\min}$：
$$\min f_k(X) = \sum_{j=1}^{n} [c_{kj}^- + z_{kj}(c_{kj}^+ - c_{kj}^-)] x_j \qquad (5\text{-}4a)$$

计算目标函数 $f_{k,\max}$：
$$\max f_k(X) = \sum_{j=1}^{n} [c_{kj}^- + z_{kj}(c_{kj}^+ - c_{kj}^-)] x_j \qquad (5\text{-}4b)$$

式（5-4a）和式（5-4b）约束于

$$\sum_{j=1}^{n}[a_{ij}^{-} + s_{ij}(a_{ij}^{+} - a_{ij}^{-})]\, x_j \leqslant b^{-} + t_i(b^{+} - b^{-}) \tag{5-4c}$$

$$x_j \geqslant 0 \tag{5-4d}$$

$$z_{kj}, s_{ij}, t_i \in [0,1] \tag{5-4e}$$

式中，$i=1,2,\cdots,m$，$j=1,2,\cdots,n$，$k=1,2,\cdots,p$，它们适用于本章中的所有模型；z_{kj}，s_{ij}，t_i 为辅助变量，用于将区间数 $c_{kj}^{\pm}$、$a_{ij}^{\pm}$ 和 $b_i^{\pm}$ 转换为相应的确定性表达式。结合 max-min 运算，ILMP 模型可以分别转换为对应线性和非线性隶属函数的以下两种形式[136]：

　　a. 线性隶属函数的等价模型：

$$\max \lambda \tag{5-5a}$$

$$\mu(f_k(X)) \geqslant \lambda \tag{5-5b}$$

$$\sum_{j=1}^{n}[a_{ij}^{-} + s_{ij}(a_{ij}^{+} - a_{ij}^{-})]\, x_j \leqslant b^{-} + t_i(b^{+} - b^{-}) \tag{5-5c}$$

$$x_j \geqslant 0 \tag{5-5d}$$

$$\lambda, s_{ij}, t_i \in [0,1] \tag{5-5e}$$

式中，λ 为总体满意度。

　　b. 非线性隶属函数的等价模型：

$$\max \prod_{k=1}^{p} \lambda_k \tag{5-6a}$$

$$\mu(f_k(X)) \geqslant \lambda_k \tag{5-6b}$$

$$\sum_{j=1}^{n}[a_{ij}^{-} + s_{ij}(a_{ij}^{+} - a_{ij}^{-})]\, x_j \leqslant b^{-} + t_i(b^{+} - b^{-}) \tag{5-6c}$$

$$x_j \geqslant 0 \tag{5-6d}$$

$$\lambda_k, s_{ij}, t_i \in [0,1] \tag{5-6e}$$

式中，λ_k 为第 k 个目标函数的满意度。

　　根据非线性隶属函数的等价模型，通过赋予权重，可以定量地表述各目标的重要性。因此，式（5-6a）的目标函数可以用加权几何法 $\max \prod_{k=1}^{p} \lambda_k^{\omega_k}$ 来描述，其中，ω_k 表示第 k 个目标函数的权重[137]。

　　模型［式（5-5）和式（5-6）］为单目标规划模型，利用最优-最劣模型可以得到 ILMP 模型的区间解。

　　对于线性隶属函数，最优和最劣模型表示如下。

　　最优模型：

$$\max \lambda \tag{5-7a}$$

$$\sum_{j=1}^{n} c_{kj}^{+} x_j + \lambda(f_{k,\max} - f_{k,\min}) \leqslant f_{k,\max} \tag{5-7b}$$

$$\sum_{j=1}^{n} a_{ij}^{-} x_j \leqslant b_i^{+} \tag{5-7c}$$

$$x_j \geqslant 0 \text{ 且 } 0 \leqslant \lambda \leqslant 1 \tag{5-7d}$$

最劣模型：

$$\max \lambda \tag{5-8a}$$

$$\sum_{j=1}^{n} c_{kj}^{+} x_j + \lambda(f_{k,\max} - f_{k,\min}) \leqslant f_{k,\max} \tag{5-8b}$$

$$\sum_{j=1}^{n} a_{ij}^{+} x_j \leqslant b_i^{-} \tag{5-8c}$$

$$x_j \geqslant 0 \text{ 且 } 0 \leqslant \lambda \leqslant 1 \tag{5-8d}$$

对于非线性隶属函数，最优和最劣模型表示如下。

最优模型：

$$\max \prod_{k=1}^{p} \lambda_k^{\omega_k} \tag{5-9a}$$

$$\sum_{j=1}^{n} c_{kj}^{-} x_j + \lambda_k(f_{k,\max} - f_{k,\min}) \leqslant f_{k,\max} \tag{5-9b}$$

$$\sum_{j=1}^{n} a_{ij}^{-} x_j \leqslant b_i^{+} \tag{5-9c}$$

$$x_j \geqslant 0 \text{ 且 } 0 \leqslant \lambda_k \leqslant 1 \tag{5-9d}$$

最劣模型：

$$\max \prod_{k=1}^{p} \lambda_k^{\omega_k} \tag{5-10a}$$

$$\sum_{j=1}^{n} c_{kj}^{+} x_j + \lambda_k(f_{k,\max} - f_{k,\min}) \leqslant f_{k,\max} \tag{5-10b}$$

$$\sum_{j=1}^{n} a_{ij}^{+} x_j \leqslant b_i^{-} \tag{5-10c}$$

$$x_j \geqslant 0 \text{ 且 } 0 \leqslant \lambda_k \leqslant 1 \tag{5-10d}$$

模型［式（5-9）和式（5-10）］是生成 ILMP 模型区间结果的最终解模型。

5.3　实　例　模　型

5.3.1　建模要点

本节以上述模型为基础，对呼兰河灌区展开实证研究。水稻、玉米、大豆等粮食作物是呼兰河灌区的主要农业作物，占灌区种植面积的绝大部分，三者中，由于水稻净效益较高，成为灌区种植面积最大的农作物。呼兰河灌区农业灌溉由多条河流供给，灌溉用水供给量在不同的径流水平下呈现不同的变化趋势。本书针对呼兰河灌区，采用所构建模型重点解决如下问题。

（1）拟合水文要素和管理要素的不确定性；

（2）对于水文要素，如何定量表达不同供水频率的不确定性；

（3）如何制订理想的水资源（地表水和地下水）配置方案，以实现产量、经济效益提升以及节约水资源的目标。

为解决上述问题，本部分建立了呼兰河灌区不同分区不同供水频率下，不同粮食作物灌溉水资源优化配置的 ILMP 模型。该模型由三个线性目标函数和一组约束条件组成。

5.3.2 模型目标函数构建

（1）经济目标函数。经济目标函数主要涉及作物种植成本和用水成本，该目标函数设立的目的是使农业生产的净收益最大化，具体函数表达形式为

$$\max f_{E} = \sum_{i=1}^{I} \sum_{j=1}^{J} [(MP_{ij}^{\pm} \cdot YA_{ij}^{\pm} - C_{ij}^{\pm}) A_{ij}^{\pm}] - CSW \sum_{i=1}^{I} \sum_{j=1}^{J} SW_{ij} - CGW \sum_{i=1}^{I} \sum_{j=1}^{J} GW_{ij} \quad (5\text{-}11a)$$

式中，f_{E} 为经济效益的目标函数（10^4 元）；i 为呼兰河灌区分区指标，I 为分区总数，其中，和平片区 $i=1$，建业片区 $i=2$，柳河片区 $i=3$，丰田片区 $i=4$，劳模片区 $i=5$，兰河片区 $i=6$；j 为农作物指数，J 为农作物总种数，其中，水稻 $j=1$，玉米 $j=2$，大豆 $j=3$；$MP_{ij}^{\pm}$ 为农作物 j 的市场价格（元/kg）；$YA_{ij}^{\pm}$ 为农作物 j 的单位面积产量（kg/hm²）；$C_{ij}^{\pm}$ 为 j 作物单位面积种植成本（元/hm²）；$A_{ij}^{\pm}$ 为 j 作物灌溉面积（10^4hm²）；CSW 和 GSW 分别为地表水和地下水供应成本（元/m³）；SW_{ij} 和 GW_{ij} 分别为地表水和地下水总量，为决策变量（10^4m³）。

（2）产量目标函数。产量目标函数设立的目的是通过地表水、地下水和降水的灌溉促使作物总产量最大化，该目标函数可表示成

$$\max f_{Y} = \sum_{i=1}^{I} \sum_{j=1}^{J} YW_{ij}^{\pm}(SW_{ij} \times cwe_i \times fwe_i + GW_{ij} \times fwe_i + EP_{ij}^{\pm} \times A_{ij}^{\pm}) \quad (5\text{-}11b)$$

式中，f_{Y} 为产量目标函数（10^4kg）；cwe_i 和 fwe_i 分别为渠道和农田水分利用系数；$YW_{ij}^{\pm}$ 为子区 i 作物 j 的水分利用效率（kg/m³）；$EP_{ij}^{\pm}$ 为子区 i 区作物 j 的有效降水量（m³/hm²）。

（3）节水目标函数。节水目标函数设立的目的是最大限度地减少包括径流和浅层地下水在内的蓝水总量，进而从节水灌溉的角度推进可持续农业的建设。灌溉农业同时使用绿水和蓝水，它们都是农业生产的重要水源。除了对作物生产的

贡献外，蓝水还可以直接用于社会经济部门，而绿水则不能。因此，在保证作物最低需水量的前提下，应充分利用绿水，节约蓝水，提高灌溉效率。因此，在本研究中，应尽量减少蓝水使用，包括来自河流和地下水的水。

$$\min f_{\mathrm{W}} = \sum_{i=1}^{I} \sum_{j=1}^{J} (\mathrm{SW}_{ij} + \mathrm{GW}_{ij}) \tag{5-11c}$$

式中，f_{W} 为节水目标函数（$10^4\mathrm{m}^3$）。

5.3.3　模型约束条件构建

（1）地表水可利用量约束：

$$\sum_{j=1}^{J} \mathrm{SW}_{ij} \leqslant \mathrm{TSW}_i^{\pm} \qquad \forall i \tag{5-11d}$$

对于呼兰河灌区，具体有

$$\mathrm{TSW}_1^{\pm} = p_{\mathrm{HP1}} \cdot Q_{\mathrm{HL}}^{\pm} + p_{\mathrm{HP2}} \cdot Q_{\mathrm{AB}}^{\pm} + p_{\mathrm{HP3}} \cdot Q_{\mathrm{LLQ}}^{\pm} \tag{5-11d-1}$$

$$\mathrm{TSW}_2^{\pm} = p_{\mathrm{JY}} \cdot Q_{\mathrm{LLQ}}^{\pm} \tag{5-11d-2}$$

$$\mathrm{TSW}_3^{\pm} = p_{\mathrm{LHR}} \cdot Q_{\mathrm{LLQ}}^{\pm} \tag{5-11d-3}$$

$$\mathrm{TSW}_4^{\pm} = p_{\mathrm{FT1}} \cdot Q_{\mathrm{HL}}^{\pm} + p_{\mathrm{FT2}} \cdot Q_{\mathrm{YJM}}^{\pm} \tag{5-11d-4}$$

$$\mathrm{TSW}_5^{\pm} = p_{\mathrm{LM}} \cdot Q_{\mathrm{OG}}^{\pm} \tag{5-11d-5}$$

$$\mathrm{TSW}_6^{\pm} = p_{\mathrm{LH}} \cdot Q_{\mathrm{OG}}^{\pm} \tag{5-11d-6}$$

式中，$\mathrm{TSW}_i^{\pm}$ 为 i 区地表水可利用量（$10^4\mathrm{m}^3$）；$Q_{\mathrm{HL}}^{\pm}$、$Q_{\mathrm{AB}}^{\pm}$、$Q_{\mathrm{LLQ}}^{\pm}$、$Q_{\mathrm{YJM}}^{\pm}$、$Q_{\mathrm{OG}}^{\pm}$ 分别为呼兰河、安邦河、拉林清河、依吉密河、欧根河的径流（$10^4\mathrm{m}^3$）；p_{HP1}、p_{HP2}、p_{HP3} 分别为呼兰河、安邦河、拉林清河在和平地区的灌溉比例；p_{JY} 为建业片区拉林清河灌溉比例；p_{LHR} 为拉林清河对柳河水库的灌溉比例；p_{FT1} 和 p_{FT2} 分别为丰田片区呼兰河和依吉密河的灌溉比例；p_{LM} 为欧根河在劳模片区的灌溉比例；p_{LH} 为欧根河在柳河片区的灌溉比例。

（2）地下水可利用性约束：

$$\sum_{j=1}^{J} \mathrm{GW}_{ij} \leqslant \eta_i \cdot \mathrm{TGW}_i \qquad \forall i \tag{5-11e}$$

式中，$\mathrm{TGW}_i^{\pm}$ 为 i 区域地下水可利用量（$10^4\mathrm{m}^3$）；η_i 为 i 区域地下水灌溉利用率。

（3）灌溉需求约束：

$$\mathrm{SW}_{ij} \cdot \mathrm{cwe}_i \cdot \mathrm{fwe}_i + \mathrm{GW}_{ij} \cdot \mathrm{fwe}_i + \mathrm{EP}_{ij}^{\pm} \cdot A_{ij}^{\pm} \geqslant \mathrm{IR}_{ij}^{\pm} \cdot A_{ij}^{\pm} \qquad \forall i, j \tag{5-11f}$$

式中，$\mathrm{IR}_{ij}^{\pm}$ 为 i 区 j 作物灌溉需水量（$\mathrm{m}^3/\mathrm{hm}^2$）。

（4）最大灌溉约束：

$$\sum_{j=1}^{J} (\mathrm{SW}_{ij} \cdot \mathrm{cwe}_i \cdot \mathrm{fwe}_i + \mathrm{GW}_{ij} \cdot \mathrm{fwe}_i) \leqslant \mathrm{WM}_i^{\pm} \qquad \forall i \tag{5-11g}$$

式中，$WM_i^{\pm}$ 为 i 区最大灌溉量（10^4m^3）。

（5）含水层水文平衡：

$$\sum_{i=1}^{I}\sum_{j=1}^{J}\{GW_{ij}-[\theta_1 \cdot SW_{ij}+\theta_2 \cdot (SW_{ij} \cdot cwe_i+GW_{ij})+\theta_3 \cdot EP_{ij}^{\pm} \cdot A_{ij}^{\pm}]\} \leqslant MA \qquad (5\text{-}11h)$$

式中，θ_1、θ_2、θ_3 分别为地表水输水损失系数、田间用水损失系数、降水入渗系数；MA 为含水层年允许开采许可量（10^4m^3）。

（6）非负性约束：

$$SW_{ij} \geqslant 0 \qquad \forall i, j \qquad\qquad (5\text{-}11i\text{-}1)$$

$$GW_{ij} \geqslant 0 \qquad \forall i, j \qquad\qquad (5\text{-}11i\text{-}2)$$

5.4　模型输入参数

本书中，ILMP 模型的数据可以分为四个部分：水文参数、社会经济参数、其他参数以及目标函数的权重。水稻、玉米和大豆为研究作物，它们的生长期为 5～9 月。

5.4.1　水文参数

水文参数包括相关河流的径流量、有效降水量、各作物的蒸散发量和地下水可利用量。这些水文参数是随机的，且大多数参数的值在不同频率下都有显著的变化。因此，需要对这些水文要素不同频率的区间值进行估计，以反映其随机性。水文参数相对于非水文参数通常具有较长的数据序列（30 年以上），因此可以使用 Bootstrap 方法获得这些水文要素的区间数。本章中水文参数的时间序列均为 55 年，数据来自水文站和气象网。

对于径流，直接采用 Bootstrap 方法，根据各河流的时间序列数据生成区间数。采用 Bootstrap 方法计算了呼兰河（$Q_{HL}^{\pm}$）、安邦河（$Q_{HL}^{\pm}$）、拉林清河（$Q_{HL}^{\pm}$）、依吉密河（$Q_{YJM}^{\pm}$）、欧根河（$Q_{YJM}^{\pm}$）的径流区间数。先计算经验分布，并根据拟合结果与经验频率曲线进行比较，从而确定一定的理论频率曲线。其次，利用蒙特卡罗方法对原始样本进行 1000 次随机模拟，并对每个新样本进行参数估计，得到 1000 组参数估计。然后，得到某一频率的概率分布。最后得到各频率的分布，并生成相应的区间数。本书根据我国干湿条件划分标准和呼兰河灌区规划设计报告，分别选取了 25%、50%、75% 和 95% 的频率，分别对应于湿润条件、正常条件、干旱条件和极端干旱条件。

有效降水量用有效系数乘以降水量计算。如果降水量小于 50mm，则系数为 0.9；

如果降水量大于等于 50mm 但小于 150mm，则系数为 0.75；如果降水量大于等于 150mm，则系数为 0.7。由此得到了有效降水量，并用与径流相同的方法得到了所选频率的相应区间数。

对于作物蒸散发量估计值（ET_c），采用 FAO56 Penman-Monteith 方法估算每日参考作物蒸散发量（ET_0）。1998 年联合国粮农组织将 FAO56-Penman-Monteith 法作为计算 ET_0 的基本方法，其具有较强的理论性质和计算精度，因此本书采用 FAO56-Penman-Monteith 法。FAO56-Penman-Monteith 法在世界范围内得到了广泛的应用，其基本输入数据包括平均气温、最低气温、最高气温、平均风速、日照时数、平均相对湿度等气候因子。ET_0 的月值和年值通过对日值求和得到。本书中，ET_0 的变异系数（Cv）仅为 0.06，远小于五条河流（呼兰河 Cv = 0.53、安邦河 Cv = 0.57、拉林清河 Cv = 0.77、依吉密河 Cv = 0.50、欧根河 Cv = 0.55）的变异系数，表明 ET_0 变化不大。从图 5-2 也可以看出年变化趋势，这表明在每个频率下估计 ET_0 的区间数是没有意义的，会增加模型求解的复杂性。

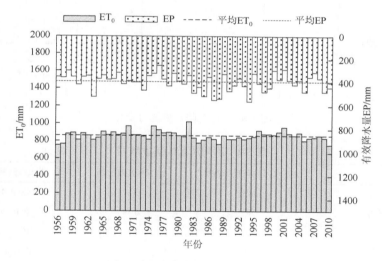

图 5-2　ET_0 年变化与有效降水量

采用随机模拟方法，根据已知的概率分布函数估计 ET_0 的区间数。Bootstrap 方法与随机模拟法生成水文要素区间数的区别在于，Bootstrap 方法能够有效地生成不同频率下的区间数，而无需假设总体分布。与 Bootstrap 方法相比，ET_0 的区间数仅用一个值表示，而每条河流的径流和降水的区间数用四个值表示，分别对应于 25%、50%、75% 和 95% 的频率。基于 ET_0，ET_c 可采用公式 $ET_c = K_c ET_0$ 获得[138]。表 5-1 列出了每个月每种作物的 K_c 值。本章中需水量的数值等于每种作物的 ET_c 值。计算出的 ET_c 与降水量的月变化如图 5-3 所示。由于缺乏观测数据，根据规划报告，地下水可利用量用平均值表示，各分区地下水可利用量及相应灌溉比例见表 5-2。

表 5-1 不同作物的基本数据

农作物	K_c					市场价格/(元/kg)	种植成本/(元/hm²)	水分利用效率/(kg/m³)
	5月	6月	7月	8月	9月			
水稻	0.38	0.78	1.34	1.06	0.45	[3.16, 3.27]	9526	1.61
玉米	0.30	1.20	1.20	1.20	0.80	[2.25, 2.36]	5010	1.82
大豆	0.40	1.15	1.15	1.15	0.70	[5.40, 5.44]	4980	0.72

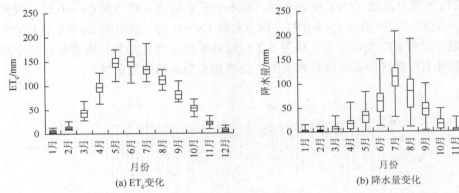

(a) ET_c变化　　　　(b) 降水量变化

图 5-3 ET_c 与降水量的月变化

表 5-2 不同片区的基本数据

片区	地下水可利用量/10⁴m³	地下水灌溉比例	最大灌溉量/10⁴m³
和平	1552	0.87	[4380, 4651]
建业	378	0.79	[646, 686]
柳河	293	0.82	[680, 722]
丰田	—	—	[963, 1022]
劳模	2432	0.91	[4124, 4379]
兰河	1324	0.95	[2254, 2394]

5.4.2 社会经济参数

本书的社会经济参数包括市场价格、种植面积、单位面积产量、最大灌溉量、种植成本、水分利用生产率和水分利用成本。上述参数通过年鉴、报告、网站、实地调查和文献研究等方法获得。上述社会经济参数的时间序列比水文参数短，序列长度小于 10 年，因此，Bootstrap 方法不适用于这些参数的区间数的生成，本书针对不同指标的特点，制定了不同的区间数生成方法。例如，在市场价格方面，每种作物在整个生长期内的最大值和最小值均来源于农产品价格网；针对作物种植面积数据和单位面积产量参数，根据规划报告和年鉴（2010～2015 年）获得作物种植面积数据和单位面积产量，并采用均值 μ 和方差法 x 计算相应的区间数 $\mu \pm x$，将各灌区各作物产量除以区间种植面积，得到单位面积产量区间数；最大灌水量是灌溉约束条件右端项的上限，说明不同区域的最优配水量不能超过最大灌水量，本书以较高设计保证率下的灌溉定额乘以区间种植面积，求得最大灌溉量，考虑种植面积用区间数表示，最大灌溉量也采用区间数表示。通过田间试验数据分析，得出了三种作物的水分利用生产率。而种植成本和水分利用成本来源于前期工作，详见文献[139]。表 5-1～表 5-3 展示了详细资料。

5.4.3　其他参数

其他参数主要包括地下水灌溉比例、各灌区对应河流的灌溉比例、渠道和田间水分利用系数、水力参数等。根据呼兰河灌区规划设计报告，上述参数可以统计，详细信息见表 5-3。p_{HP1}、p_{HP2}、p_{HP3}、p_{JY}、p_{LHR}、p_{FT1}、p_{FT2}、p_{LM}、p_{LH} 的取值分别为 0.84%、9.8%、18.1%、7.5%、11.1%、0.84%、4.1%、6.8%、3.4%。渠道、田间水分利用系数分别为 0.5、0.8。地表输水损失系数、田间水分利用损失系数、降水入渗系数分别为 0.49、0.10、0.08。

表 5-3　不同片区不同作物基本资料

片区	种植面积/$10^2 hm^2$			单位产量/(kg/hm^2)		
	水稻	玉米	大豆	水稻	玉米	大豆
和平	[32.77, 34.13]	[20.48, 21.85]	[12.97, 15.02]	[8668, 9204]	[9286, 9861]	[2538, 2695]
建业	[4.83, 5.03]	[3.02, 3.22]	[1.91, 2.21]	[8151, 8655]	[8935, 9488]	[2453, 2604]
柳河	[5.09, 5.30]	[3.18, 3.39]	[2.01, 2.33]	[8110, 8612]	[8887, 9437]	[2439, 2590]
丰田	[7.20, 7.50]	[4.50, 4.80]	[2.85, 3.30]	[8243, 8752]	[8964, 9519]	[2656, 2821]
劳模	[30.85, 32.13]	[19.28, 20.57]	[12.21, 14.14]	[8558, 9088]	[9158, 9724]	[2554, 2712]
兰河	[16.86, 17.57]	[10.54, 11.24]	[6.68, 7.73]	[8252, 8762]	[9326, 8762]	[2560, 2718]

5.4.4　目标函数的权重

当隶属函数为非线性时，采用加权系数法求解 ILMP 模型。层次分析法（AHP）

作为一种典型的从质量分析到数量分析的综合集成工程方法，在水资源管理领域得到了广泛的应用[140]。本书中，利用层次分析法确定所建立的 ILMP 模型三个目标的重要性权重。设定了四种情景：情景 1 是指三个目标同等重要；情景 2 是指以经济利益为首要目标；情景 3 是指以增产为首要目标；情景 4 是指以节水为首要目标。由层次分析法确定的权重系数如表 5-4 所示。

表 5-4　不同情景的权重系数

情景	权重系数		
	经济目标	产量目标	节水目标
情景 1	0.33	0.33	0.33
情景 2	0.43	0.30	0.27
情景 3	0.31	0.41	0.28
情景 4	0.31	0.31	0.37

5.5　结果分析与讨论

5.5.1　水文参数区间数的生成

利用 Bootstrap 方法得到水文参数的区间数。通过水文曲线拟合，确定各水文参数的概率分布，并进行参数估计。呼兰河、拉林清河、依吉密河的径流和降水量与 P-Ⅲ型分布拟合较好，并用矩量法估计分布参数。安邦河径流量服从两参数伽马分布，欧根河径流量服从广义极值分布。利用极大似然估计方法对这些水文参数进行参数估计。以拉林清河（为和平区、建业区、柳河区供水）为例，用 Bootstrap 方法产生区间数。拉林清河径流的概率分布和 Mann-Kendall（M-K）检验如图 5-4 所示。

M-K 检验表明，拉林清河径流时间序列具有较低的时间变异性，可以认为该样本是连续的。图 5-5 给出了 25%、50%、75% 和 95% 频率下拉林清河径流值的频率直方图和正态概率图。图中显示，正态分布函数在每个频率下都很好地拟合了频率直方图。结果表明，拉林清河各频率下的径流值大致呈正态分布。因此，利用正态分布得到了 95% 置信区间内各频率的区间数。

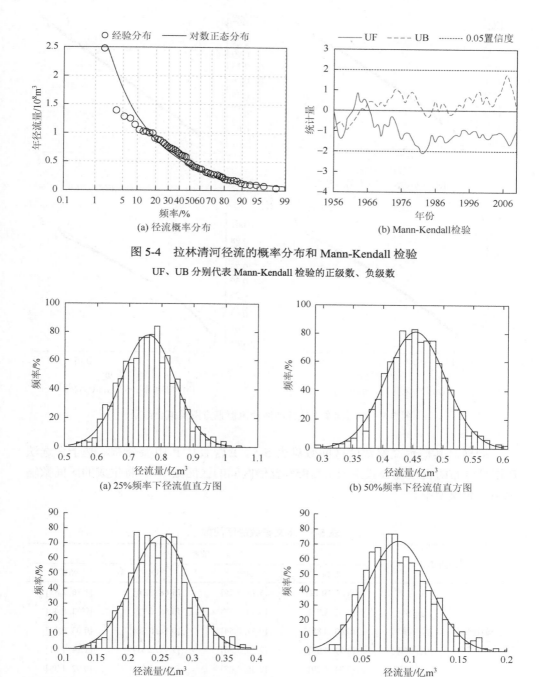

(a) 径流概率分布

(b) Mann-Kendall检验

图 5-4　拉林清河径流的概率分布和 Mann-Kendall 检验

UF、UB 分别代表 Mann-Kendall 检验的正级数、负级数

(a) 25%频率下径流值直方图

(b) 50%频率下径流值直方图

(c) 75%频率下径流值直方图

(d) 95%频率下径流值直方图

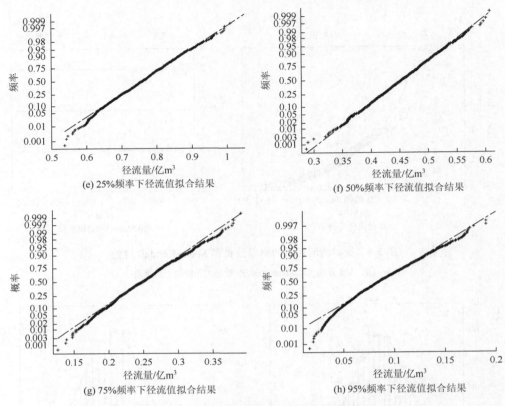

(e) 25%频率下径流值拟合结果   (f) 50%频率下径流值拟合结果

(g) 75%频率下径流值拟合结果   (h) 95%频率下径流值拟合结果

图 5-5   不同频率下拉林清河径流值直方图及拟合结果

同样，其他水文参数的区间数见表 5-5。ET_0 服从 P-Ⅲ型分布，基于舍选法 P-Ⅲ型分布随机模糊公式生成 ET_0 95%置信区间的区间数[141]。将生成的区间数输入 ILMP 模型中。

表 5-5   水文参数的区间数

水文参数		频率			
		25%	50%	75%	95%
径流/10^8m^3	呼兰河	[8.17, 10.12]	[5.70, 7.35]	[3.68, 5.16]	[1.76, 2.89]
	安邦河	[1.32, 1.71]	[0.90, 1.17]	[0.56, 0.77]	[0.23, 0.40]
	拉林清河	[0.63, 0.88]	[0.37, 0.54]	[0.18, 0.32]	[0.03, 0.14]
	依吉密河	[3.91, 4.83]	[2.76, 3.50]	[1.92, 2.51]	[1.14, 1.61]
	欧根河	[3.31, 4.29]	[2.36, 3.08]	[1.69, 2.21]	[0.92, 1.39]
降水量/mm		[558.41, 610.01]	[492.05, 536.30]	[431.35, 472.23]	[345.11, 393.20]
蒸散发量/mm		[780.32, 954.46]			

5.5.2　灌溉水量分配结果

（1）线性隶属函数优化结果。对于线性隶属函数，以不同频率下不同片区的间隔表示的总灌溉量的结果如图 5-6 所示。图中显示，和平片区分配的水量最高，其次是劳模片区，最后是建业片区。不同频率下的总配水量变化明显，从 25%频率下的$[1.01, 1.60] \times 10^8 m^3$ 到 95%频率下的$[0.98, 1.33] \times 10^8 m^3$。事实上，在极端干旱条件下，在 95%的频率下求解 ILMP 模型的最劣情况时，由于地表水和地下水的供给都不能满足作物的最高灌溉需求，没有可行解。在这种情况下，一种方法是从供水相对充裕的地区调水 $2791 \times 10^4 m^3$，或在允许范围内多抽地下水，这样会增加相应的成本，对地下水环境的影响也较大。另一种方法是减少灌溉需求，这将减少产量并影响效益。此外，25%频率下的地下水分配最少，因为优化模型更倾向于地表水的分配。其主要原因有二：一是地下水的成本高于地表水；二是考虑将多余的地下水转移到工业等其他用水部门，避免浪费额外的灌溉用水，同时增加利润。

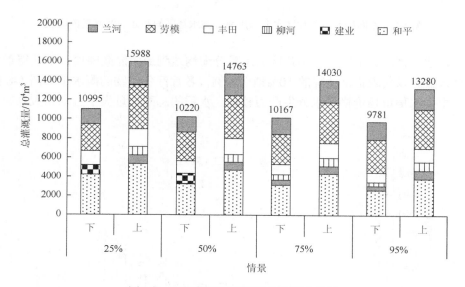

图 5-6　不同频率下不同片区灌溉水总量

图 5-7 比较了不同频率下各片区的水分利用率、需水量区间和最大灌溉量，其中，总配水量既包含净配水量，又包含有效降水量。净配水量等于总配水量（最优结果）乘以渠道和田间水分利用系数。图中显示，在所有频率下，总水量分配在最大和最小需水量之间。在 25%的频率下，和平片区、建业片区、柳河片区、

丰田片区的总配水量甚至超过最大需水量，接近最大灌溉阈值，表明在25%的频率下，供水是充足的。但在95%的频率下，除丰田片区外，其他地区的总配水量只能满足最低需水量。在50%和75%的频率下，大部分地区的总水量分配在最低需水量和最大灌溉阈值之间。

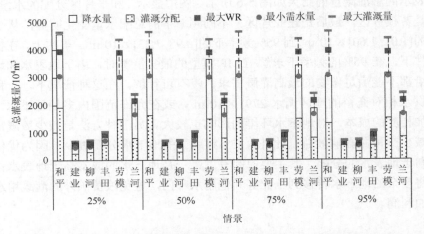

图 5-7　不同频率下各片区水分利用率、需水量区间和最大灌溉量的比较

建业、柳河、丰田等较小片区的水量分配均达到最大灌溉阈值，以获得最优综合效益。以代表正常情况的50%频率为例，各片区各作物的配水量如图5-8所示。由于水稻市场价格和水分生产力较高，水稻的总配水量大于玉米和大豆。水

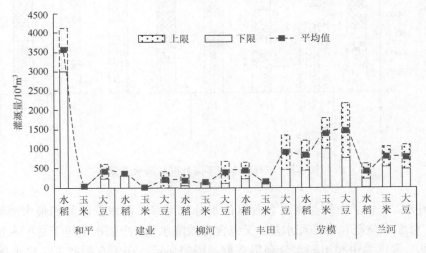

图 5-8　各片区50%频率下各作物灌溉水量分配

稻、玉米和大豆的总平均分配水量分别为 $5798 \times 10^4 \text{m}^3$、$2518 \times 10^4 \text{m}^3$ 和 $4174 \times 10^4 \text{m}^3$。由于玉米是耗水作物，经济效益较低，不宜大量种植，特别是在和平灌区。

（2）非线性隶属函数优化结果。对于 ILMP 模型的非线性隶属函数，考虑了目标权重情景。不同情景表示不同目标的重要性权重。以 50% 频率为例，图 5-9 给出了不同情景下三个目标的不同值。图 5-9 中，OF1 代表第一个目标，即最大净效益（10^4 元）；OF2 代表第二个目标，即最大作物产量（10^4kg）；OF3 代表第三个目标，即最低蓝水用量（10^4m^3）。从图中可得到，目标值的上限和下限都在最大值和最小值范围内。对于每个情景，第一个和第三个目标总是被赋予优先级，其上限几乎达到相应的最大值。情景 1 产生了三个目标同等重要的最优结果。情景 2 侧重于系统净效益，情景 3 侧重于作物产量，情景 4 侧重于节水。对于情景 2 和情景 4，三个目标的上限和下限的变化趋势是相同的。这是由于目标 1 和目标 3 具有相同的性质，目标 1 和目标 3 的目的是降低用水成本，实现节水。其中净效益为 $[31348, 38524] \times 10^4$ 元，比最大净效益低 430×10^4 元，其下限等于最小净效益。作物产量为 $[17772, 20630] \times 10^4 \text{kg}$，比最大净效益低 $5691 \times 10^4 \text{kg}$，比最低净效益高 $3309 \times 10^4 \text{kg}$。配水量为 $[12435, 14763] \times 10^4 \text{m}^3$，比最低配水量高 $7458 \times 10^4 \text{m}^3$，上限为最高配水量。情景 3 的三个目标的变化趋势与情景 2 和情景 4 相反，这三个目标趋向分配更多的水以获得更多的产量。情景 3 的作物产量比情景 2 和情景 4 高 $167 \times 10^4 \text{kg}$。对于情景 1，由于三个目标的重要性相同，净效益、作物产量和水资源分配的值均在情景 2 至情景 4 的范围内。对于缺水地区，水分利用生产率是反映用水效率的重要指标，用单位用水产量表示。计算得出，四种情景下的水分利用生产力分别为 $[1.34, 1.50] \text{kg/m}^3$、$[1.40, 1.74] \text{kg/m}^3$、$[1.34,$

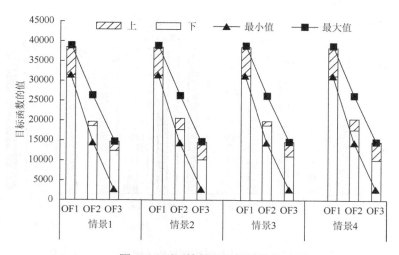

图 5-9　不同情景下目标函数值

1.71]kg/m³、[1.40, 1.74]kg/m³。很明显情景 2 和情景 4 的用水生产力高于其他情景，这是由于两种情景下的配水量较小。原始 ILMP 模型转换的目标是使总体满意度最大化。

图 5-10 为不同频率、不同情景下的满意度。从图中可以看出，满意度随着频率和情景的变化而变化。在不同变化幅度下，四种情景下不同频率的变化趋势基本相同。满意度的下限在 0.3 附近，上限在 0.8 附近。

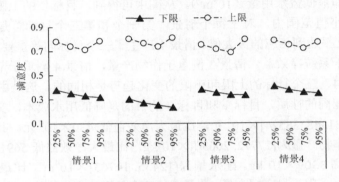

图 5-10　不同频率、不同情景下的满意度

此外，由于供水的随机性，在水资源不足的地区，决策者通常更关注频率较高的配水方案，以降低缺水风险。因此，以频率较高但不是极端条件的 75%频率为例，图 5-11 显示了不同情景下各作物地表水和地下水的灌溉水分配量。很明显，在每种情景下，地表水是所有地区的主要水源。地表水和地下水所占比例分别为

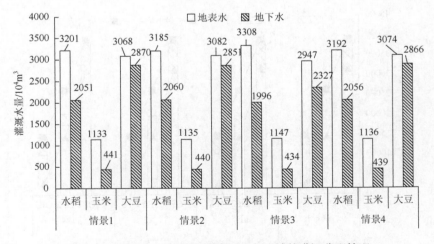

图 5-11　频率为 75%时不同情景下各区域的灌溉分配情况

60%和 40%左右，地表水总分配量基本相同，而地下水分配量在不同情景下变化较大。这是因为地表水得到充分利用，地下水利用率较高，因为不同河流的供水频率在 75%以下，导致更多的地下水被利用，以保证作物生长。

5.6　本 章 小 结

本章考虑多水源在多作物间配置过程中的不确定性因素，采用 Bootstrap 方法生成了呼兰河、安邦河、拉林清河、欧根河、依吉密河的区间数和降水量的区间数。通过随机模拟得到蒸散发量的区间数，通过上下限阈值或可能误差范围得到社会经济相关参数的区间数。在此基础上，考虑配置系统中净效益提升、作物产量增高和节水之间的矛盾，建立了灌区多作物多水源灌溉水资源优化配置的区间线性多目标规划模型。模型的优点在于：

（1）可生成不同频率下不同水文要素相对准确的区间范围。

（2）允许以区间值表示的不确定性被纳入一般多目标优化模型框架，并考虑了经济效益提升、产量增高和水资源节约三个方面之间的权衡。

在模糊数学规划的基础上，考虑线性和非线性隶属函数，将构建的模型转化为两个确定性子模型求解。结果表明，该方法适用于反映农业灌溉系统多作物多水源配水过程中存在的多目标复杂性和不确定性。本章研究试图为多作物多水源灌溉水资源优化配置提供一个能够更准确反映不确定性和多目标的模型框架。

第6章 灌区水土资源可持续配置

6.1 研究概述

对于灌区尺度，往往要求水土资源协同调配，因为水和土地资源的内在相互作用直接关系粮食总产量，进而影响粮食安全。高效利用灌区水土资源，有助于精准指导田间配水。以往的相关研究往往侧重于优化其中一种资源，且多数研究以效益最大化为目标，不利于灌区的可持续发展。而清洁农业生产和可持续农业的概念强化了农业系统中水土资源规划对环境和社会的影响，特别是在全球气候变暖的背景下，上述研究更具价值[142, 143]。灌区中的农田是 CO_2、CH_4、N_2O 等温室气体的主要排放源，其排放与农业水资源和土地资源的利用方式有关。除了产生温室气体外，农业生产过程中产生的污染物，如化肥、农药等，也会进入河流，影响河流环境，这些环境影响应予以关注。因此，在资源有限的条件下，必须协调经济、环境、社会诸因素之间的矛盾，促进具有挑战性和复杂性的可持续农业的发展。

灌区地表水供给以渠首引河流中的水资源为主要手段，径流流量的时空变化导致分配策略和经济效益的变化[144]，这种变化变得更为明显，特别是在径流流量存在明显年际变化的地区。这将导致不同径流水平下的供水发生明显变化。确定不同径流流量下的供水波动值，并模拟在该波动情况下的灌区经济效益损失，对于减轻自然灾害具有重要的现实意义。

此外，在农业水分配系统中，水需求是必不可少的，其通常会主导水分配和粮食产出。在自然因素（主要是气象条件）和社会因素（如经济、社会、管理和技术条件）的双重影响下，需水量往往具有复杂的不确定性，而这些不确定性很难简化为清晰的数字。即使是随机变量或区间变量也很难处理如此复杂的不确定性[145]，这就导致了量化这种参数需求的双重不确定性问题。

基于以上问题，本章针对灌区水土资源优化配置特点，构建了两个优化模型，对呼兰河灌区各子区进行水土资源的优化配置。第一个模型以灌区可持续发展为目标，将灌区水土资源配置过程中的不确定性简化为统一的模糊不确定性，对灌区不同分区不同时段的水土资源进行综合配置。第二个模型充分考虑灌区配水的多重不确定性，并建立灌区收益与缺水效益损失风险间的联系。在此基础上，分析在高效配水条件下，灌区缺水对灌区经济、社会和生态环境效益的影响，以及缺水与灌区可持续发展之间的关系。

6.2　基于可持续发展的灌区水土资源优化配置

该研究包含四个主要组成部分：参数和约束的模糊不确定性；模糊不确定性下的农业水资源和土地资源配置优化模型；求解方法；模型性能评估。研究整体框架如图 6-1 所示。

6.2.1　模糊不确定性

模糊集理论被用来描述优化模型中参数和约束的不确定性。具体地说，引入三角直觉模糊数（TIFN）来量化由社会经济活动和自然条件波动引起的高度不确定性参数，如成本相关参数、电气化、农业化学应用和水文气象参数。引入 TIFN 的优点是，优化模型中的模糊不确定性可以表示为确定性形式，在不同的模糊度隶属度下可以提供更具体的策略而不是不同模糊集下的策略。精度函数在这一优势中发挥了重要作用。关于如何表示 TIFN，以及如何根据精度函数将 TIFN 转换为确定性参数的详细信息，请见第 3 章内容。

引入模糊机会约束规划（fuzzy chance-constrained programming，FCCP）来处理约束条件左右侧的独立模糊不确定性。本书中，由于地表水和地下水的取水量百分比，地表水和地下水供水量在不同情况下会发生变化，可以用模糊数表示。对于处理上述内容，FCCP 是一种很好的方法，该方法不仅可以在建模系统和计算过程中引入更多的不确定性信息，还可以生成具有预定可信度的不同决策。FCCP 的引入有助于优化系统性能的满意度，即在多大程度上满足了供水约束，达到了优化目标。FCCP 可表示如下：

$$\text{Max} \sum_{j=1}^{n} \tilde{c}_j x_j \tag{6-1a}$$

$$\text{Cr}\left\{ \sum_{j=1}^{n} \tilde{a}_{ij} x_j \leqslant \tilde{b}_i \right\} \geqslant \lambda_i \qquad i=1,\cdots,m \tag{6-1b}$$

$$x_j \geqslant 0 \qquad j=1,\cdots,n \tag{6-1c}$$

式中，x_j 为非模糊决策变量；$\tilde{c}_j$ 为目标函数中的模糊系数；$\tilde{a}_{ij}$ 和 $\tilde{b}_i$ 为约束中的模糊系数；λ_i 为可信度水平；$\text{Cr}\{\} \geqslant \lambda$ 表示约束 $\{\}$ 的可信度要大于等于 λ。

式（6-1b）可进一步写成如下式子，令 $\tilde{a}$ 和 $\tilde{b}$ 为三角模糊数，$\tilde{a}=(a_1,a_2,a_3)$，$\tilde{b}=(b_1,b_2,b_3)$，其隶属函数为 μ，则有

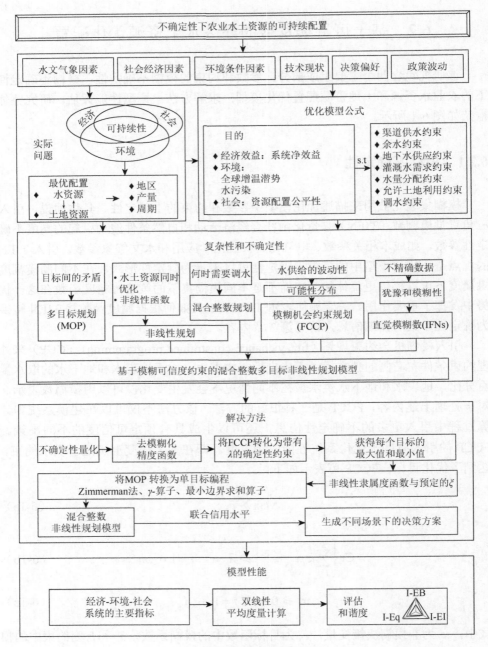

图 6-1　研究整体框架

I 表示指标；EB 为经济效益；Eq 为均衡效益；EI 为环境效益

$$\text{Cr}\{\tilde{a} \leqslant \tilde{b}\} = \begin{cases} 1 & a_3 \leqslant b_1 \\ \dfrac{a_3 - 2a_2 + 2b_2 - b_1}{2(a_3 - a_2 + b_2 - b_1)} & a_2 \leqslant b_2, a_3 > b_1 \\ \dfrac{b_3 - a_1}{2(b_3 - b_2 + a_2 - a_1)} & a_2 > b_2, a_1 < b_3 \\ 0 & a_1 \geqslant b_3 \end{cases} \tag{6-1d}$$

不失一般性，FCCP 的左端项可简写成

$$\sum_{j=1}^{n} \tilde{a}_{ij} x_j = \left(\sum_{j=1}^{n} a_{ij1} x_j, \sum_{j=1}^{n} a_{ij2} x_j, \sum_{j=1}^{n} a_{ij3} x_j \right) \tag{6-1e}$$

令 $\mu_{\sum_{j=1}^{n} \tilde{a}_{ij} x_j} = \text{Cr}\left\{ \sum_{j=1}^{n} \tilde{a}_{ij} x_j \leqslant \tilde{b}_i \right\}$ 代表约束右端项的可信度，一般可信度要求大于 $0.5^{[146]}$，则有

$$\frac{\sum_{j=1}^{n} a_{ij3} x_j - 2\sum_{j=1}^{n} a_{ij2} x_j + 2b_{i2} - b_{i1}}{2\left(\sum_{j=1}^{n} a_{ij3} x_j - \sum_{j=1}^{n} a_{ij2} x_j + b_{i2} - b_{i1} \right)} \geqslant \lambda_i \tag{6-1f}$$

上式可进一步转化成

$$\sum_{j=1}^{n} [2\lambda_i (a_{ij3} - a_{ij2}) + 2a_{ij2} - a_{ij3}] x_j \leqslant 2b_{i2} - b_{i1} - 2\lambda_i (b_{i2} - b_{i1}) \tag{6-1g}$$

6.2.2 优化模型构建

本章提出了一种基于模糊可信度约束混合整数多目标非线性规划的农业水土资源配置模型。开发模型的目的是在作物生长期和不同分区的不同时期，将有限的水资源和土地资源优化配置到作物上，以实现与经济、环境和社会影响相关的最佳综合效益。该模型将多目标规划、整数规划、非线性规划、TIFN 和 FCCP 融合到一个数学框架中。具体而言，多目标规划用来平衡与经济、社会和环境问题有关的相互冲突。采用整数规划的方法来表示是否需要调水以及何时需要调水。由于水土资源相互联系，水土资源的综合配置是一个复杂的非线性问题，采用非线性规划方法。在目标函数和约束条件下，引入 TIFN 对模糊参数进行量化，包括作物市场价格、化肥、农药、农机柴油、农用薄膜和灌溉用电、有效降水量、灌溉定额、种植成本和需水量。为了了解在不同可信度水平下，供水（地表水和地下水供应）的变化对目标的影响，引入了 FCCP。模型相关参数见表 6-1。

表 6-1 模型参数含义

参量指标及符号		释义
角标参量	i	灌区
	j	作物
	t	时间间隔
模型参量	$\tilde{B}_{ij}^{I}$	作物市场价格（元/kg）
	CE_i	渠系水利用系数
	$CIA_{max,ij}$	最大渠灌灌溉面积（hm²）
	$CIA_{min,ij}$	最小渠灌灌溉面积（hm²）
	$CIA_{ij=rice}$	水稻的灌溉面积（hm²）
	CWP_{ij}^{I}	作物水分生产率（kg/m³）
	$\tilde{D}_{af,ij}^{I}$	农膜使用量（kg/hm²）
	$\tilde{D}_{dies,ij}^{I}$	柴油使用量（kg/hm²）
	$\tilde{D}_{ei,ij}^{I}$	灌区耗电量（kWh/hm²）
	$\tilde{D}_{fer,ij}^{I}$	化肥施用量（kg/hm²）
	$\tilde{D}_{pes,ij}^{I}$	农药施用量（kg/hm²）
	ENI^{GWP}	环境效益目标函数（kg）
	ECI^{NB}	经济效益目标函数（元）
	ENI^{WP}	环境中的水质部分（WP，kg）
	$E\tilde{P}_{tt}^{I}$	有效降水量
	FE_i	田间水有效利用系数
	f_{CH_4}	CH_4 排放系数（kg CH_4-C）
	f_{CO_2}	CO_2 排放系数（kg CO_2-C）
	f_{N_2O}	N_2O 排放系数（kg N_2O-N）
	GC_i	井灌灌水价格（元/m³）
	$I\tilde{W}Q_{max,i}^{I}$	最大灌溉定额（m³/hm²）
	$P\tilde{C}_{ij}^{I}$	种植成本（元/hm²）
	$P\tilde{G}W$	井灌取水系数
	$P\tilde{S}W$	渠灌取水系数
	$S\tilde{C}_i$	渠灌灌水价格（元/m³）
	SI^{RAE}	社会效益目标函数

续表

参量指标及符号		释义
	TC_i	外调水价格（元/m³）
	$T\tilde{S}W_i$	地表可供水量（m³）
	$W\tilde{D}^I_{min,it}$	最小需水量（m³/hm²）
	$WIA_{max,ij}$	最大井灌溉面积（kg/hm²）
	$WIA_{min,ij}$	最小井灌溉面积（kg/hm²）
	$WIA_{ij=rice}$	水稻井灌面积（hm²）
	$W\tilde{R}^I_{it}$	保证作物基本正常生长的需水量（m³）
	WTQ_{it}	外调水定额（m³/hm²）
	α_i	田间 CH_4 排放强度（kg/hm²）
	β_{ij}	土壤中 N_2O 的本底值（kg/hm²）
模型参量	$\sigma_{NH_4-N,i}$	氨的损失系数
	$\sigma_{TN,i}$	氮的损失系数
	$\sigma_{TP,i}$	磷的损失系数
	ε_{af}	农膜 CO_2 排放系数（kg CO_2eq/kg）
	ε_{dies}	农用机械柴油 CO_2 排放系数（kg CO_2eq/kg）
	ε_{ei}	灌溉用电 CO_2 排放系数（kg CO_2eq/kWh）
	ε_{fer}	化肥施用 CO_2 排放系数（kg CO_2eq/kg）
	ε_{pes}	农药施用 CO_2 排放系数（kg CO_2eq/kg）
	η_i	排水系数
	λ_c	渠灌的可信度水平
	λ_w	井灌的可信度水平
	χ_i	化肥中 N_2O 的排放系数（kg/kg）
	CI_{ijt}	净渠灌溉水量（m³/hm²）
	CIA_{ij}	渠灌灌溉面积（hm²）
	CW_{it}	渠灌供水量（m³）
决策变量	$SR_{i(t-1)}$	地表水的余水量（m³）
	WI_{ijt}	净井灌灌溉水量（m³/hm²）
	WIA_{ij}	井灌灌溉面积（hm²）
	δ_{it}	0-1 变量，$\delta_{it}=1$ 代表需要引外调水；$\delta_{it}=0$ 代表无需引外调水

1. 目标函数

优化模型包括三个目标函数，分别对应于经济、环境效益和社会效益。

（1）经济目标函数。经济目标是实现最大净效益（总效益与成本之差）。种植不同水源（渠水、井水、调水）灌溉的作物可获得总效益，成本为种植和使用不同类型的水。数学表达式如下：

$$\max \mathrm{ECI}^{\mathrm{NB}}$$

$$= \sum_{i=1}^{I}\sum_{j=1}^{J} \tilde{B}_{ij}^{I} \cdot \mathrm{CWP}_{ij} \cdot \left[\mathrm{CIA}_{ij} \cdot \sum_{t=1}^{T} \mathrm{CI}_{ijt} + \mathrm{WIA}_{ij} \cdot \sum_{t=1}^{T} \mathrm{WI}_{ijt} \right.$$

$$\left. + \mathrm{CIA}_{ij} \cdot \sum_{t=1}^{T} (\delta_{it} \cdot \mathrm{WTQ}_{it} \cdot \mathrm{CE}_{i} \cdot \mathrm{FE}_{i}) \right]$$

$$- \sum_{i=1}^{I}\sum_{j=1}^{J} \left[\mathrm{S}\tilde{C}_{i}^{I} \cdot \mathrm{CIA}_{ij} \cdot \sum_{t=1}^{T} \mathrm{CI}_{ijt} / (\mathrm{CE}_{i} \cdot \mathrm{FE}_{i}) \right.$$

$$\left. + \mathrm{G}\tilde{C}_{i}^{I} \cdot \mathrm{WIA}_{ij} \cdot \sum_{t=1}^{T} \mathrm{WI}_{ijt} \bigg/ \mathrm{WI}_{ijt} + \mathrm{T}\tilde{C}_{i}^{I} \cdot \mathrm{CIA}_{ij} \cdot \sum_{t=1}^{T} \delta_{it} \cdot \mathrm{WTQ}_{it} \right]$$

$$- \sum_{i=1}^{I}\sum_{j=1}^{J} \mathrm{P}\tilde{C}_{ij}^{I} \cdot (\mathrm{CIA}_{ij} + \mathrm{WIA}_{ij}) \tag{6-2}$$

式中，$\mathrm{G}\tilde{C}_{i}^{I}$ 为井灌成本（元/m³）；$\mathrm{T}\tilde{C}_{i}^{I}$ 为水资源调度成本（元/m³）。

（2）环境效益目标函数。环境效益目标是尽量减少环境影响，包括减少温室气体排放和降低水污染。农田温室气体包括 CO_2、CH_4 和 N_2O，当这三种气体同时排放时，通过计算它们的综合结果，进而了解农业管理措施对温室效应的贡献。全球增温潜势（GWP）可以用来反映三种温室气体的综合效应。具体来说，农田 CO_2 排放量主要来自化肥、农药、农机、农膜、灌溉用电等。大气中 CH_4 的排放主要来自稻田。农田 N_2O 排放主要是由土壤中肥料的硝化反硝化作用产生的。CO_2、CH_4 和 N_2O 的排放系数有助于量化 GWP。除大气环境外，水污染也是一个重要的环境问题，水污染主要是化肥和农药（如总氮、总磷和 NH_4-N）随地表和地下径流进入河流而产生污染。上述污染物的损失系数有助于量化水污染情况。具体公式如下：

$$\min \mathrm{ENI}^{\mathrm{GWP}} = f_{\mathrm{CO_2}} \times \frac{44}{12} + f_{\mathrm{CH_4}} \times \frac{16}{12} \times 21 + f_{\mathrm{N_2O}} \times \frac{44}{28} \times 310 \tag{6-3a}$$

$$f_{\mathrm{CO_2}} = \sum_{i=1}^{I}\sum_{j=1}^{J} [(\mathrm{CIA}_{ij} + \mathrm{WIA}_{ij}) \cdot (\varepsilon_{\mathrm{fer}} \tilde{D}_{\mathrm{fer},ij}^{I} + \varepsilon_{\mathrm{pes}} \tilde{D}_{\mathrm{pes},ij}^{I} + \varepsilon_{\mathrm{dies}} \tilde{D}_{\mathrm{dies},ij}^{I} + \varepsilon_{\mathrm{af}} \tilde{D}_{\mathrm{af},ij}^{I} + \varepsilon_{\mathrm{ei}} \tilde{D}_{\mathrm{ei},ij}^{I})]$$

$$\tag{6-3b}$$

$$f_{\mathrm{CH_4}} = \sum_{i=1}^{I} \alpha_{i} (\mathrm{CIA}_{ij=\mathrm{rice}} + \mathrm{WIA}_{ij=\mathrm{rice}}) \tag{6-3c}$$

$$f_{N_2O} = \sum_{i=1}^{I} \sum_{j=1}^{J} \beta_{ij}(\text{CIA}_{ij} + \text{WIA}_{ij}) + \sum_{i=1}^{I} \sum_{j=1}^{J} D_{\text{fer},ij}^{I} \cdot \chi_i (\text{CIA}_i + \text{WIA}_i) \qquad (6\text{-}3\text{d})$$

$$\min \text{ENI}^{\text{WP}} = \sum_{i=1}^{I} \sum_{j=1}^{J} \left\{ \begin{array}{l} \eta_i (\sigma_{\text{TN},i} + \sigma_{\text{TP},i} + \sigma_{\text{NH}_4\text{-N},i}) \cdot \\ \left[\text{CIA}_{ij} \cdot \sum_{t=1}^{T} \text{CI}_{ijt} + \text{WIA}_{ij} \cdot \sum_{t=1}^{T} \text{WI}_{ijt} + \text{CIA}_{ij} \cdot \sum_{t=1}^{T} (\delta_{it} \cdot \text{WTQ}_{it} \cdot \text{CE}_i \cdot \text{FE}_i) \right] \end{array} \right\}$$

$$(6\text{-}3\text{e})$$

式中，CIA_i 为 i 灌区渠灌灌溉面积（hm^2）；WIA_i 为灌区井灌灌溉面积（hm^2）；WIA_{ij} 为 i 灌区 j 作物井灌灌溉面积（hm^2）；WI_{ijt} 为 i 灌区 j 作物 t 时间的净井灌灌溉水量（m^3/hm^2）。

（3）社会效益目标函数。社会效益目标函数反映社会影响，可以表示为灌区农业水、土资源配置的均衡性。它可以表示为单位面积用水量在单位间的最小差异。其数学表达式如下：

$$\min \text{SI}^{\text{RAE}} = \sqrt{\frac{1}{I} \sum_{i=1}^{I} \sum_{j=1}^{J} \left(\frac{\text{IW}_{ij} / A_{ij} - \text{IW} / A}{\text{IW} / A} \right)^2} \qquad (6\text{-}4\text{a})$$

$$\text{IW}_{ij} = \text{CIA}_{ij} \cdot \sum_{t=1}^{T} \text{CI}_{ijt} + \text{WIA}_{ij} \cdot \sum_{t=1}^{T} \text{WI}_{ijt} + \text{CIA}_{ij} \cdot \sum_{t=1}^{T} (\delta_{it} \cdot \text{WTQ}_{it} \cdot \text{CE}_i \cdot \text{FE}_i) \qquad (6\text{-}4\text{b})$$

$$A_{ij} = (\text{CIA}_{ij} + \text{WIA}_{ij}) \qquad (6\text{-}4\text{c})$$

$$\text{IW} = \sum_{i=1}^{I} \sum_{j=1}^{J} \text{IW}_{ij} \qquad (6\text{-}4\text{d})$$

$$A = \sum_{i=1}^{I} \sum_{j=1}^{J} A_{ij} \qquad (6\text{-}4\text{e})$$

式中，SI^{RAE} 为资源配置公平指数（无量纲）；IW_{ij} 为 i 灌区 j 作物灌溉水量（m^3）；A_{ij} 为 i 灌区 j 作物的种植面积（hm^2）；WIA_{ij} 为 i 灌区 j 作物井灌灌溉面积（hm^2）；IW_{ij} 为 i 灌区 j 作物灌溉水量；IW 为总灌溉水量（m^3）。

2. 模型约束条件

上述目标函数受到若干约束的限制，具体包括以下内容。

（1）地表供水约束：该约束要求某一时段某一分区的地表水量分配应在该时段地表供水量与上一时段剩余水量之和的范围内。随着取水量百分比在不同情况下的变化，与地表水总供水量相关的约束用 FCCP 表示。渠灌可供水量约束表示为

$$\sum_{j=1}^{J} \text{CIA}_{ij} \cdot \text{CI}_{ijt} / (\text{CE}_i \cdot \text{FE}_i) \leqslant \text{CW}_{it} + \text{SR}_{i(t-1)} \qquad \forall i, t \qquad (6\text{-}5\text{a})$$

$$\text{Cr} \left\{ \text{P}\tilde{\text{S}}\text{W} \cdot \sum_{t=1}^{T} \text{CW}_{it} \leqslant \text{T}\tilde{\text{S}}\text{W}_i \right\} \geqslant 1 - \lambda_{\text{c}} \qquad \forall i \qquad (6\text{-}5\text{b})$$

（2）剩余水量约束：该约束要求某一时段的剩余水量等于该时段的渠道供水量和上一时段的剩余水量减去该时段的分配水量之和。剩余水约束也是一种有助于避免水资源浪费的水平衡约束。余水约束表示为

$$SR_{i(t-1)} = SR_{i(t-2)} + CW_{i(t-1)} - \sum_{j=1}^{J} CIA_{ij} \cdot [CI_{ij(t-1)} / (CE_i \cdot FE_i)] \qquad \forall i,t \quad SR_{i0} = 0$$

（6-6）

（3）地下水供应限制：该限制要求井灌分配不得超过可用地下水供应。与渠道水相似，地下水取水量在不同情况下也会发生变化，因此，地下水供水约束用FCCP 表示。井灌可供水量约束表示为

$$Cr\left\{ \sum_{j=1}^{J} P\tilde{G}W \cdot WIA_i \cdot \sum_{t=1}^{T} (WI_{it} / FE) \leqslant T\tilde{G}W_i \right\} \geqslant 1 - \lambda_w \quad \forall i \qquad (6-7)$$

式中，$T\tilde{G}W_i$ 为 i 灌区地下水总量（m³）；WIA_i 为 i 灌区井灌灌溉面积（hm²）。

（4）调水约束：该约束用于确定是否需要调水以及何时需要调水。调水约束表示为

$$\delta_{it} = \begin{cases} 0, & CI_{ijt} \cdot CIA_{ij} + WI_{ijt} \cdot WIA_{ij} + E\tilde{P}_{it}^I \geqslant W\tilde{D}_{\min,it}^I \\ 1, & CI_{ijt} \cdot CIA_{ij} + WI_{ijt} \cdot WIA_{ij} + E\tilde{P}_{it}^I < W\tilde{D}_{\min,it}^I \end{cases} \quad \forall i,t \qquad (6-8)$$

（5）需水约束：该约束要求通过渠灌、井灌和调水来满足各分区和时段的需水，保证作物的基本生长。需水约束表示为

$$\sum_{j=1}^{J} (CI_{ijt} \cdot CIA_{ij} + WI_{it} \cdot WIA_{ij}) + \delta_{it} \cdot WTQ_{it} \cdot CE_i \cdot FE_i \cdot CIA_{ij}$$
$$+ E\tilde{P}_{it}^I \cdot (CIA_{ij} + WIA_{ij}) \geqslant W\tilde{R}_{it}^I \quad \forall i,t \qquad (6-9)$$

（6）配水约束：该约束要求渠、井、调联合灌溉的水量不得超过最大灌溉用水定额，避免水资源浪费。配水约束表示为

$$\sum_{j=1}^{J} \left[CIA_{ij} \cdot \sum_{t=1}^{T} CI_{ijt} + WIA_{ij} \cdot \sum_{t=1}^{T} WI_{ijt} + CIA_{ij} \cdot \sum_{t=1}^{T} (\delta_{it} \cdot WTQ_{it} \cdot CE_i \cdot FE_i) \right]$$
$$\leqslant I\tilde{W}Q_{\max,i}^I \cdot \sum_{j=1}^{J} (CIA_{ij} + WIA_{ij}) \quad \forall i \qquad (6-10)$$

（7）土地限制：该限制规定了特定作物和分区下的最大或最小土地面积，以满足研究区域的当地粮食生产。面积约束表示为

$$CIA_{\min,ij} \leqslant CIA_{ij} \leqslant CIA_{\max,ij} \quad \forall i,j \qquad (6-11a)$$

$$WIA_{\min,ij} \leqslant WIA_{ij} \leqslant WIA_{\max,ij} \quad \forall i,j \qquad (6-11b)$$

（8）结构约束：地表水、井水、地表余水、地表水可利用率、土地资源配置量不应为负。该约束具体表达形式为

$$CI_{ijt} \geqslant 0; \; WI_{ijt} \geqslant 0; \; SR_{it} \geqslant 0; \; CW_{it} \geqslant 0; \; CIA_{ij} \geqslant 0; \; WIA_{ij} \geqslant 0 \quad \forall i,j,t \qquad (6-12)$$

6.2.3　优化模型求解方法

优化模型的框架是不确定条件下的多目标非线性优化模型。求解该模型的关键是将不确定多目标规划模型转化为确定性单目标规划模型。具体步骤如下：

（1）基于精度函数，将 TIFN 转换为确定性函数。

（2）在给定预设可信度水平的情况下，FCCP 应转换为一组等价的确定性的子约束。前两步有助于将不确定模型转化为确定性模型。

（3）将确定性多目标非线性规划模型转化为单目标非线性规划模型，使用非线性隶属函数和多目标模型求解方法，然后在特定的约束条件下，将问题转化为提高满意度的单目标规划问题。具体的详细解法可参照第 3 章模型的求解方法，结合 FCCP 的确定性模型等价形式。

6.2.4　模型性能评估

基于 TIFN 的模糊可信性约束混合整数多目标非线性规划模型涉及经济、环境和社会三个维度。这三个维度在灌溉农业系统中的表现有助于决策者掌握可持续农业的发展动态。制定双线性平均度量可以实现多目标之间的权衡，并对解决方案进行定量评估。该测度综合了经济、环境、社会三个主要指标，用它们构造了一个三角蜘蛛图。与经济、环境和社会维度相关的三个目标函数的标准化值构成度量。优化问题的不同维度的目标可以转化为三个指标组合的图面积的最大化，并且可以方便地在蜘蛛图上可视化求解。三角形的面积越大，经济、环境和社会层面的协调越好。

$$\text{EES} = \frac{1}{2}(\text{Econ} \cdot \text{Env} + \text{Env} \cdot \text{Soc} + \text{Soc} \cdot \text{Econ}) \sin 120° \qquad (6\text{-}13)$$

式中，EES 将经济-环境-社会系统的三个主要指标整合在一起，构建三角形蜘蛛图。Econ、Env、Soc 按以下公式计算，将其归一到 0～1。

$$\text{Econ} = \frac{\text{ECI}^{\text{NB}} - \text{ECI}^{\text{NB}}_{\min}}{\text{ECI}^{\text{NB}}_{\max} - \text{ECI}^{\text{NB}}_{\min}} \qquad (6\text{-}14a)$$

$$\text{Env} = 1 - \frac{(\text{ENI}^{\text{GWP}} + \text{ENI}^{\text{WP}}) - (\text{ENI}^{\text{GWP}} + \text{ENI}^{\text{WP}})_{\min}}{(\text{ENI}^{\text{GWP}} + \text{ENI}^{\text{WP}})_{\max} - (\text{ENI}^{\text{GWP}} + \text{ENI}^{\text{WP}})_{\min}} \qquad (6\text{-}14b)$$

$$\text{SI}^{\text{RAE}} = 1 - \frac{\text{SI}^{\text{RAE}} - \text{SI}^{\text{RAE}}_{\min}}{\text{SI}^{\text{RAE}}_{\max} - \text{SI}^{\text{RAE}}_{\min}} \qquad (6\text{-}14c)$$

式中，$\text{ECI}^{\text{NB}}_{\max}$ 和 $\text{ECI}^{\text{NB}}_{\min}$ 分别为 ECI^{NB} 的最大值和最小值；$(\text{ENI}^{\text{GWP}} + \text{ENI}^{\text{WP}})_{\max}$ 和 $(\text{ENI}^{\text{GWP}} + \text{ENI}^{\text{WP}})_{\min}$ 分别为 $(\text{ENI}^{\text{GWP}} + \text{ENI}^{\text{WP}})$ 的最大值和最小值；$\text{SI}^{\text{RAE}}_{\max}$ 和 $\text{SI}^{\text{RAE}}_{\min}$ 分别为 SI^{RAE} 的最大值和最小值。

6.2.5 实证分析与讨论

基于以上模型，以呼兰河灌区各子区为实证对象，针对灌区实际情况，采集数据，并对其水土资源的优化配置问题展开研究。

优化模型包括三个目标，即经济维度（表示为净效益）、环境维度（表示为全球增温潜势和水污染）和社会维度（表示为资源分配公平）。同时，基于渠灌水和井水可信度水平的联合组合，两者都影响农业水资源和土地资源的分配，从而影响目标值，产生了 36 种情景。对这些目标在不同情景下的变化值进行了统计分析，如图 6-2 所示。在 λ_c 和 λ_w 的所有联合情景下，系统净效益为 $2.552\times10^7\sim3.239\times10^7$ 元，平均值为 2.905×10^7。全球增温潜势值与水污染总量为 $3.1022\times10^8\sim3.225\times10^8$kg，平均值为 3.173×10^8kg；资源配置公平值为 $0.167\sim0.23$，平均值为 0.2。在不同情景下，系统净效益和资源配置权益都发生了明显的变化，因为这两个目标都与水资源和土地资源配置相关。可信度越高，满足约束的效果越好，优化结果越理想。换言之，较高的可信度水平对应于较低的渠灌水和井水供应不足的风险。因此，更高的可信度表明供水量将减少，并且可能导致灌区的净系统效益降低，例如，在 $\lambda_c=1$ 和 $\lambda_w=1$ 的情况下，获得的净系统效益最低。这一结果表明，可信度水平将对系统目标产生明显影响。在农业水资源和土地资源规划中，决策者可以在模型情景的选择过程中表达偏好，并根据比较分析选择最合适的情景。

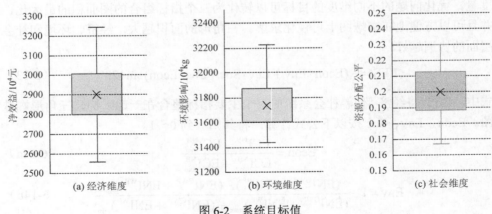

图 6-2 系统目标值

不同分区不同时段的水量分配方案，如图 6-3 所示。从图中可以看出，由于李山屯分区配置的灌区面积较大，其配水量要远远大于安邦河和郑文举分区，井灌只适用于李山屯分区。上述内容表明，李山屯分区水资源供需矛盾突出，为缓解水资源短缺，应开采地下水，保证水稻生产的基本需水量。从图 6-3 可以看出，

6 月上旬至 6 月下旬是李山屯和安邦河两个子区水稻的临界生长期，需水量与供水量存在较大差异。相比之下，郑文举分区的需水量基本能够得到满足。这是因为调水水源向郑文举分区供水，导致郑文举分区需水量满足水平最高。考虑工程因素，只有郑文举分区有调水。和平灌区调水水源为位于拉林清河上的柳河水库，郑文举分区渠水水源只有拉林清河。从图中可以看出，6 月上旬、6 月中旬、6 月下旬、7 月上旬四个时段需要调水。各分区 7 月的配水量最大。在水稻整个生育期，中部地区水分分配量较高，两侧较低，与需水趋势一致。

根据不同的可信度水平的组合产生了 36 个情景，并将所有 36 个情景作为一

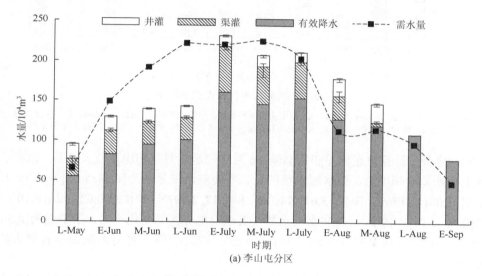

(a) 李山屯分区

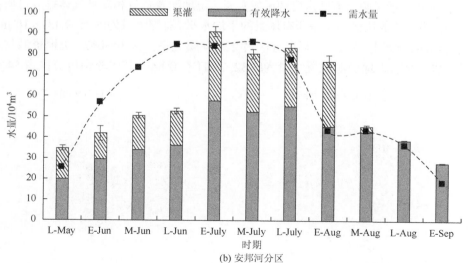

(b) 安邦河分区

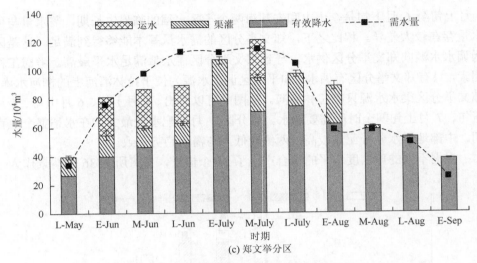

(c) 郑文举分区

图 6-3　不同分区不同时段的水量分配

L-May 为 5 月下旬；E-Jun、M-Jun、L-Jun 分别为 6 月上旬、中旬、下旬；E-July、M-July、L-July 分别为
7 月上旬、中旬、下旬；E-Aug、M-Aug、L-Aug 分别为 8 月上旬、中旬、下旬；E-Sep 为 9 月上旬

个时间序列，计算出正偏差和负偏差。6 月中旬至 7 月下旬出现较大偏差。水稻临界生育期波动幅度大。渠水配水量的正、负偏差范围分别为$[1.54, 5.05] \times 10^4 \text{m}^3$ 和 $[1.51, 7.08] \times 10^4 \text{m}^3$、$[0.95, 3.64] \times 10^4 \text{m}^3$ 和 $[1.17, 3.49] \times 10^4 \text{m}^3$、$[0.62, 1.26] \times 10^4 \text{m}^3$ 和 $[0.48, 2.18] \times 10^4 \text{m}^3$。但井水配水量（仅李山屯分区）变化不大，正偏差为$[0.50, 1.05] \times 10^4 \text{m}^3$，负偏差为$[0.50, 3.11] \times 10^4 \text{m}^3$。较大的偏差表明水量调节有更大的灵活性。

图 6-4 显示了整个灌区水资源配置总量、土地配置总量和温室气体排放量所占的比例。图 6-4 的比例结果是所有场景的平均水平。总配水量为$[8.21, 9.48] \times 10^6 \text{m}^3$，其中李山屯分区占 48%，安邦河分区占 22%，郑文举分区占 30%。土地资源与水资源同时优化。土地资源配置总量为$[7.32, 7.61] \times 10^3 \text{hm}^2$，其中李山屯分区占 54%，

$[7.32, 7.61] \times 10^3 \text{hm}^2$　　　　　　　　　$[8.21, 9.48] \times 10^6 \text{m}^3$

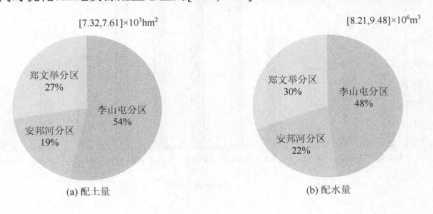

(a) 配土量　　　　　　　　　　　　(b) 配水量

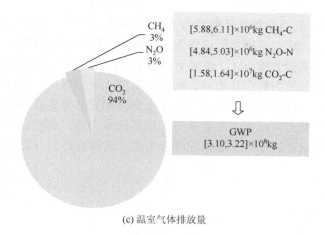

(c) 温室气体排放量

图 6-4　水、土地和温室气体排放的比例

安邦河分区占 19%，郑文举分区占 27%。土地资源配置结果在灌区可调范围内，即 $[7.13, 8.04] \times 10^3 hm^2$。这些结果是多个目标综合作用的结果。例如，如果只考虑经济影响，土地资源配置结果会趋于调整范围的上限，因为土地越多，净效益就越大。但是，如果只考虑环境影响，土地资源配置结果会趋于可调范围的下限，因为土地越少，污染物排放越少。也就是说，这样的土地资源配置结果可以最大限度地协调经济效益、环境效益的矛盾。

水资源和土地资源配置比例的变化趋势基本一致，即分配到李山屯分区的水资源和土地资源量最大，其次是郑文举分区，最后是安邦河分区。但对李山屯分区而言，水资源配置比例与土地配置比例之比为 0.89，小于 1，说明李山屯分区可能存在缺水问题。

根据与全球增温潜势相关的模型表达式，农田温室气体排放在很大程度上取决于灌溉面积。从图 6-4 可以看出，CO_2 排放对全球变暖的贡献最大，占温室气体排放总量的 94%，而 CH_4 和 N_2O 排放仅各占 3%。结果表明，化肥、农药、农膜、农机、灌溉用电等仍然是农田温室气体的主要来源，尤其是化肥的利用，占农田 CO_2 排放总量的 43.24%。此外，肥料也促进了 N_2O 的排放。因此，有效利用水肥资源将有利于减小农田对环境的负面影响。

图 6-5 显示了三个指数的协同结果。结果表明，如果同时考虑三个目标函数，整个灌区"经济-社会-环境"协调发展的程度更好。具体地说，在每种情景下，每个目标函数的最优值都在相应的最大值和最小值范围内。例如，当 $\lambda_c = 0.5$ 和 $\lambda_w = 0.6$ 时，如果只考虑净经济效益，经济效益为 3.25×10^7 元，如果只考虑环境影响，环境污染物产生量为 $3.012 \times 10^8 kg$，如果考虑资源配置权益，可接近达到完全平衡。尽管如此，考虑这三个目标，实际经济效益为 2.96×10^7 元，环境影响

为 $3.19 \times 10^9 kg$，资源配置公平指数为 0.2，表明经济、环境和社会方面的不同目标之间存在权衡，这些目标将促进农业水资源和土地资源的可持续分配。在不同情景下，经济维度指数接近 1，说明不同情景下产生的经济效应是稳健的，而环境和社会维度相关的指数变化明显。随着可信度水平的提高，灌区的可持续发展程度降低。因此，可信度较低情况下的水土资源配置方案更有利于灌区的可持续发展。然而，较低的可信度水平意味分配更多的水资源，这就会产生更高的缺水风险。因此，决策者应根据实际情况综合考虑，选择合适的分配方案。

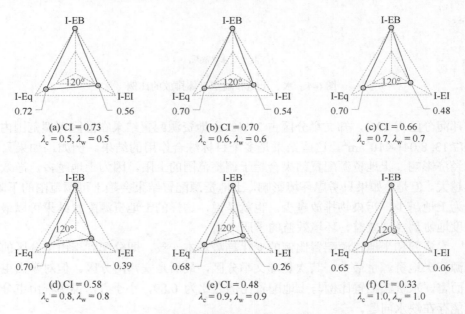

图 6-5　经济-社会-环境协调发展程度

EB 为经济效益；Eq 为社会效益；EI 为环境效益

6.3　基于多重不确定的灌区水资源优化配置

本节构建了一个多重不确定性下灌区水资源优化配置模型，简称为 CITSP-IPRBI 模型。该模型能够处理表示为区间、概率分布和具有随机边界的区间的多个不确定性，处理下界和上界之间的相关性和交集，从而有效地处理预期收益和惩罚之间的权衡。主要研究内容包括：

（1）CITSP-IPRBI 模型的建立；

（2）基于双边界、机会约束和交互式算法的 CITSP-IPRBI 模型的求解方法。

CITSP-IPRBI 模型的总体框架如图 6-6 所示。

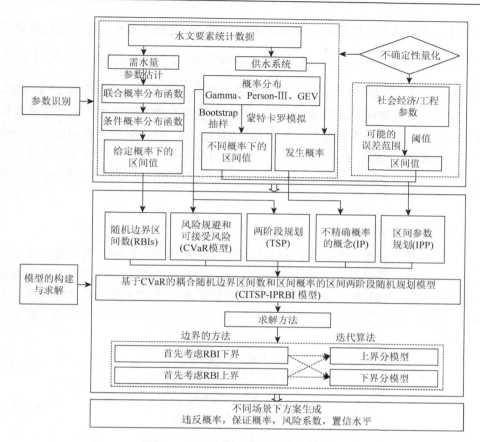

图 6-6 CITSP-IPRBI 模型的总体框架

6.3.1 CITSP-IPRBI 模型的建立

1. 区间两阶段随机规划（ITSP）

ITSP 模型可处理预期目标与随机事件发生时产生的相关惩罚之间的权衡，并处理以随机和灰色为主要特点的不确定性。ITSP 模型可以表示为

$$\max f^{\pm} = C_T^{\pm} X^{\pm} - \sum_{h=1}^{n} p_h q(Y_h^{\pm}, \xi_h^{\pm}) \qquad (6\text{-}15\text{a})$$

$$A^{\pm} X^{\pm} \leqslant B^{\pm} \qquad (6\text{-}15\text{b})$$

$$T(\xi_h^{\pm}) X^{\pm} + W(\xi_h^{\pm}) Y_h^{\pm} = h(\xi_h^{\pm}) \qquad \forall h = 1, 2, \cdots, n \qquad (6\text{-}15\text{c})$$

$$X^{\pm} \geqslant 0, \quad Y_h^{\pm} \geqslant 0 \qquad (6\text{-}15\text{d})$$

式中，$C_T^{\pm}$ 为目标函数中系数的矢量；$X^{\pm}$ 为在随机变量前的第一阶段决策向量；$q(Y_h^{\pm}, \xi_h^{\pm})$ 为第二阶段成本函数；$Y_h^{\pm}$ 为依赖于随机变量实现的第二阶段自适应决

策向量；$\xi_h^{\pm}$ 为具有发生概率 p_h 的随机变量向量（p_h 是指在水平 h 下发生随机事件的可能性程度，$p_h>0$，$\sum\limits_{h=1}^{n}p_h=1$）；$A^{\pm}$ 为系数矩阵；$B^{\pm}$ 为约束条件中系数的矢量；$T(\xi_h^{\pm})$、$W(\xi_h^{\pm})$、$h(\xi_h^{\pm})$ 为具有合理维数的矩阵，它们是随机变量向量 $\xi_h^{\pm}$ 的函数。

在传统的区间两阶段随机规划模型中，随机变量的发生概率（p_h）是确定性的。现实中，由于缺乏数据、随机变量（如供水量）的判断标准不同及其时空变化等，很难对 p_h 值进行确定[147,148]。因此，需要将区间概率值的概念融入传统的区间两阶段随机规划模型中。也就是说，区间两阶段随机规划模型中的 $p_h^{\pm}$ 表示为区间数[149,150]。

2. 随机边界区间数

需水量受到自然、经济、社会和技术等多方面因素的影响，具有高度不确定性。引入随机边界区间数（random boundary interval，RBI）来解决需水量的双重不确定性问题。RBI 表示为 $[\tilde{b}^-, \tilde{b}^+]$，可根据长系列样本值获取 RBI 的区间形式为 $(q_1, r_1), \cdots, (q_n, r_n)$，其中，$(q_i, r_i)$ 是 i^{th} 样本的取值。样本的平均向量和协方差矩阵可表示为

$$\mu = \left(\frac{1}{n}\sum_{i=1}^{n}q_i, \frac{1}{n}\sum_{i=1}^{n}r_i \right) \tag{6-16a}$$

$$D = \begin{pmatrix} \sigma_1^2 & \rho\sigma_1\sigma_2 \\ \rho\sigma_1\sigma_2 & \sigma_2^2 \end{pmatrix} \tag{6-16b}$$

式中，$\sigma_1^2 = \frac{1}{n-1}\sum_{t=1}^{n}(q_t-\mu_1)^2$；$\sigma_2^2 = \frac{1}{n-1}\sum_{t=1}^{n}(r_t-\mu_2)^2$；$\rho = \frac{1}{(n-1)\sigma_1\sigma_2}\sum_{t}^{n}(q_t-\mu_1)$ $(r_t-\mu_2)$。

假设 RBI 的上下边界（$[\tilde{b}^-, \tilde{b}^+]$）遵循上述均值向量和协方差矩阵的分布，则它们的联合分布函数可以识别为 $f(u,v)$，常用的为二维正态分布。通过计算联合分布函数 $f(u,v)$ 的边际分布，得到 $\tilde{b}^-$ 和 $\tilde{b}^+$ 的概率分布函数（probability distribution function，PDF）和累积分布函数（cumulative distribution function，CDF）。具体地，假设 $[\alpha, \beta]$ 是 $\tilde{b}^+$ 的变化范围，$\tilde{b}^-$ 的 PDF 和 CDF 可以生成为

$$f_u(u) = \int_{\alpha}^{\beta} f(u,v)\,\mathrm{d}v \tag{6-17a}$$

$$F_u(u) = \int f_u(u)\,\mathrm{d}u \tag{6-17b}$$

同样，假设 $[\chi, \delta]$ 是 $\tilde{b}^-$ 的变化范围，则可以生成 $\tilde{b}^+$ 的 PDF 和 CDF：

$$f_v(v) = \int_{\chi}^{\delta} f(u,v)\,\mathrm{d}u \tag{6-18a}$$

$$F_v(v) = \int f_v(v)\,\mathrm{d}v \tag{6-18b}$$

3. 条件风险价值模型

风险值（VaR）定义为在一定置信水平下的最大预期损失，可使用随机变量的累积概率分布计算[151]。在 VaR 的基础上，提出了期望平均损失不小于 VaR 的 CVaR 模型。CVaR 可以定义为

$$\mathrm{CVaR}(Z) = E(Z \mid Z \geqslant \mathrm{VaR}_\alpha(Z)) \tag{6-19a}$$

式中，$E(\cdot)$ 为期望值运算符；Z 为随机变量；α 为置信水平，并且 $\alpha \in [0,1]$；$\mathrm{VaR}_\alpha(Z)$ 为置信水平下的风险值，表示为 $\inf\{\eta \in \mathrm{R} : F_z(\eta) \geqslant \alpha\}$，$F_z(\cdot)$ 为随机变量 Z 的累积分布函数。为了便于计算，置信水平下的 CVaR 可以表示为

$$\mathrm{CVaR}_\alpha(Z) = \inf_{\eta \in \mathrm{R}}\left\{\eta + \frac{1}{1-\alpha} E([Z-\eta]_+)\right\} \tag{6-19b}$$

由于 $E(\cdot)$ 代表期望值运算符，$E([Z-\eta]_+)$ 可表示为 $\sum_{h=1}^{n}[Z-\eta]_+ p_h$ 和 $[Z-\eta]_+ = \max\{0, Z-\eta\}$，$(Z-\eta) \in \mathrm{R}$。

CVaR 模型有助于测算不同的农业水资源配置缺水带来的经济损失之间的风险。

4. CITSP-IPRBI 模型

将 RBI、IPs、CVaR 模型引入 ITSP 框架，建立了 CITSP-IPRBI 模型。为了解决不同的不确定性，约束［式（6-20b）］的右端项表示为 RBI，而其他系数被视为一般区间数。CITSP-IPRBI 模型可以表示为

$$\max f^\pm = \boldsymbol{C}_T^\pm \boldsymbol{X}^\pm - \sum_{h=1}^{n} p_h^\pm q(\boldsymbol{Y}_h^\pm, \boldsymbol{\xi}_h^\pm) - \lambda\left(\eta^\pm + \frac{1}{1-\alpha}\sum_{h=1}^{n} p_h^\pm V_h^\pm\right) \tag{6-20a}$$

$$\boldsymbol{A}^\pm \boldsymbol{X}^\pm \leqslant [\tilde{B}^-, \tilde{B}^+] \tag{6-20b}$$

$$\boldsymbol{T}(\boldsymbol{\xi}_h^\pm)\boldsymbol{X}^\pm + \boldsymbol{W}(\boldsymbol{\xi}_h^\pm)\boldsymbol{Y}_h^\pm = \boldsymbol{h}(\boldsymbol{\xi}_h^\pm) \quad \forall h=1,2,\cdots,n \tag{6-20c}$$

$$V_h^\pm \geqslant q(\boldsymbol{Y}_h^\pm, \boldsymbol{\xi}_h^\pm) - \eta^\pm \quad \forall h=1,2,\cdots,n \tag{6-20d}$$

$$\boldsymbol{X}^\pm \geqslant 0, \quad \boldsymbol{Y}_h^\pm \geqslant 0, \quad V_h^\pm \geqslant 0 \tag{6-20e}$$

式中，λ 为决策者根据风险偏好确定的风险系数；$\eta^\pm$ 为表示置信水平 α 下 VaR 值的辅助决策变量；$V_h^\pm$ 为用于计算 hth 水平下 CVaR 值的辅助决策变量。

6.3.2 CITSP-IPRBI 模型的求解方法

CITSP-IPRBI 模型是不确定的，不能用现有的求解方法直接求解。模型中的 RBI，其下界和上界是随机变量，导致约束条件的高度不确定性。因此，求解方法的关键是将具有 RBI 的约束条件转化为传统的区间约束，可通过机会约束规

划（CCP）法、随机数双边界算法共同解决此问题[152]。约束［式（6-20b）］可以表示为

$$\Pr\{A^{\pm}X^{\pm} \leqslant [\tilde{B}^{-}, \tilde{B}^{+}]\} \geqslant 1 - P_d \qquad (6\text{-}21)$$

式（6-21）表示约束［式（6-20b）］的概率为 $1-q$，其中，P_d 是约束［式（6-21）］的违约概率，它表示约束违反的容许风险。由于 RBI 有两个边界（$[\tilde{B}^{-}, \tilde{B}^{+}]$），每个边界都具有随机特性，因此可以使用双边界方法。

（1）考虑 $(\tilde{B}^{-})$ 的下界，约束［式（6-21）］最终可以转换为以下形式：

$$A^{\pm}X^{\pm} \leqslant [\tilde{B}^{-}, \tilde{B}^{+}] \Leftrightarrow A^{\pm}X^{\pm} \leqslant [\tilde{B}^{-(q)}, \tilde{B}^{U(q)}] \qquad (6\text{-}22)$$

式中，$\tilde{B}^{-(q)} = F_u^{-1}(P_d)$，给定 $\tilde{B}^{-}$ 的 CDF，即可以从式（6-17b）中获得 $F_u(u)$。基于等式（6-18a）和式（6-18b），可以获得当 $\tilde{B}^{-} = \tilde{B}^{-(q)}$ 时 $\tilde{B}^{+}$ 的条件 CDF $F_{v|u=\tilde{B}^{-(q)}}(v)$，$\tilde{B}^{U}$ 为 $F_{v|u=\tilde{B}^{-(q)}}(v)$ 的随机变量。

（2）考虑 $(\tilde{B}^{+})$ 的上界，最终可以将式（6-21）转化为如下形式：

$$A^{\pm}X^{\pm} \leqslant [\tilde{B}^{-}, \tilde{B}^{+}] \Leftrightarrow A^{\pm}X^{\pm} \leqslant [\tilde{B}^{L(q)}, \tilde{B}^{+(q)}] \qquad (6\text{-}23)$$

式中，$\tilde{B}^{+(q)} = F_v^{-1}(P_d)$，给定 $\tilde{B}^{+}$ 的 CDF，即可由式（6-18b）得到 $F_v(v)$。基于方程式（6-17a）和式（6-17b），可以获得当 $\tilde{B}^{+} = \tilde{B}^{+(q)}$ 时 $\tilde{B}^{-}$ 的条件 CDF $F_{u|v=\tilde{B}^{+(q)}}(u)$，$\tilde{B}^{L(q)}$ 为 $F_{u|v=\tilde{B}^{+(q)}}(u)$ 的随机变量。

在此基础上，将具有双重不确定性的 CITSP-IPRBI 模型转化为传统的区间规划，即解决了 RBI 的随机性问题，并将其转化为经典的区间数。然而，由于 ITSP 的存在，转换后的模型仍然是不确定的。要解决这个问题，首先要确定 ITSP 模型的目标值（即模型中的 $X^{\pm}$），因为如果将 $X^{\pm}$ 视为不确定的输入参数，则很难确定 X^{-} 或 X^{+} 是否对应于更高的效益。应进行 $X^{\pm}$ 的线性转换，以平衡系统效益和惩罚。相应地，设为 $X^{\pm} = X^{-} + z\Delta X$，其中，$\Delta X = X^{+} - X^{-}$ 和 $z \in [0,1]$ 是辅助决策变量。然后使用交互式算法［一种求解区间参数线性规划（interval linear programming, ILP）的方法］[153]，将 CITSP-IPRBI 模型转换为四个确定性子模型。具体步骤如下：

（1）建立 CITSP-IPRBI 模型。

（2）利用 CCP 法和双边界法将 RBI 转换为区间数。

（3）将 CITSP-IPRBI 模型转换为两个模型。

（4）通过引入决策变量 z 将目标区间转化为确定性表达式。

（5）根据交互式算法将第（3）步中的区间数模型转化为两个确定性子模型。

（6）在给定的 q 下求解转换后的四个确定性子模型。

（7）给出不同的 q 值并收集解。

基于上述步骤，可得到 CITSP-IPRBI 模型的决策变量，包括分别对应于农业用水目标和水资源短缺量的决策变量，即 $X^{\pm}$ 和 $Y_h^{\pm}$，以及一些辅助变量（即 $\eta^{\pm}$、$V_h^{\pm}$ 和 z）。在 α 置信水平下，用 $\eta^{\pm}$ 来计算 CVaR 模型的阈值，用 z 来将 $X^{\pm}$ 转化为确定性值。

6.3.3 CITSP-IPRBI 模型的实际应用

根据实际情况，将 CITSP-IPRBI 概化为实际应用模型，模型中各参数含义见表 6-2。

表 6-2 灌区水资源优化配置 CITSP-IPRBI 模型的参数与变量含义

参量指标及函数		释义
角标参量	i	分区索引
	j	作物索引
	h	流量索引
	min	最小值的下标
	$\pm$	表示区间数上下界的上标
目标函数参量	f	期望系统收益（元）
决策变量	$\mathrm{WT}_i^{\pm}$	分区灌溉目标（m³）（一阶段决策变量）
	$\mathrm{WS}_{ih}^{\pm}$	h（m³）流量水平下 i 分区灌溉目标未达到的农业缺水（二阶段决策变量）
	$\eta_\alpha^{\pm}$	置信水平下的风险值，辅助决策变量
	$V_h^{\pm}$	用于计算 h 水平下 CVaR 的辅助决策变量
输入参数	$p_h^{\pm}$	流量 h 发生概率
	λ	风险系数
	α	置信水平
	$\mathrm{TSW}_{ih}^{\pm}$	i 分区在 h（m³）流量下的地表水总可用性
	$\mathrm{TGW}_i^{\pm}$	i 分区地下流量总可用性（m³）
	$\mathrm{EP}_i^{\pm}$	分区有效降水量（m³/hm²）
	$A_i^{\pm}$	分区灌溉面积（hm²）
	$\mathrm{WD}_{\min i}^{\pm}$	分区最低农业需水量（m³）
输入函数	$f_{Bi}^{\pm}(\omega_{ij}, A_{ij}, \delta_{ij}, \kappa_{ij})$, $f_{Pi}^{\pm}(\omega_{ij}, A_{ij}, \delta_{ij}, \kappa_{ij})$	分区单位水量效益（$f_{Bi}^{\pm}$）和惩罚（$f_{Pi}^{\pm}$）函数（元/m³），它们是市场价格（ω_{ij}）的函数，灌区（A_{ij}）、灌溉定额（δ_{ij}）和不同作物单位面积产量（κ_{ij}）

1. CITSP-IPRBI 模型的目标函数

目标函数是在考虑缺水风险的前提下，将有限的水资源分配到不同的分区，实现效益最大化。目标函数可以表示为

$$\max F^{\pm} = \sum_{i=1}^{I} f_{Bi}^{\pm}(\omega_{ij}, A_{ij}, \delta_{ij}, \kappa_{ij}) \cdot \mathrm{WT}_{i}^{\pm}$$

$$- \sum_{i=1}^{I} \sum_{h=1}^{H} p_{h}^{\pm} \sum_{i=1}^{I} f_{Pi}^{\pm}(\omega_{ij}, A_{ij}, \delta_{ij}, \kappa_{ij}) \cdot \mathrm{WS}_{ih}^{\pm}$$

$$- \lambda \left(\eta_{\alpha}^{\pm} + \frac{1}{1-\alpha} \sum_{h=1}^{H} p_{h}^{\pm} V_{h}^{\pm} \right) \qquad (6\text{-}24)$$

式中，$\sum_{i=1}^{I} f_{Bi}^{\pm}(\omega_{ij}, A_{ij}, \delta_{ij}, \kappa_{ij}) \cdot \mathrm{WT}_{i}^{\pm}$ 为承诺的农业用水分配的总效益（元）；$\sum_{i=1}^{I} \sum_{h=1}^{H} p_{h}^{\pm}$ $\sum_{i=1}^{I} f_{Pi}^{\pm}(\omega_{ij}, A_{ij}, \delta_{ij}, \kappa_{ij}) \cdot \mathrm{WS}_{ih}^{\pm}$ 为农业用水分配不足而造成的损失；$\lambda \left(\eta_{\alpha}^{\pm} + \dfrac{1}{1-\alpha} \right.$ $\left. \sum_{h=1}^{H} p_{h}^{\pm} V_{h}^{\pm} \right)$ 为农业用水分配加权平均超额损失，对分配公平性有不同程度的贡献（元）。

2. CITSP-IPRBI 模型的约束条件

（1）供水限制：

$$\mathrm{WT}_{i}^{\pm} - \mathrm{WS}_{ih}^{\pm} \leqslant \mathrm{TSW}_{ih}^{\pm} + \mathrm{TGW}_{i}^{\pm} \qquad \forall i, h \qquad (6\text{-}25\mathrm{a})$$

（2）需水限制：

$$(\mathrm{WT}_{i}^{\pm} - \mathrm{WS}_{ih}^{\pm}) + \mathrm{EP}^{\pm} \cdot A_{i}^{\pm} \geqslant \mathrm{W\tilde{D}}_{\min i}^{\pm} \qquad \forall i, h \qquad (6\text{-}25\mathrm{b})$$

（3）风险约束：

$$V_{h}^{\pm} \geqslant \sum_{i=1}^{I} f_{Pi}^{\pm}(\omega_{ij}, A_{ij}, \delta_{ij}, \kappa_{ij}) \cdot \mathrm{WS}_{ih}^{\pm} - \eta_{\alpha}^{\pm} \qquad \forall i, h \qquad (6\text{-}25\mathrm{c})$$

（4）缺水制约：

$$\mathrm{WT}_{i}^{\pm} \geqslant \mathrm{WS}_{ih}^{\pm} \qquad \forall i, h \qquad (6\text{-}25\mathrm{d})$$

（5）非负约束：

$$\mathrm{WT}_{i}^{\pm}, \mathrm{WS}_{ih}^{\pm} \geqslant 0, \quad V_{h}^{\pm} \geqslant 0 \qquad \forall i, h \qquad (6\text{-}25\mathrm{e})$$

6.3.4　实证分析与讨论

以呼兰河灌区各子区为实证对象，针对灌区实际情况，采集数据，并对其水土资源的优化配置问题展开研究。

　　水资源优化配置结果分析。首先确定需水量的二维正态分布，见表 6-3。不同片区需水量的累积概率分布见图 6-7。以劳模片区为例，其需水量（表示为 RBI）在不同违约概率下的变化见图 6-8。模型其他参数值见表 6-4。系统效益的结果均用区间数表示。

　　图 6-9 给出了系统效益的变化趋势及对应的风险系数。由于考虑了 CVaR 模型，CVaR 模型中不同风险系数（λ）和置信水平（α）的组合被视为不同的情景。在不考虑 CVaR 的情况下，$\lambda=0$ 时系统效益为 $3.57\times10^8\sim5.66\times10^8$ 元，平均为 4.61×10^8 元。在这种情况下，缺水风险没有被考虑，灌区通过配水所得到的效益是偏大的。当考虑 CVaR 时，即风险系数 $0<\lambda\leqslant1$，置信水平固定在 0.9 时，系统

表 6-3　需水量信息

片区	联合概率密度函数	需水量/10^4m³					
		考虑下界时			考虑上界时		
		$P=0.1$	$P=0.05$	$P=0.01$	$P=0.1$	$P=0.05$	$P=0.01$
和平	N（[3523, 3887]，[366², 147879, 147879, 444²]）	[4010, 4890]	[4130, 5340]	[4400, 5740]	[4480, 4520]	[4650, 4940]	[4880, 5630]
建业	N（[375, 453]，[41², 2212, 2212, 58²]）	[430, 587]	[446, 613]	[475, 683]	[474, 531]	[514, 544]	[567, 580]
柳河	N（[518, 577]，[61², 3689, 3689, 72²]）	[596, 766]	[618, 803]	[663, 814]	[672, 690]	[698, 722]	[741, 772]
丰田	N（[1455, 1754]，[159², 33485, 33485, 260²]）	[1661, 2402]	[1725, 2503]	[1817, 2822]	[1953, 2090]	[2116, 2176]	[2319, 2400]
劳模	N（[1855, 2668]，[188², 51576, 51576, 319²]）	[2100, 3410]	[2170, 3590]	[2300, 3840]	[2390, 3090]	[2520, 3190]	[2810, 3342]
兰河	N（[949, 991]，[93², 9374, 9374, 126²]）	[1066, 1552]	[1102, 1618]	[1166, 1771]	[1152, 1275]	[1194, 1425]	[1265, 1662]

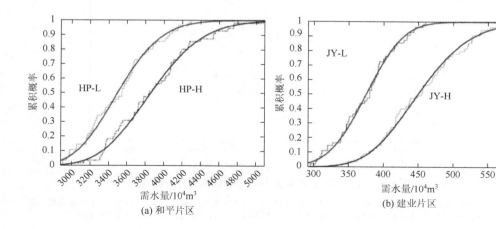

(a) 和平片区　　　　　　　　(b) 建业片区

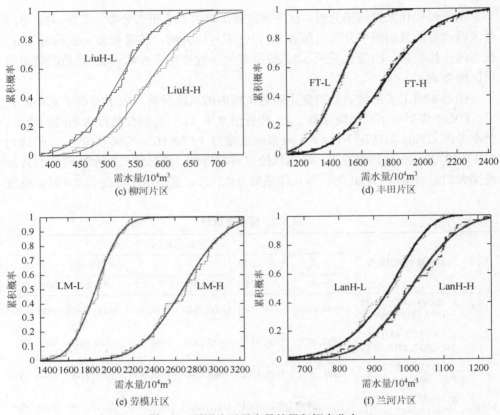

图 6-7　不同片区需水量的累积概率分布

HP-L、HP-H 分别为和平区需水量下限、上限。同样的含义也适用于其他地区，JY、LiuH、FT、LM 和 LanH
分别代表建业片区、柳河片区、丰田片区、劳模片区和兰河片区

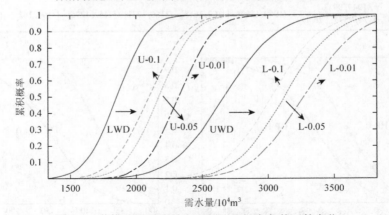

图 6-8　劳模片区需水量在不同违约概率条件下的变化

LWD、UWD 分别为需水量的下限、上限；U-0.1、U-0.05、U-0.01 为违约概率为 0.1、0.05、0.01 时需水量上限
对应的区间值；L-0.1、L-0.05，L-0.01 为违约概率为 0.1、0.05、0.01 时，需水量下限对应的区间值

表 6-4　不同子区相关数据

参数	单位	和平片区	建业片区	柳河片区	丰田片区	劳模片区	兰河片区
效益系数	元/m³	[4.41, 4.56]	[4.34, 4.49]	[3.71, 3.79]	[3.96, 4.07]	[3.74, 3.83]	[3.73, 3.82]
惩罚系数	元/m³	[5.56, 5.75]	[5.48, 5.66]	[4.68, 4.78]	[4.99, 5.13]	[4.73, 4.85]	[4.72, 4.84]
灌溉面积	(10³hm²)	[6.62, 7.03]	[0.98, 1.04]	[1.03, 1.09]	[1.46, 1.55]	[6.23, 6.62]	[3.41, 3.62]
可用地下水	(10⁴m³)	1551	377	292	—	2432	1323
地下水灌溉比例	%	0.87	0.79	0.82	—	0.91	0.95
有效降水量	(10⁴m³)	[2008, 2282]	[297, 338]	[331, 382]	[456, 523]	[1985, 2281]	[1094, 1260]

效益随着风险系数的增加而降低，从图 6-9 可以看出，系统效益对风险系数的变化是敏感的。平均系统效益为 $1.55 \times 10^8 \sim 4.19 \times 10^8$ 元。CVaR 值呈现先稳定后下降，再稳定的变化趋势。主要是因为考虑了系统预期目标和 CVaR 标准间的权衡的变化。当 λ 为 0.5，随着置信水平 α 增加时，系统效益由$[2.34, 4.13] \times 10^8$ 元下降到$[2.12, 3.87] \times 10^8$ 元，CVaR 值由$[2.64, 2.73] \times 10^8$ 元上升到$[3.55, 3.56] \times 10^8$ 元。置信水平反映了决策者对风险的规避态度。较高的置信水平代表较低的风险，但是与此同时，产生的效益会降低。

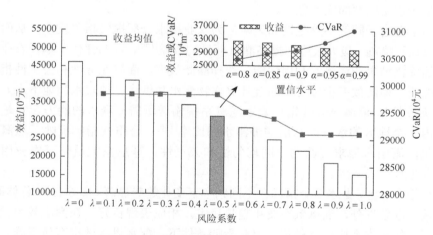

图 6-9　系统效益与对应风险系数之间的变化

通过求解 CITSP-IPRBI 模型，得到不同来水频率、风险系数和置信水平组合下各分区的缺水量。配水目标减掉优化得到缺水量就是灌溉水量，以 $\lambda = 0.5$ 和 $\alpha = 0.9$ 为例，分析了呼兰河灌区灌溉总缺水量和水量分配的变化趋势，如图 6-10 所示。

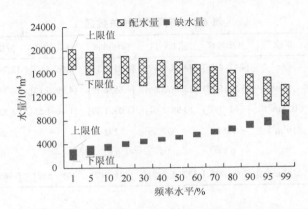

图 6-10　不同频率下农业水资源配置与水短缺的变化趋势

由图 6-10 可知,随着来水频率的增加,农业用水分配量减少,而农业用水短缺则随着频率的增加而增加。较高的频率意味着较低的径流流量,即较小的供水量。水资源配置和水资源短缺在不同频率下的变化趋势都是显著的,表明不同的流量水平对水资源配置方案有明显的影响。这表明,对于流量变化较大的研究区域,同时考虑不确定性因素,研究各种可能情况下径流流量的动态变化是必要的,这也是所建立模型的优点之一。

为了考虑不同的不确定性和风险,为农业用水分配提供相关反馈,从而有助于采取纠正措施,最大限度地提高灌溉项目的效益[154],本书评估了基于农业用水分配的优化结果的灌溉水利用性能。选择灌溉效率、灌溉充分性和公平性指标来评价性能。灌溉效率指标可以通过计算作物配水和供水(地表水和地下水)的比例来获得[155];灌溉充分性指标表示灌溉系统输送所需灌溉水的能力,它是一段时间内一个地区的水分配与所需灌溉水的比率[156]。公平性指标反映了灌溉系统在满足灌溉用水需求方面的空间均匀性和公平性,基尼系数反映了农业用水分配的公平性[157]。

在整个灌区,上述三个指标在不同频率下变化趋势显著(图 6-11)。总体而言,除极端干湿条件外,灌溉效率变化趋势稳定,相应表现良好。在灌溉效率较高的情况下,配水供水比保持稳定,但在极端条件下,配水供水效率有所下降。尽管整个灌区的灌溉效率很高,但灌溉面积的充分性并不理想,这一结果客观地反映了呼兰河灌区水资源短缺问题十分严重。呼兰河灌区不同分区间的水量分配公平性总体上较为均衡,但在极端干旱条件下,缺水是破坏水资源配置均衡性的重要因素。此外,呼兰河灌区不同分区灌溉水动态变化明显,以供水频率 50% 为例,和平片区灌溉效率最高,柳河片区最低,差异为 0.142。建业、柳河两个片区灌溉效率表现一般,其他片区灌溉效率表现较好。

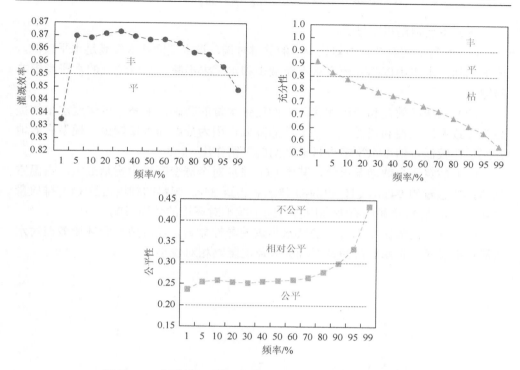

图 6-11　不同频率下灌溉效率、充分性和公平性的变化趋势

6.4　本　章　小　结

本章首先构建了协调"经济-社会-环境"效益的灌区水土资源优化配置模型。该模型具备三个显著特点：

（1）通过协调经济、环境和社会三个维度的性能，以可持续的方式联合优化农业水资源和土地资源的配置方案；

（2）可以反映配置过程中以模糊集合和可信度表示的模糊不确定性；

（3）深入分析了水土资源分配策略、温室气体排放量和可信度水平之间的相互关系，并对模型的性能进行评估。

同时，本章提出了考虑灌区配水多重不确定性的 CITSP-IPRBI 模型。该模型将 RBI、IPs、CVaR 和 ITSP 模型集成到一个模型框架中。该模型的优点如下：

（1）平衡农业用水分配中经济效益、缺水惩罚和缺水风险之间的矛盾；

（2）反映在多种以区间值、概率分布、随机边界区间等表示的输入参数的不确定性，以更真实地反映实际情况；

（3）深入分析不同风险规避水平和径流流量水平下水资源配置方案的变化。

　　研究主要得出以下结论：

　　（1）6月上旬至7月中旬是调水的关键时期，调水期间需水量满足水平较低，地下水和调水将用以弥补地表水不断减少和水需求不断上升所造成的水资源短缺问题。

　　（2）系统净效益和资源配置公平性对供水量的敏感性很强，可信度水平的提高会导致系统效益和资源配置公平性的降低，因为分配的水量较少，模型有效地起到了在较低可信度水平多个目标之间的平衡作用。

　　（3）估算了全球增温潜势，其中CO_2排放对全球变暖潜力贡献最大，占温室气体排放总量的94%，CH_4和N_2O排放各占近3%。肥料的利用占总CO_2排放量的43.24%，肥料资源的有效利用将有助于减小对环境的负面影响。

　　（4）呼兰河灌区不同片区的缺水足迹差异性显著，经济效益和环境效益对水资源短缺敏感，但水资源短缺对社会效益的影响相对较小。

第7章 灌区水资源高效配置及效果评价

7.1 研 究 概 述

黑龙江省是我国重要的粮食生产基地,多年来灌区在大规模农业生产过程中,水资源配置结构不合理、水资源利用效率低下所导致的灌区环境污染、林草地面积萎缩等生态问题日趋突出,严重制约了当地农业、社会经济的发展,本章主要从可持续发展的视角,对农业水资源配置策略展开分析。

农业水土资源高效配置是以可持续发展理论为基础,通过优化农业水土资源的配置结构,提高灌区农业、环境、经济协调发展程度,提升灌区可持续农业的发展水平。农业水土资源的高效配置可能会带来一定程度上的水匮乏,水土资源的高效配置是否会导致灌区缺水及缺水程度如何?缺水对整个灌区的经济效益、社会效益和环境效益有何影响?是否会影响灌区的可持续发展?上述问题都是灌区管理者需要考虑且亟待解决的问题。

本章首先构建灌区灌溉水资源优化-评价模型,该模型以多目标理论为基础,旨在为灌区提供多个环境友好、水资源利用高效的灌溉水资源配置方案。其次,针对多水源灌区径流年际变化较大的问题,模拟多水源不同来水水平,获得变化环境下可能出现的灌区供水总量。同时,构建水资源高效配置评价模型,对不同情景下的高效配水方案及方案的可持续性展开研究,进而对不确定条件下农业水土资源配置策略进行对比分析及选优。

7.2 灌区水资源高效配置优化模型构建

7.2.1 目标函数构建

为实现灌区水资源的高效配置(其高效体现在两个方面:一是水资源配置的效率;二是水资源配置的可持续性),本书将模型的目标归纳为四个主要方面:灌溉水分生产率函数,粮食供给安全函数,农业排污量函数以及生态配水函数,具体表达如下(以锦西灌区为例)。

(1)目标函数1:灌溉水分生产率函数。以提高灌区水分生产率作为目标,函数旨在解决灌溉水资源供需矛盾突出且用水效率低等问题，通过高效配水，达到提高灌溉水资源的可持续利用能力。

$$\max f_{\text{IWUE}} = \frac{\sum_{i=1}^{4} \sum_{j=1}^{3} Y_{ij} \times A_{ij}}{\sum_{i=1}^{4} \sum_{j=1}^{3} (\text{SW}_{ij} + \text{GW}_{ij})} \tag{7-1a}$$

$$A_{ij} = \frac{\text{SW}_{ij} + \text{GW}_{ij}}{\text{IQ}_{ij}} \tag{7-1b}$$

式中，f_{IWUE} 为灌溉水分生产率目标函数（kg/m^3），水分生产率为单位水资源的农业产量，其值越大说明灌溉水利用效率越高；i 为实证锦西灌溉区域，$i = 1$ 为松花江、$i = 2$ 为锦山、$i = 3$ 为花马、$i = 4$ 为头林；j 为农作物的种类，$j = 1$ 为水稻，$j = 2$ 为玉米，$j = 3$ 为大豆；Y_{ij} 为单位产量（kg/hm^2）；A_{ij} 为种植面积（hm^2）；IQ_{ij} 为灌溉水定额（m^3/hm^2）；SW_{ij} 与 GW_{ij} 分别为灌溉区域 i 农作物 j 的地表配水量与地下配水量（10^4m^3）。

（2）目标函数 2：粮食供给安全函数。最大限度地减小农业灌溉用水短缺对农业产量的影响，进而保证社会粮食供给安全。

$$\min f_{\text{FSS}} = \sum_{i=1}^{i} \sum_{j=1}^{j} [\text{WD}_{ij} - (\text{SW}_{ij} + \text{GW}_{ij})] \tag{7-1c}$$

式中，f_{FSS} 为粮食供给安全目标函数（10^4m^3）；WD_{ij} 为区域 i 农作物 j 的农业灌溉目标配水量（10^4m^3）。

（3）目标函数 3：农业排污量函数。随着灌区农业的不断发展，农业污染物排放量不断增加，灌区生态环境逐渐恶化，产生水体污染和水体富养化现象，极大降低了灌区的可持续发展程度。因此，通过控制农业排污量来达到环境保护的目的至关重要。

$$\begin{aligned}
\min f_{\text{APE}} = \sum_{i=1}^{4} \sum_{j=1}^{3} \{&[\varepsilon^{\text{COD}_{\text{Cr}}}(\text{SW}_{ij} + \text{GW}_{ij})] \\
&+ \varepsilon^{\text{NH}_3\text{-N}}(\text{SW}_{ij} + \text{GW}_{ij})] \\
&+ \varepsilon^{\text{TN}}(\text{SW}_{ij} + \text{GW}_{ij})] \\
&+ \varepsilon^{\text{TP}}(\text{SW}_{ij} + \text{GW}_{ij})]\}
\end{aligned} \tag{7-1d}$$

式中，f_{APE} 为农业排污量目标函数（kg）；$\varepsilon^{\text{COD}_{\text{Cr}}}$ 为农业排水中污染物 COD$_{\text{Cr}}$ 的浓度（kg/10^4m^3）；$\varepsilon^{\text{NH}_3\text{-N}}$ 为氨氮的浓度（kg/10^4m^3）；ε^{TN} 为总氮的浓度（kg/10^4m^3）；ε^{TP} 为总磷的浓度（kg/10^4m^3）。

（4）目标函数 4：生态配水函数。随着农业灌溉用水的消耗量不断上升，生态用水不断被压缩，甚至无法保障。生态缺水状态是衡量生态子系统健康的一个重要标志，因此，以灌区生态缺水量作为目标函数，以期在保证生态供水的前提下，对农业用水进行系统的优化配置，以增强灌区可持续发展水平。

$$\min f_{EW} = \sum_{i=1}^{i} \sum_{k=1}^{k} (EN_{ik} - EW_{ik}) \qquad (7\text{-}1e)$$

式中，f_{EW} 为生态配水目标函数（$10^4 m^3$）；k 为研究区域内生态作物的种类，$k=1$ 为林地，$k=2$ 为草地；EN_{ik} 为生态需求量（$10^4 m^3$）；EW_{ik} 为生态作物配水量，从地下水调配（$10^4 m^3$）。

灌区水资源优化配置研究中存在多种不确定情况，如水资源优化配置过程可能受自然气候变化、可用水资源量、耕作模式等要素的影响，这些影响具有较强的随机性和模糊性特征。由于模糊规划方法可以更为有效地反映多维目标间的非精确作用关系，因此本书采用模糊规划来反映目标系统中存在的不确定性。

7.2.2　约束条件构建

主要约束包括：地表水可利用约束、地下水可利用约束、农作物需水约束、生态需水约束等，具体如下（以锦西灌区为例）。

（1）地表水可利用约束：在各流量水平下的地表水分配给农作物的最优配水量之和应小于对应流量水平的地表水可供给量。

$$\frac{\sum_{i=1}^{i} \sum_{j=1}^{j} SW_{ij}}{s} \leqslant QSW \qquad (7\text{-}2a)$$

式中，s 为地表水可利用系数；QSW 为灌区可用的地表水总量（$10^4 m^3$）。在锦西灌区地表水只用于农业灌溉。同时，灌区水资源优化配置受水资源供给量影响巨大，不同的供水水平会导致不同的配置方案。本章在灌区水资源优化配置模型中引入机会约束规划方法，来反映不同供水情况下（对应于不同的违约概率 P_d）的水资源配置方案的变化。本模型在式（7-2a）约束中引入机会约束规划处理灌区地表可利用水资源量的随机不确定性，式（7-2a）可转化为式（7-2b）：

$$\Pr\left\{ \frac{\sum_{i=1}^{i} \sum_{j=1}^{j} SW_{ij}}{s} \leqslant QSW \right\} \leqslant 1 - P_d \qquad (7\text{-}2b)$$

式中，$\Pr\{\cdot\}$ 为概率分布函数；P_d 为违约概率。

（2）地下水可利用约束：与地表水可利用约束类似，在各流量水平下的地下水分配总量应小于对应流量水平的地下水可利用量。在实证的锦西灌区地下水主要用于生态配水和农业配水。

$$\frac{\sum_{i=1}^{i}\sum_{j=1}^{j}\mathrm{GW}_{ij}}{g} + \mathrm{EW}_{ik} \leqslant \mathrm{QGW} \tag{7-2c}$$

式中，EW_{ik} 为区域 i 生态植被 k 的生态作物配水量（$10^4\mathrm{m}^3$）。同时，模型在该约束中引入机会约束规划处理灌区地下可利用水资源量的随机不确定性，式（7-2c）可转化为式（7-2d）：

$$\mathrm{Pr}\left\{\frac{\sum_{i=1}^{i}\sum_{j=1}^{j}\mathrm{GW}_{ij}}{g} + \mathrm{EW}_{ik} \leqslant \mathrm{QGW}\right\} \leqslant 1-P_{\mathrm{d}} \tag{7-2d}$$

式中，g 为地下水可利用系数；QGW 为可用的地下水总量（$10^4\mathrm{m}^3$）。

（3）农作物需水约束：灌区水资源配置过程中既要保证农作物生长的基本需水量供应，又要提高水资源利用效率，避免水资源浪费。因此，农作物总配水量应高于最低需水量并低于目标配水量。

$$\mathrm{WD}_{ij\ \min} \leqslant \mathrm{SW}_{ij} + \mathrm{GW}_{ij} \leqslant \mathrm{WD}_{ij} \tag{7-2e}$$

式中，$\mathrm{WD}_{ij\ \min}$ 为区域 i 农作物 j 的农作物最低需水量（$10^4\mathrm{m}^3$）；WD_{ij} 为区域 i 农作物 j 的农作物目标配水量（$10^4\mathrm{m}^3$）。

（4）生态需水约束：本章为促进农业灌区可持续发展，考虑生态缺水目标的同时对生态需水进行约束，即生态植被的配水量应高于最低的生态需水量，同时为避免水资源浪费，配水不应高于生态植被的目标配水量。

$$\mathrm{EN}_{ik\ \min} \leqslant \mathrm{EW}_{ik} \leqslant \mathrm{EN}_{ik} \tag{7-2f}$$

式中，$\mathrm{EN}_{ik\ \min}$ 为区域 i 生态植被 k 的生态最低需水量（$10^4\mathrm{m}^3$）；EN_{ik} 为实际的生态需水量（$10^4\mathrm{m}^3$）。

（5）非负约束：决策变量（农作物、植被配水量）不能为负值。

$$\mathrm{SW}_{ij}, \mathrm{GW}_{ij}, \mathrm{EW}_{ik} \geqslant 0 \tag{7-2g}$$

7.3　灌区水资源高效配置方案评价模型构建

本章主要从灌区水资源优化配置的农业经济效益、社会效益和生态环境效益三方面对方案的综合可持续性进行分析。

7.3.1　农业经济效益分析

锦西灌区水资源优化配置方案的灌溉经济效益（f_{Be}）可依据式（7-3a）进行计算。

$$f_{Be} = \sum_{i=1}^{4} \sum_{j=1}^{3} PC_{ij} \cdot Y_{ij} (Q_{ij}^{sur} + Q_{ij}^{gro})$$

$$- \left[\sum_{i=1}^{4} \sum_{j=1}^{3} C_i^{sur} (Q_{ij}^{sur} / s) + \sum_{i=1}^{4} \sum_{j=1}^{3} C_i^{gro} (Q_{ij}^{gro} / g) \right]$$

$$- \sum_{i=1}^{4} \sum_{j=1}^{3} C_{ij} \cdot (Q_{ij}^{sur} + Q_{ij}^{gro}) / I_{ij}^{Q} \qquad (7\text{-}3a)$$

式中，PC_{ij} 为区域 i 农作物 j 的售价（元/kg）；C_i^{sur} 为区域 i 地表水调水成本（元/$10^4 m^3$）；C_i^{gro} 为区域 i 地下水调水成本（元/$10^4 m^3$）；I_{ij}^{Q} 为灌溉水定额（m^3/hm^2）；C_{ij} 为区域 i 农作物 j 的种植成本（元/hm^2）。

7.3.2 社会效益分析

灌区水资源优化配置的社会效益强调保持灌区水资源配置均衡、维护农业高效持续生产状态的水资源配置效益，研究主要从灌区农业水资源的水分生产率和水资源配置的均衡性两方面进行分析。

灌区农业水资源的水分生产率可通过式（7-1a）计算。此外，水资源在农业灌区系统中分配的均衡程度是影响灌区社会可持续发展的重要指标，水资源配置的均衡性量化方法可根据基尼系数（Gini）进行测算，灌区水资源配置均衡性指数如式（7-3b）所示。基尼系数值域范围为[0, 1]，国际惯例把基尼系数 0.2 以下视为绝对均衡；0.2～0.3 视为均衡；0.3～0.4 视为相对合理；0.4～0.5 视为差距较大；0.5 以上视为分配悬殊。灌区水资源配置均衡性指数如式（7-3b）所示。

$$f_{Gini}^{Irrigation} = \frac{1}{2I \sum_{i=1}^{I} \sum_{j=1}^{J} \frac{[(Q_{ij}^{sur} + Q_{ij}^{gro})]}{A_{ij}}} \times \sum_{l=1}^{I} \sum_{k=1}^{I} \left| \frac{\sum_{j=1}^{J}(Q_{ij}^{sur} + Q_{ij}^{gro})}{\sum_{j=1}^{J} A_{lj}} - \frac{\sum_{j=1}^{J}(Q_{ij}^{sur} + Q_{ij}^{gro})}{\sum_{j=1}^{J} A_{mj}} \right| \qquad (7\text{-}3b)$$

式中，A_{ij} 为种植面积（hm^2）；Q_{ij}^{sur} 为区域 i 作物 j 的地表水配水量（$10^4 m^3$）；Q_{ij}^{gro} 为区域 i 作物 j 的地下水配水量（$10^4 m^3$）；A_{mj} 为区域 m 作物 j 的种植面积，$m \neq i$。

7.3.3 生态环境效益分析

灌区的生态环境效益主要从区域农业水资源利用比率（agricultural water utilization ratio，AWUR）、农业排水中污染物排放强度及农业生产过程温室气体排放量三方面进行综合分析。

（1）区域农业水资源利用比率。区域农业水资源利用比率是指区域农业水资源使用量和可利用量之比，可以反映区域农业水资源综合使用状况、开发程度和可持续程度，其具体计算公式如下：

$$f_{\text{AWUR}} = \frac{\sum_{i=1}^{4}\sum_{j=1}^{3}Q_{ij}^{\text{sur}} + \sum_{i=1}^{4}\sum_{j=1}^{3}Q_{ij}^{\text{gro}} + \sum_{i=1}^{4}\sum_{\kappa=1}^{2}Q_{im}^{\text{EW}}}{Q_T^{\text{sur}} + Q_T^{\text{gro}}} \quad (7\text{-}3\text{c})$$

式中，Q_{im}^{EW} 为区域 i 作物 m 的配水量（10^4m^3）；Q_T^{gro} 为地下水供水总量（10^4m^3）；Q_T^{sur} 为地表水供水总量（10^4m^3）。

（2）农业排水中污染物排放强度。农业排水中污染物排放强度是衡量生态灌区健康程度的重要指标，农业排水中污染物排放强度可通过式（7-1d）核算。

（3）农业生产过程温室气体排放量。农业生产过程温室气体排放量是衡量生态灌区健康程度的重要指标，其核算方式如式（7-3d）所示[14]：

$$f_{\text{GWP}} = \frac{44}{12}\sum_{i=1}^{4}\sum_{j=1}^{3}A_{ij}\left(\sum_{n}^{N}R_n \cdot \delta_n\right)$$
$$+ \left(\frac{16}{12} \times 21\right)\sum_{i=1}^{4}\sum_{j=1}^{3}A_{ij} \cdot \alpha_i$$
$$+ \left(\frac{44}{28} \times 310\right)\left[\left(\sum_{i=1}^{4}\sum_{j=1}^{3}A_{ij} \cdot \beta_j + \sum_{i=1}^{4}\sum_{j=1}^{3}A_{ij}\left(\sum_{k=1}^{K}X_k \times N_k\right)\right)\right] \quad (7\text{-}3\text{d})$$

式中，R_n 为碳源（kg/hm^2），包括化肥（$n=1$）、农药（$n=2$）、农膜（$n=3$）、柴油以及灌溉用电（$n=4$）；δ_n 为第 n 种碳源碳排放系数（$\text{kg CO}_2\text{eq/kg}$）；$\alpha_i$ 为单位面积 CH_4 排放量（kg/hm^2）；β_j 为作物本底排放 N_2O 系数（kg/hm^2）；N_k 为肥料用量（kg/hm^2）；X_k 为第 k 种肥料 N_2O 排放系数（kg/kg）。

7.3.4　可持续性评价方法

本章灌区水资源配置方案决策分析以灌区水资源配置方案的可持续性分析为主。灌区水资源配置方案的可持续性是一个耦合经济、社会、环境等要素的综合性指标。本书采用可持续指数法，从经济、社会、环境三个方面对各配水方案所对应的灌区农业可持续发展程度进行综合分析，并对不同流量情景下的最优方案进行选取。灌区综合可持续性指数（f_{S}）可以通过式（7-3e）进行计算，$f_{\text{S}} > 0.6$ 表示灌区综合可持续性良好；$0.4 < f_{\text{S}} \leq 0.6$ 表示灌区综合可持续性较好；$0.3 < f_{\text{S}} \leq 0.4$ 表示灌区综合可持续性中等；$0.1 < f_{\text{S}} \leq 0.3$ 表示灌区综合可持续性较低；$f_{\text{S}} \leq 0.1$ 表示灌区综合可持续性较差[158]。

$$f_{S} = \sqrt[6]{\prod_{z'=1}^{9} z_i'} \tag{7-3e}$$

式中，z_i 为第 i 项评价指标的无量纲值，其中极大化最优指标可用式（7-3f）进行运算，极小化最优指标可用式（7-3g）进行无量纲化处理。

$$z_i' = \frac{z_i - z_{min'}}{z_{max'} - z_{min'}} \tag{7-3f}$$

$$z_i' = 1 - \frac{z_i - z_{min'}}{z_{max'} - z_{min'}} \tag{7-3g}$$

式中，z_{max} 为指标上限值；z_{min} 为指标下限值。

7.4　模型求解及数据来源

本章同时选取锦西灌区和呼兰河灌区为实证对象，采用不同的方法对其水资源高效配置进行研究，具体如下。

（1）模型求解。在实证研究中，水资源优化配置系统的不确定和不精确现象可以用模糊集来描述，需要建立模糊隶属函数，但模糊隶属函数不唯一，其中曲线、非线性和指数隶属函数是三种典型的模糊隶属函数，分别基于上述三种模糊隶属函数对优化模型进行求解。此外，对于多水源灌区（以呼兰河灌区为例），采用区间随机规划反映系统多水源来水的不确定性，并通过来水情景模拟将供水不确定性引入模型中。

（2）数据获取。锦西灌区研究数据主要依据佳木斯水文站 1956 年至今的长系列年径流量数据和灌区地下水位长期观井的监测数据。研究通过引入机会约束规划方法拟定三种违规风险概率（$P_d = 0.1$、0.15、0.2），每种违规风险概率下拟定三种供水水平（分别为高、中、低流量），其出现的概率依次为 0.25、0.5、0.25，共计九种供水情景。具体如表 7-1 所示。

表 7-1　可用水量参数表

情景		供水量	
		地表水/$10^4 m^3$	地下水/$10^4 m^3$
违约概率 $P_d = 0.1$	低流量（$l=1$）	21384.53	13244
	中流量（$l=2$）	36346.64	15166.01
	高流量（$l=3$）	55578.6	23190.74
违约概率 $P_d = 0.15$	低流量（$l=1$）	23290.08	14424.15

续表

情景		供水量	
		地表水/$10^4 m^3$	地下水/$10^4 m^3$
违约概率 $P_d = 0.15$	中流量（$l=2$）	38111.04	15902.22
	高流量（$l=3$）	58225.2	24295.06
违约概率 $P_d = 0.2$	低流量（$l=1$）	24983.904	15473.18
	中流量（$l=2$）	39875.44	16638.44
	高流量（$l=3$）	59283.84	24736.79

本章构建的农作物-生态植被配水模型涉及农业内部不同作物和生态植被，锦西灌区的主要作物包括水稻、玉米和大豆，其中，水稻所占比例较大，为主要种植作物，生态植被主要包括林地和草地，具体配水量需求如表7-2所示。

表 7-2   配水量数据表

指标	分区	作物（植被）				
		水稻（$j=1$）	玉米（$j=2$）	大豆（$j=3$）	林地（$k=1$）	草地（$k=2$）
目标配水量 /$10^4 m^3$	松花江（$i=1$）	2884	56.5	508.5	2414.3	0
	锦山（$i=2$）	6929	205.2	1846.8	1155.9	0
	花马（$i=3$）	18899	511.7	4605.3	6286.7	0
	头林（$i=4$）	12882	364	3276	3892.72	0
最低配水量 /$10^4 m^3$	松花江（$i=1$）	2018.8	36.7	330.5	1569.3	0
	锦山（$i=2$）	4850.3	133.4	1200.4	751.4	0
	花马（$i=3$）	13229.3	332.6	2993.5	4086.4	0
	头林（$i=4$）	9017.4	236.6	2129.4	2530.3	0

锦西灌区地表水、地下水灌溉利用率分别为0.55、0.85，锦西灌区内各区域不同作物种植面积如表7-3所示。

表 7-3   种植面积 （单位：hm^2）

分区	作物		
	水稻（$j=1$）	玉米（$j=2$）	大豆（$j=3$）
松花江（$i=1$）	5100	360.25	3242.26
锦山（$i=2$）	12253	445.95	4013.55
花马（$i=3$）	33420	1586.48	14278.30
头林（$i=4$）	22780	358.66	3227.98

　　锦西灌区主要排放的农业污染物包括氮、磷、氨氮和 COD_{Cr}，污染物排放强度如表 7-4 所示。

表 7-4　农业污染物排放强度　　　（单位：$kg/10^4m^3$）

总氮（ε^{TN}）	总磷（ε^{TP}）	氨氮（ε^{NH_3-N}）	CODCr（$\varepsilon^{COD_{Cr}}$）
268.267	21.300	307.168	116.698
266.985	21.199	305.698	116.139
265.863	21.110	304.414	115.651
264.964	21.038	303.384	115.260

　　呼兰河灌区不同违约概率下的地表水供水量模拟区间值如表 7-5 所示。

表 7-5　地表水供水量模拟区间值

违约概率/%	地表水供水量/10^4m^3					
	和平片区	建业片区	柳河片区	丰田片区	劳模片区	兰河片区
1	[3606, 4826]	[399, 624]	[455, 713]	[1838, 2227]	[2672, 3866]	[998, 1443]
5	[3468, 4478]	[399, 583]	[464, 678]	[1801, 2158]	[2342, 3214]	[921, 1264]
10	[3363, 4248]	[381, 535]	[456, 640]	[1735, 2079]	[2220, 2834]	[938, 1197]
20	[3191, 3974]	[385, 516]	[461, 618]	[1648, 1949]	[2095, 2577]	[932, 1147]
30	[2990, 3684]	[375, 491]	[460, 603]	[1570, 1858]	[2010, 2462]	[903, 1106]
40	[2816, 3486]	[363, 475]	[449, 588]	[1548, 1845]	[1969, 2417]	[879, 1079]
50	[2651, 3312]	[341, 455]	[423, 564]	[1513, 1820]	[1931, 2377]	[845, 1040]
60	[2430, 3117]	[311, 433]	[388, 540]	[1446, 1759]	[1836, 2264]	[818, 1009]
70	[2239, 2952]	[273, 410]	[339, 509]	[1398, 1727]	[1762, 2174]	[780, 963]
80	[1951, 2653]	[224, 380]	[276, 468]	[1353, 1701]	[1682, 2081]	[735, 909]
90	[1608, 2372]	[166, 356]	[197, 421]	[1264, 1636]	[1600, 2032]	[670, 850]
95	[1339, 2117]	[117, 327]	[110, 307]	[1180, 1558]	[1540, 2096]	[598, 814]
99	[967, 1741]	[35, 219]	[39, 250]	[1101, 1473]	[1068, 2112]	[336, 665]

　　呼兰河灌区参量值如表 7-6 所示。

表 7-6　呼兰河灌区参量值

参数		单位	月份				
			5	6	7	8	9
作物系数	大米		0.38	0.78	1.34	1.06	0.45
	玉米		0.30	1.20	1.20	1.20	0.80

续表

参数	单位	月份				
		5	6	7	8	9
作物系数 大豆		0.40	1.15	1.15	1.15	0.70
参考蒸发量	mm	147.41	150.22	134.49	112.44	81.64
有效降水	mm	33.58	64.39	114.80	85.05	47.23

7.5 锦西灌区实证结果分析

7.5.1 灌区水资源优化结果分析

采用 7.2 节所构建的模型，基于非线性、曲线、指数三种模糊隶属函数分别对锦西灌区水资源结构进行优化。锦西灌区灌溉水资源优化配置方案如图 7-1 所示。

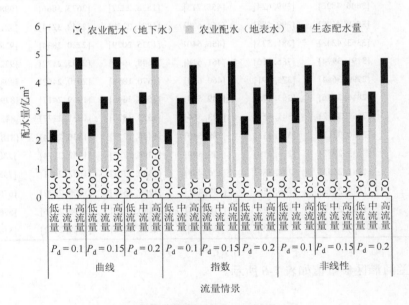

图 7-1 灌溉水资源优化配置方案

（1）由图 7-1 可知，优化后锦西灌区农作物配水量与灌区内可供水量呈正比变化，且各优化方案的灌溉总耗水量均在 5 亿 m³ 以下，较优化前灌溉总耗水量（6.3 亿 m³）显著下降，有效改善了灌溉耗水量过高的问题。

（2）优化前灌溉用水主要是地下水，导致灌区地下水超采严重，由图 7-1 可知，优化后各种供水情景下，地下水灌溉占总灌溉用水量比例均控制在 36%以内，有效缓解了灌区地下水超采的问题。

（3）由图 7-1 可知，在不同供水情景下的灌区水资源优化配置方案中，林草地配水均控制在 0.4 亿 m³ 以上，且生态配水总量与灌区可用水总量呈正相关变化，有效缓解了生态配水无法得到保障的问题。

优化后的灌区水资源配置方案有效地解决了灌区面临的多个主要问题，但就现阶段的优化结果而言，在各假设情景下，均存在着三种水资源优化配置方案，如何确定每种情景下的最优方案，需要对配水方案的综合可持续性进行分析。

7.5.2 灌区水资源高效配置方案评价

1）农业经济效益分析

锦西灌区水资源优化配置方案的灌溉经济效益（ f_{Be} ）可依据式（7-3a）进行计算。锦西灌区相关参数指标值如表 7-7 所示。

表 7-7 相关参数指标值

项目	种植成本/(元/hm²)			销售价格/(元/kg)			地表水灌溉费用/(元/hm²)	地下水灌溉费用/(元/hm²)
	水稻(j=1)	玉米(j=2)	大豆(j=3)	水稻(j=1)	玉米(j=2)	大豆(j=3)		
价格	8400	7200	3000	3.16	2.25	5.4	350	650

优化后获得不同情景下的锦西灌区水资源优化配置方案的经济效益，如图 7-2 所示。可知，现状年为平水年（中流量水平），其农业经济效益值与优化后的枯水年（低流量水平）农业收益相当，而优化后平水年（中流量水平）和丰水年（高流量水平）所对应的农业收益增量均在 1.5 亿元以上，其中，水稻种植所占的经济效益值比例最高，而大豆种植的经济效益增幅最为显著。此外，由图 7-2 可知，农业经济效益值与灌溉可用水量水平呈正相关变化，且在低流量水平情况下，各优化方案的经济效益差别并不显著，但在中流量、高流量水平方案中，基于曲线模糊隶属函数的水资源优化配置方案的经济效益更优。

2）社会效益分析

灌区水资源优化配置的社会效益强调保持灌区水资源配置均衡、维护农业高效持续生产状态的水资源配置效益，研究主要从灌区农业水资源的水分生产率和水资源配置的均衡性两方面进行分析。

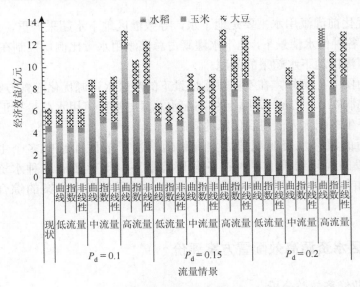

图 7-2　水资源配置经济效益

（1）灌区农业水资源的水分生产率可通过式（7-1a）计算，灌溉水优化配置后的灌区粮食总产量、农业灌溉水分生产率和现状上述两项指标值如图 7-3 所示。现状年为平水年（中流量水平），由图可知，优化后的水资源配置方案在保障粮食

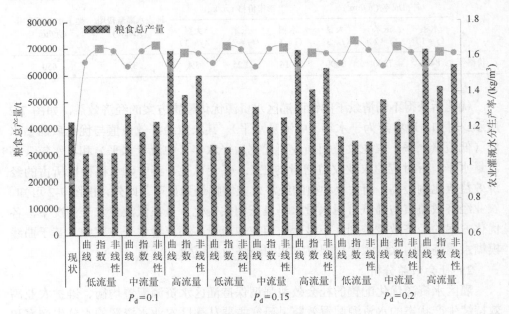

图 7-3　灌溉水分生产率结果

产量稳定的前提下，显著提升了灌区的灌溉水分生产率，整体而言，促进灌溉水资源生产率提高 0.85～1.01kg/m³，有效改善了灌溉水资源利用效率，保证了灌区农业高效生产状态。同时，图中方标记点代表各供水情景下的最优水分生产率，分析可知，各情景下，最优水分生产率均未与最高粮食总产量方案相对应，表明各情景下的次优或最低粮食总产量方案对应的农业水分生产率优于最高粮食总产量方案，且高流量情景下的最优水分生产率值要显著低于中流量、低流量水平下的最优水分生产率值。由上述情况可知，随着供水量的增加，粮食总产量会显著提升，但灌区农业水资源高效生产状态并不与供水量呈正相关变化。

（2）水资源配置的均衡性分析。水资源在农业灌区系统中分配的均衡程度是影响灌区社会可持续发展的重要指标，其量化方法可根据基尼系数进行测算，灌区水资源配置均衡性指数如式（7-3b）所示。

优化获得的不同情景下的锦西灌区水资源优化配置方案的均衡系数如图 7-4 所示。整体而言，不同情景下的锦西灌区水资源优化配置方案的均衡系数最终结果整体位于 0.2～0.3，说明灌区水资源优化配置的均衡性良好，这将成为灌区可持续发展的重要保障。

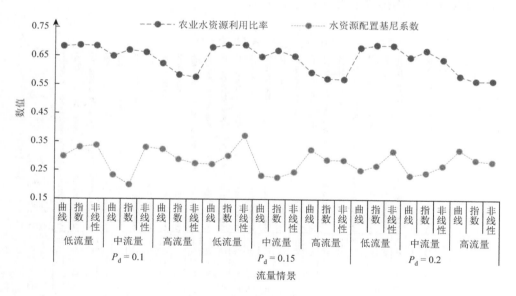

图 7-4 基尼系数及农业水资源利用比率

3）生态环境效益分析

灌区的生态环境效益主要从区域农业水资源利用比率、农业排水中污染物排放强度以及农业生产过程温室气体排放量三方面进行综合分析。

（1）区域农业水资源利用比率（AWUR）。区域农业水资源利用比率是指区域农业水资源使用量和可利用量之比，可以反映区域农业水资源综合使用状况、开发程度和可持续程度，其具体计算公式如式（7-3c）所示。

优化前后，各方案所对应的区域农业水资源利用比率汇总分析如图 7-4 所示，现状期比率为 0.75，优化后，区域农业水资源利用比率均低于 0.7，且随供水水平的增加而下降，表明水资源可持续利用程度显著提升。由图 7-4 可知，在低流量、中流量水平时，基于曲线隶属函数的水资源配置方案更优，而在高流量水平时，基于非线性隶属函数的优化方案更优。

（2）农业排水中污染物排放强度。农业排水中污染物排放强度是衡量生态灌区健康程度的重要指标，农业排水中污染物排放强度可通过式（7-1d）核算，其结果如图 7-5 所示。本书对灌区农业排水中的主要污染物氮、磷、氨氮和 COD_{Cr} 的排放强度进行统计。由图 7-5 可知，优化后各情景下的灌区水资源配置方案所对应的污染物年排放量均低于 3.2 万 t，显著优于现状年年度排放量（4.46 万 t），按污染物排放量由高到低依次为：TN、TP、COD_{Cr}、NH_3-N，且污染物排放强度与供水量呈正相关变化，在各情景下，基于指数模糊隶属函数的水资源配置方案对农业排水污染物排放量的控制更为有效。

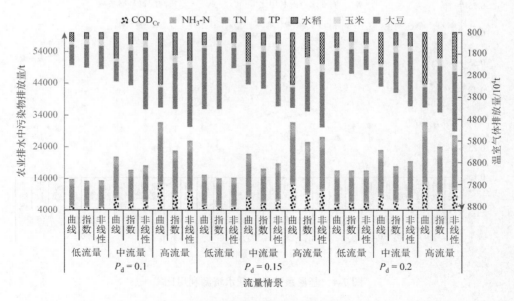

图 7-5　污染物及温室气体排放量

（3）农业生产过程温室气体排放量。农业生产过程温室气体排放量是衡量生态灌区健康程度的重要指标，其核算方式如式（7-3d）所示。

　　如图 7-5 所示，温室气体排放量与供水量呈正相关变化，其中，虽然大豆种植面积显著低于水稻种植面积，但其温室气体排放量却高于水稻，按温室气体排放量由高到低依次为：大豆、水稻、玉米。同时，在不同流量水平下，不同隶属函数所得到的灌溉方案其产生的温室气体量也存在显著差异，低流量水平时，基于非线性隶属函数的灌溉方案较优，但在中流量、高流量水平下，基于曲线隶属函数对应的灌溉方案温室气体排放量控制较好。

　　4）灌区水资源高效配置方案可持续性评价

　　灌区水资源配置方案决策分析以灌区水资源配置方案的可持续性分析为主要依据。灌区水资源配置方案的可持续性是一个耦合经济、社会、环境等要素的综合性指标。本书采用可持续指数法，从经济、社会、环境三个方面对各配水方案所对应的灌区农业可持续发展程度进行综合性分析，并对不同流量情景下的最优方案进行选取。

　　计算可得不同流量情景下各个配水方案所对应的锦西灌区农业可持续性指数，如图 7-6 所示。可知，同一流量情景下基于不同隶属度关系的灌区水资源优化配置方案的综合可持续性存在着显著差异，图 7-6 中方点表示某一具体流量情景下灌区水资源优化配置方案综合可持续性指数的最优值，即为该情景下的灌区水资源优化配置最优方案。由此，可得不同供水情景下锦西灌区农业水资源配置最优方案，如图 7-7 所示。

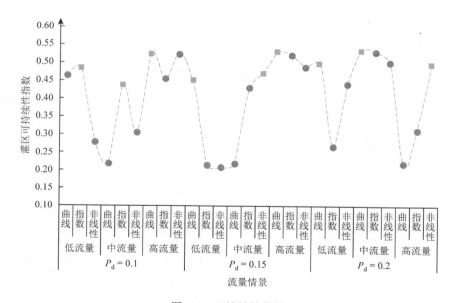

图 7-6　可持续性指数

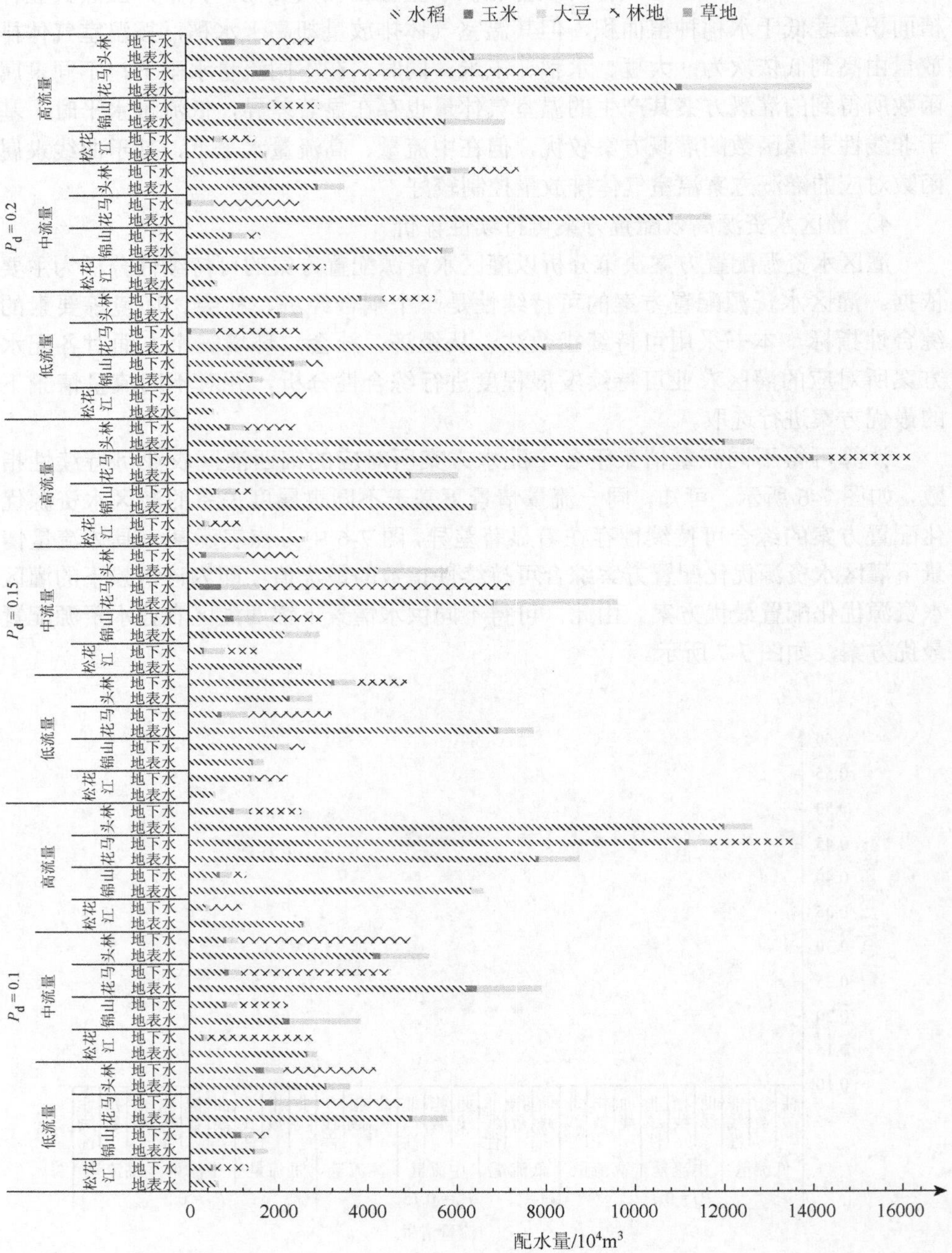

图 7-7　不同情景下的水资源优化配置方案

7.6　灌区水资源高效配置与可持续性实证分析

7.6.1　灌区水资源优化结果分析

提高水资源利用效率和应对环境不确定性是灌区农业生产面临的关键问题，因此，在本节的水资源优化配置研究中，只基于灌溉水分生产率目标，即式（7-1）作为目标函数结合所有约束，对呼兰河灌区灌溉水资源进行优化配置。

不同违约概率下的配水总量如图 7-8 所示，供水量以区间数的形式描述。由图可知，配水量与供水总量之间呈现正相关变化。同时，当来水处于低于 90% 的置信区间情景时，灌溉配水量处于较理想状态。例如，在置信区间为 50% 的情景时，呼兰河灌区总配水量为 $[4.8, 5.8] \times 10^7 \text{m}^3$，此时最接近均值 $5.245 \times 10^7 \text{m}^3$。当来水处于低于 40% 的置信区间情景时，对灌区而言，尽管存在少量的缺水现象，但其灌溉供水仍处于安全区间范围内，相对而言，当来水处于高于 90% 的置信区间情景时，为极度干旱情况，此时的缺水量达到 $[1.32, 2.29] \times 10^7 \text{m}^3$。

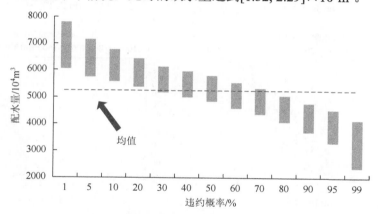

图 7-8　水资源配置总量

不同作物水资源配置方案如图 7-9 所示（置信区间为 50% 的情景）。由图可知，对灌区内各片区而言，水稻具有绝对种植优势，这一情况在和平灌区尤为突出。

呼兰河灌区内各片区在不同供水情景下的灌溉水资源配置情况如图 7-10 所示。根据不同流量水平的发生概率与对应配水量的加权求和，可获得呼兰河灌区内各片区配水量按由高到低排序依次为和平片区 $[2214, 2631] \times 10^4 \text{m}^3$、劳模片区 $[700, 927] \times 10^4 \text{m}^3$、丰田片区

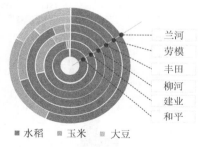

图 7-9　不同作物水资源配置方案

$[702, 855] \times 10^4 m^3$、兰河片区$[227, 336] \times 10^4 m^3$、建业片区$[191, 264] \times 10^4 m^3$、柳河片区$[126, 209] \times 10^4 m^3$，频率为1%、5%、10%、20%、30%、40%、50%、60%、70%、80%、90%、95%、99%流量水平对应的发生概率分别为3.6%、4.55%、7.2%、9%、10.9%、9.03%、12.73%、9%、9%、12.7%、5.4%、5.4%、1.5%，且在优化后的水资源配置方案中，只有和平片区和建业片区在灌溉中为地表水和地下水联

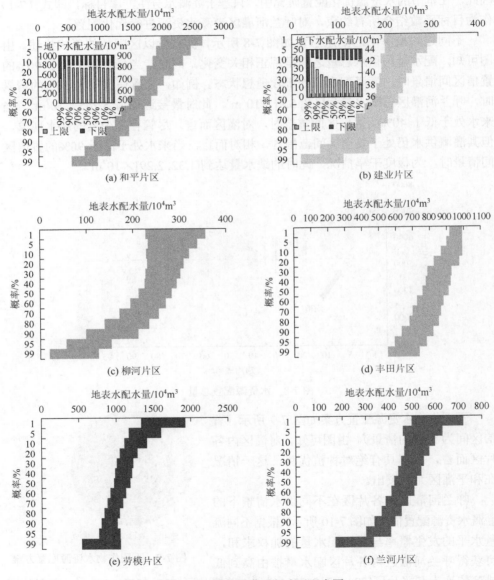

图 7-10 呼兰河灌区各片区配水图

合调度，其他四个片区均只使用地表水灌溉。由图可知，不同供水情景下，各片区地表水配水量变化显著，而地下水配水量变化不显著，说明地表水配水量对供水水平变化敏感，而地下水配水量对供水水平变化不敏感。

7.6.2　灌区缺水风险和可持续性分析

灌溉用水分配方案的变化直接带来了经济、社会和环境效益的变化，如图 7-11 所示。本书将灌溉作物的经济效益量化为系统净效益，社会效益量化为基尼系数，环境效益量化为 GWP。根据优化模型的输出，综合各种概率，经济效益范围为 $10.19 \times 10^7 \sim 21.38 \times 10^7$ 元，平均经济效益为 16.37×10^7 元。更大的水资源分配意味着更高的经济效益。随着概率的减小，经济效益的增加与水资源分配的增加相似，经济效益的增加与水资源分配的增加之间的差距小于 5%，说明水资源是经济效益的决定变量。基尼系数可以反映水资源配置的公平性。

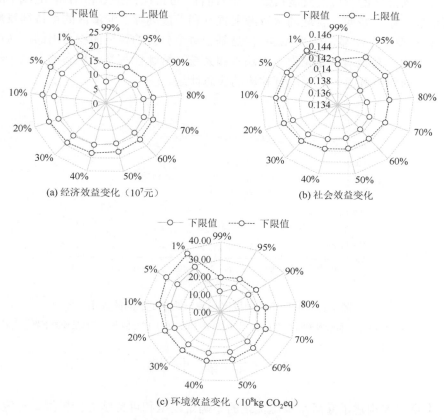

(a) 经济效益变化（10^7 元）

(b) 社会效益变化

(c) 环境效益变化（$10^8 kg\ CO_2 eq$）

图 7-11　灌区配水的经济、社会和环境效益

　　结果表明，在不同概率下，基尼系数变化不大，约为0.14。优化的水资源配置方案能够产生良好的社会效益，灌溉水资源配置较为公平。GWP可以反映CO_2、CH_4和N_2O等温室气体的排放情况。GWP在不同概率下变化明显，范围在$15.35 \times 10^8 \sim 33.02 \times 10^8$kg CO_2eq。水资源配置间接影响农作物的温室气体排放。更大的水资源分配量意味着更大的土地分配，从而导致GWP具有更大的值。在所有温室气体排放中，CO_2排放量是最大的，因为大多数与作物生长有关的物质的使用过程中都会产生CO_2，包括化肥、杀虫剂、农用机械柴油、农用薄膜和电力。其中，化肥对CO_2排放量的贡献最大，占总量的55%。因此，提高肥料利用率对降低GWP有很大的帮助。

　　可持续农业需要经济、社会和环境的协调发展。上述分析显示了水资源的再分配如何影响这三方面的发展，讨论了水资源再分配对灌区可持续发展的影响，以及水资源短缺与系统可持续发展之间的关系，如图7-12所示。利用代表经济效益、社会效益和环境效益的净经济效益、基尼系数和GWP的归一化值，计算出整个呼兰河灌区的可持续发展指数。一般而言，可持续性指数和WSF随概率的降低而增加。结果表明，合理的水资源配置有利于提高呼兰河灌区的可持续发展水平。WSF变化不明显，因为WSF值是基于每个分区的种植面积得出的。从图中还可以看出，在极端干旱条件下，缺水和系统可持续性都是非稳态的。这一结果值得当地决策者注意，以便制订相应的应急计划。

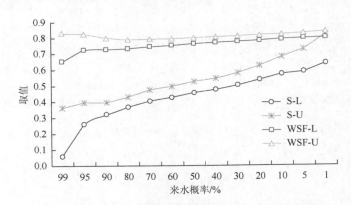

图7-12　灌区可持续发展指数与缺水足迹间的关系

S-L、S-U分别表示可持续发展指数的下界、上界；WSF-L、WSF-U分别表示缺水足迹的下界、上界

7.7　本 章 小 结

　　本章研究构建了灌溉水资源优化的不确定模型和可持续评价模型，拟定多种供水情景，并基于不同方法优化水资源配置方案，得到如下结论。

（1）基于不同供水情景、不同模糊隶属函数获得的灌区水资源配置方案及农业可持续水平存在着明显的差异性，表明不确定性要素对农业水资源高效配置和灌区农业可持续发展有着显著的影响。

（2）对灌区灌溉水资源的优化配置可以有效提高灌区农业的经济效益、环境效益和社会效益。

（3）研究结果表明在相同供水情景下，不同方案所获得的灌区水资源配置方案的可持续性存在着显著差异，该差异性可以作为各供水情景下最优配水方案评定的重要依据。

第8章 田间-灌区双层系统水土资源协同配置

8.1 研 究 概 述

灌区水资源优化配置是一个具有复杂结构的大系统优化问题，单一的农田尺度优化配置模型已不能满足管理者对灌区农业水资源的决策需求，为了更好地反映系统内部各子系统、各要素之间的互馈与联系，将灌区水资源优化配置视为一个大系统问题，把复杂问题分解为相对简单的优化组合问题，并减少区域尺度上的优化维数。此外，可持续发展概念的提出，要求灌区水资源优化配置不应仅注重经济效益，而应更加注重社会、经济、生态环境的协调发展关系。

灌区水资源短缺受供水和需水随机性变化的影响，分析供水和需水变化是灌区进行合理配水规划的基础。供水和需水状况处于动态变化中，如由于人口增加和经济增长，为保证粮食供应稳定，对农业水资源的需求量越来越大。同时，受水文气候变化因素的影响，蒸发、蒸腾量和降水量产生明显变化。因此，灌区的供水端和需水端存在明显的随机性。灌区的水资源优化配置系统中，在应用大系统、多目标配置技术的同时，引入不确定性理论，探求不同供需水情景下的灌区水资源配置最优方案，有助于提高水资源利用效率，保障粮食安全，对实现灌区的可持续发展具有重要意义。

本章以锦西灌区为研究对象，考虑供水和需水的联合不确定性，建立基于大系统分解协调理论的多目标优化模型对灌区从田间到灌区各子区的水土资源进行协同配置。本章的主要内容如下。

（1）供需水不确定性分析。对年径流量、ET_0 进行分布频率曲线拟合与参数估计，确定单变量边缘分布。构建供水与需水相耦合的联合分布概率模型，获取供水与需水遭遇组合的联合分布和丰枯遭遇频率。在此基础上，对供需水进行随机模拟，获得不同供需水情景。

（2）基于供需水不确定性的灌区水资源多层多目标优化配置。依据大系统分解协调理论建立灌区多目标水资源优化配置模型，在系统内部协调经济、社会、环境之间的矛盾关系。考虑不同的供需水丰枯组合情景，应用模型对主要农作物进行灌溉水量和作物种植面积的优化配置，探讨多情景下灌区水资源高效配置方案。

（3）农业水资源承载力评估。构建适用于农业水资源承载力的评价模型，结合不同情景下多层水资源优化大系统模型的优化结果,评估供需水不确定性下的灌区农业水资源承载力,分析其不同情景下的承载力水平,为灌区农业水资源规划提供科学依据。本章的技术路线见图 8-1。

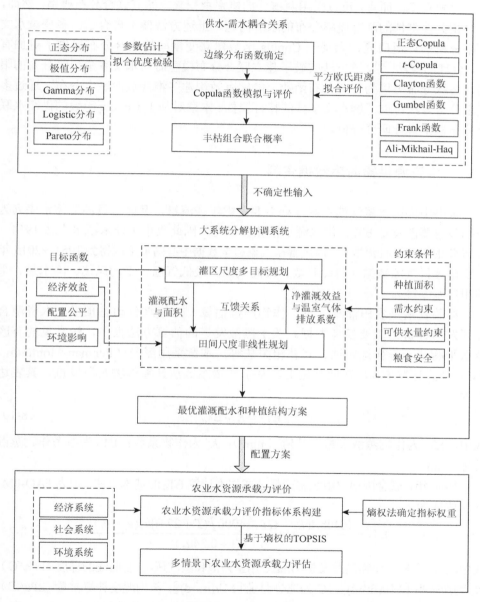

图 8-1　技术路线图

TOPSIS（technique for order preference by similarity to an ideal solution）表示优劣解距离法

8.2 供需水联合分布概率

对独立事件而言，可以采用两事件的概率乘积来求解其联合分布概率，然而，针对相关性事件的联合概率分布的求解问题，上述方法便不再合适。多变量水文频率分析的广泛研究，为基于 Copula 函数建立变量间的联合分布提供了更加有效、合理的方法[159]。该方法突破了建立联合分布模型时对水文变量边缘分布的限制，边缘分布可以为任意分布函数，能够有效构建多维变量的联合分布。通过多变量分析方法可以了解水文事件的特征属性。本章对基于 Copula 函数的供需水联合分布概率进行研究分析。

8.2.1 水资源供需时序数据资料

本书中灌区水资源的供水序列主要考虑年径流量，灌区水资源的需水序列为作物参考蒸散发量 ET_0。供水源于松花江径流，因此收集了佳木斯水文站 1954～2015 年的松花江径流数据。通过国家气象科学数据中心网页下载得到 1954～2015 年富锦市逐日气象数据（日照时数、最高气温、最低气温、平均风速、降水量、平均相对湿度等）。

蒸散发量是农田灌溉管理、作物产量估算、土壤水分动态预报、水资源合理开发与评价的重要参考数据。关于蒸散发量的估算方法很多，较常见的有区域水平衡法、彭曼综合法、互补相关法等。本章采用彭曼（Penman-Monteith，PM）公式计算 ET_0，在此基础上，基于作物系数法计算作物蒸散发量，其表达式为

$$ET_c = K_c \cdot ET_0 \tag{8-1}$$

式中，ET_c 为作物蒸散发量估计值（mm）；K_c 为作物系数；ET_0 为参考作物蒸散发量（mm）。

1998 年，联合国粮农组织将彭曼公式作为计算 ET_0 的基本方法，记为 FAO-PM，其表达式为

$$ET_0 = \frac{0.408\Delta(R_n - G) + \gamma[900/(T+273)]u_2(e_s - e_a)}{\Delta + \gamma(1 + 0.34u_2)} \tag{8-2}$$

式中，ET_0 为参考作物蒸散发量（mm/d）；Δ 为饱和蒸汽压-温度曲线的梯度（kPa/℃）；R_n 为净辐射 [MJ/(m²·d)]；G 为地热通量 [MJ/(m²·d)]；γ 为湿度计算常量（kPa/℃）；T 为高度为 1.5～2.5m 的平均气温（℃）；u_2 为高度为 2m 处的风速（m/s）；e_s 和 e_a 分别为气温为 T 时的饱和水汽压和实际水汽压（kPa）。

8.2.2　径流和 ET_0 边缘分布的确定

本章选用 Copula 函数分析灌区的供水与需水不同丰枯组合概率，首先确定供水与需水的边缘分布。由于各个国家或同一国家各地区的气候条件、自然地理存在差异，水文现象具有随机性，用一种水文频率分布模型拟合不同的水文研究对象通常难以实现[160]。本章采用多种分布模型和不同的参数估计方法对径流量和 ET_0 进行拟合，优选出最佳线型与参数估计方法。

1. 水文频率分布参数估计方法

本章选用矩法、极大似然法和最大熵原理法对拟合水文随机变量的分布函数进行参数估计。这三种方法是广泛应用推求参数的方法。

（1）矩法。设分布函数的概率密度函数为 $f(x)$，x 的 r 阶原点矩 μ_1' 与中心距 μ_1 分别定义[161]为

$$\mu_1' = \int_{-\infty}^{\infty} x^r f(x)\, \mathrm{d}x \qquad \mu_1' = \mu = \mathrm{mean} \qquad (8\text{-}3a)$$

$$\mu_r = \int_{-\infty}^{\infty} (x - \mu_1')^r f(x)\, \mathrm{d}x \qquad \mu_1 = 0 \qquad (8\text{-}3b)$$

样本的原点矩 m_r' 与中心距 m_r 可由以下公式计算：

$$m_r' = \frac{1}{n}\sum_{i=1}^{n} x_i^r \qquad m_1' = \overline{x} \qquad (8\text{-}3c)$$

$$m_r = \frac{1}{n}\sum_{i=1}^{n} (x_i - \overline{x})^r \qquad m_1 = 0 \qquad (8\text{-}3d)$$

式中，n 为样本容量；x_i 为实测序列；$f(x)$ 为概率密度函数。

变差系数 C_v 定义为

$$C_v = z = \mu_2^{1/2} = \mu_1' \qquad (8\text{-}3e)$$

偏态系数 C_s 定义为

$$C_s = \gamma_1 = \mu_3 / \mu_2^{3/2} \qquad (8\text{-}3f)$$

方差、C_v 和 C_s 总体均值的矩估计量与分布线型无关联性。矩法的优点是分布线型不确定时，依据总体的数字本身特征仍可以估计参数。矩法计算简单，但是实测样本序列容量有限，会出现求矩差，通常把矩法估计参数值作为初值参考。

（2）极大似然法。极大似然法是数理统计中参数估计精度较高的估计方法。1912 年，Fisher 改进了矩法和最小二乘法，提出了基于点参数估计的极大似然法。极大似然法核心思想为：在一次随机实验中如果出现结果 A 和 B，倘若 A 在一次实验中出现，B 没有出现，与 B 相比，A 的出现概率大。

水文随机变量 X 服从确定的概率密度函数 $f(x,\theta)$，就可以采用极大似然法来估计参数 θ。首先构造似然函数 $L(\theta)$ 如下[162]：

$$L(\theta) = L(x_1, x_2, \cdots, x_n; \theta) = \prod_{i=1}^{n} f(x_i, \theta) \tag{8-4a}$$

式中，θ 为需估计的参数；x_i 为随机变量 X 的观测值。

极大似然的估计式：

$$L(\theta) = L(x_1, x_2, L, x_n; \overline{\theta}) = \max \prod_{i=1}^{n} f(x_i, \theta) \tag{8-4b}$$

满足式（8-4a）的参数 θ 称为似然估计值，$\overline{\theta}$ 为取值范围内参数最优解。

在同一 θ 值处 $L(\theta)$ 和 $\ln(L(\theta))$ 都取得极值，实际中极大似然估计值 $\overline{\theta}$ 由下式估计：

$$\frac{\mathrm{d}}{\mathrm{d}\theta} \ln(L(\theta)) \tag{8-4c}$$

极大似然法是精度较高的参数估计方法。运用极大似然法实际求参数时，存在以下问题：一是计算过程与算法较为烦琐、困难；二是需要求偏导数估计参数，对于 C_s 较小的样本资料，方程可能没有实数解；三是当 $C_s > 2$ 时，方程将无实数解。

（3）最大熵原理法。基于最大熵原理估计水文频率分布参数具有较高的精度，统计性能良好，为推求水文频率参数提供了一种新途径。利用最大熵原理，确定约束条件及其所取值，就能求出满足约束条件并使熵最大的分布密度函数，且与直接概率方法所得的结果一致；这样就可以通过对约束条件的研究来确定分布类型，借助确定约束条件的取值进而求出分布密度函数。在确定分布的同时，还可以得到该分布的有关参数，避免了不确定性的增加。

1948 年，Shannon[163]将玻尔兹曼熵的概念引入信息论中，并将熵作为一个随机事件的不确定性或信息量的量度，而概率分布函数可用来描述随机事件不确定性的程度。

如果 x 代表某一随机系统的离散型随机变量，系统处于状态 $x_i (i = 1, 2, \cdots, n)$ 的概率为 $\Pr(x_i)$，则系统的信息熵 H 可以表达为

$$H = -\sum_{i=1}^{n} \Pr(x_i) \cdot \ln \Pr(x_i) \tag{8-5a}$$

如果随机变量 x 为连续型，则系统的信息熵 H 可表达为

$$H = -\int_R f(x) \ln f(x) \mathrm{d}x \tag{8-5b}$$

式中，$f(x)$ 为 x 的概率密度函数。

最大熵分布可使熵在已知样本数据信息的一些约束条件下达到最大值[164]，即

$$\max I = -\int_R f(x)\ln f(x)\mathrm{d}x \tag{8-5c}$$

$$\text{s.t.} \int_R x^n f(x)\mathrm{d}x = \mu_n \qquad n=1,2,\cdots,N \tag{8-5d}$$

式中，由样本确定的 μ_n 为第 n 阶原点矩。

最大熵原理参数估计方程推求步骤如下。

（1）约束条件由已知概率密度分布反求：

$$\int_R x^n f(x)\mathrm{d}x = \mu_n \qquad n=1,2,\cdots,N \tag{8-5e}$$

（2）推导由拉格朗日乘子描述的最大熵分布的概率密度函数方程式：

$$\max I = -\int_R f(x)\ln f(x)\mathrm{d}x \tag{8-5f}$$

$$\text{s.t.} \int_R x^n f(x)\mathrm{d}x = \mu_n \qquad n=1,2,\cdots,N \tag{8-5g}$$

引入拉格朗日乘子 $\lambda_n(n=0,1,\cdots,N)$，作目标的泛函 L，即

$$L = H + \sum_{n=0}^{N}\lambda_n\left[\int_R x^n f(x)\mathrm{d}x - \mu_n\right] \tag{8-5h}$$

令 L 对 $f(x)$ 的变分 δL 取 0，即

$$\delta L = -\int_R[1+\ln f(x)]\delta f(x)\mathrm{d}x + \sum_{n=0}^{N}\lambda_n\int_R x^n\delta f(x)\mathrm{d}x$$

$$= \int_R\left[-1-\ln f(x)+\sum_{n=0}^{N}\lambda_n x^n\right]\delta f(x)\mathrm{d}x \tag{8-5i}$$

鉴于 $\delta f(x)$ 的任意性，式（8-5i）方括号内值须等于 0。用 λ_0 取代 λ_0-1，得

$$\ln f(x) = \lambda_0 + \sum_{n=1}^{N}\lambda_n x^n \tag{8-5j}$$

即

$$f(x) = \mathrm{e}^{\lambda_0 + \sum_{n=1}^{N}\lambda_n x^n} \tag{8-5k}$$

此式即为最大熵分布的概率密度函数的解析式。

（3）推导线性参数和拉格朗日乘子之间的关系式。

（4）通过拉格朗日乘子间的偏导关系，推导拉格朗日乘子和约束条件间的关系式。

（5）消去拉格朗日乘子，建立线性参数与约束条件间的关系，即参数估计方程组。

2. 水文频率分布线型

（1）正态分布。正态分布的概率密度函数如下：

$$f(x) = \frac{1}{\beta\sqrt{2\pi}}\mathrm{e}^{\left[-\frac{(x-\alpha)^2}{2\beta^2}\right]} \tag{8-6a}$$

正态分布的分布函数如下：

$$F(x) = \int_{-\infty}^{x} \frac{1}{\beta\sqrt{2\pi}} e^{-\left[\frac{(x-\alpha)^2}{2\beta^2}\right]} dx \qquad (8\text{-}6b)$$

式中，x 取值范围为 $-\infty < x < \infty$；$\beta^2 > 0$；α 和 β 为分布参数，α 为随机变量均值，即位置参数，β 为标准差，也称为形状参数。

正态分布两个参数需要估计，令 $\alpha_1 = \alpha$，$\alpha_2 = \beta$。

矩法的参数估计式为

$$\hat{\alpha}_1 = m_1' \qquad (8\text{-}6c)$$

$$\hat{\alpha}_2^2 = m_2 \qquad (8\text{-}6d)$$

极大似然法参数估计式为

$$\hat{\alpha}_1 = \frac{1}{n}\sum_{i=1}^{n} x_i = m_1' \qquad (8\text{-}6e)$$

$$\hat{\alpha}_2^2 = \frac{1}{n}\sum_{i=1}^{n} (x_i - \hat{\alpha}_1)^2 = m_2 \qquad (8\text{-}6f)$$

最大熵原理法参数估计式为

$$\int_{-\infty}^{\infty} f(x)\,dx = 1 \qquad (8\text{-}6g)$$

$$\int_{-\infty}^{\infty} x f(x)\,dx = E[x] = \overline{x} \qquad (8\text{-}6h)$$

$$\int_{-\infty}^{\infty} x^2 f(x)\,dx = E[x^2] = s_x^2 + \overline{x}^2 \qquad (8\text{-}6i)$$

式中，$\overline{x}$ 和 s_x^2 分别是 x 的均值和方差。

（2）极值分布。极值 I 型分布概率密度函数如下：

$$f(x) = \frac{1}{\alpha} \exp\left[-\left(\frac{x-\beta}{\alpha}\right) - e^{-\left(\frac{x-\beta}{\alpha}\right)}\right] \qquad (8\text{-}7a)$$

极值 I 型分布的分布函数如下：

$$F(x) = \exp\left[-e^{-\left(\frac{x-\beta}{\alpha}\right)}\right] \qquad (8\text{-}7b)$$

式中，x 的取值范围为 $-\infty < x < \infty$；α 为尺度参数，$\alpha > 0$；β 为形状参数，$-\infty < \beta < x$。

矩法参数估计式为

$$\hat{\alpha} = \frac{\sqrt{6}}{\pi}\sqrt{m_2} = 0.7797\sqrt{m_2} \qquad (8\text{-}7c)$$

$$\hat{\beta} = m_1' - 0.45005\sqrt{m_2} \qquad (8\text{-}7d)$$

极大似然法参数估计式为

$$a_{n+1} = a_n - F(a_n) / F'(a_n) \qquad (8\text{-}7e)$$

$$F(a_n) = \sum_{i=1}^{n} x_i e^{-x_i/\alpha} - \left(\frac{1}{n}\sum_{i=1}^{n} x_i - a\right)\sum_{i=1}^{n} x_i e^{-x_i/\alpha} = 0 \qquad (8\text{-}7\text{f})$$

$$F'(a_n) = \frac{\mathrm{d}F(\alpha)}{\mathrm{d}\alpha} = \frac{1}{\alpha^2}\sum_{i=1}^{n} x_i^2 e^{-x_i/\alpha} + \sum_{i=1}^{n} e^{-x_i/\alpha} + \frac{1}{\alpha}\sum_{i=1}^{n} x_i e^{-x_i/\alpha} \qquad (8\text{-}7\text{g})$$

由以上式子，采用牛顿迭代计算出 $\hat{\alpha}$ ，$\hat{\beta}$ 则采用下式计算：

$$\hat{\beta} = \hat{\alpha}\ln\left[\frac{n}{\sum_{i=1}^{n} e^{-x_i/\hat{\alpha}}}\right] \qquad (8\text{-}7\text{h})$$

最大熵原理法参数估计式为

$$\bar{x} = \beta + 0.5772\alpha \qquad (8\text{-}7\text{i})$$

$$E\left[e^{-\frac{(x-\beta)}{\alpha}}\right] = 1 \qquad (8\text{-}7\text{j})$$

（3）P-III分布。P-III分布概率密度函数如下：

$$f(x) = \frac{1}{\alpha\Gamma(\beta)}\left(\frac{x-\gamma}{\alpha}\right)^{\beta-1} e^{-\left(\frac{x-\gamma}{\alpha}\right)} \qquad (8\text{-}8\text{a})$$

P-III分布的分布函数如下：

$$F(x) = \frac{1}{\alpha\Gamma(\beta)}\int_0^{\infty}\left(\frac{x-\gamma}{\alpha}\right)^{\beta-1}\exp\left(-\frac{x-\gamma}{\alpha}\right)\mathrm{d}x \qquad (8\text{-}8\text{b})$$

式中，x 的取值范围为 $\gamma<x<\infty$ ；α 为尺度参数，$\alpha>0$ ；β 为形状参数，$\beta>0$ ；γ 为位置参数，$0<\gamma<x$ ；其中，$\Gamma(\beta)$ 为 Gamma 函数，具体形式为

$$\Gamma(\beta) = \int_0^{\infty} t^{\beta-1} e^{-t}\mathrm{d}t \qquad (8\text{-}8\text{c})$$

矩法参数估计式为

$$\hat{\beta} = (2/C_s)^2 \qquad (8\text{-}8\text{d})$$

$$\hat{\alpha} = \sqrt{m_2/\hat{\beta}} \qquad (8\text{-}8\text{e})$$

$$\hat{\gamma} = m_1' - \sqrt{m_2\hat{\beta}} \qquad (8\text{-}8\text{f})$$

P-III分布极大似然法参数值：

$$\frac{N\beta}{\alpha} - \frac{1}{\alpha^2}\sum_{i=1}^{N}(x_i-\gamma) = 0 \qquad (8\text{-}8\text{g})$$

$$-N\Psi(\beta) + \sum_{i=1}^{N}\log\left(\frac{x_i-\gamma}{\alpha}\right) = 0 \qquad (8\text{-}8\text{h})$$

$$\frac{N}{\alpha} - (\beta-1)\sum_{i=1}^{N}\frac{1}{(x_i-\gamma)} = 0 \qquad (8\text{-}8\text{i})$$

$$\Psi(\beta) = \partial\log\Gamma(\beta)/\partial\beta = \Gamma'(\beta)/\Gamma(\beta) \qquad (8\text{-}8\text{j})$$

最大熵原理法参数估计式为

$$E(x) = \gamma + \alpha\beta \tag{8-8k}$$

$$\sigma^2(x) = \alpha^2\beta \tag{8-8l}$$

$$E[\ln(x - \gamma)] = \Psi(\beta) - \ln\left(\frac{1}{\alpha}\right) \tag{8-8m}$$

（4）Logistic 分布。Logistic 分布概率密度函数如下：

$$f(x) = \frac{(\beta / \alpha)(x / \alpha)^{\beta-1}}{[1 + (x / \alpha)^\beta]^2} \tag{8-9a}$$

Logistic 分布的分布函数如下：

$$f(x) = \frac{(x / \alpha)^\beta}{1 + (x / \alpha)^\beta} \tag{8-9b}$$

式中，$x > \infty$；$\alpha > 0$；$\beta \geqslant 1$。

Logistic 分布的矩法参数估计方程式：

$$E[x] = \alpha B(1 + 1 / \beta, 1 - 1 / \beta) \qquad \beta \geqslant 1 \tag{8-9c}$$

$$B(m, n) = \frac{\Gamma(m)\Gamma(n)}{\Gamma(m + n)} \tag{8-9d}$$

$$E[x^2] = \alpha^2 B(1 + 2 / \beta, 1 - 2 / \beta) \tag{8-9e}$$

Logistic 分布的极大似然法参数估计值，由以下方程式联立求解：

$$2\sum_{i=1}^n \left[\frac{(x_i / \alpha)^\beta}{1 + (x_i / \alpha)^\beta}\right] = n \tag{8-9f}$$

$$2\beta\sum_{i=1}^n \left[\frac{\ln(x_i / \alpha)(x_i / \alpha)^\beta}{1 + (x_i / \alpha)^\beta}\right] - \beta\sum_{i=1}^n \ln(x_i / \alpha) - n = 0 \tag{8-9g}$$

最大熵原理法参数估计方程式为

$$E\left[\ln\left(\frac{x}{\alpha}\right)\right] = 0 \tag{8-9h}$$

$$E\left\{\ln\left[1 + \left(\frac{x}{\alpha}\right)\right]^\beta\right\} = 1 \tag{8-9i}$$

（5）Pareto 分布。Pareto 分布概率密度函数如下：

$$f(x) = \beta\alpha^\beta x^{-\beta-1} \tag{8-10a}$$

Pareto 分布的分布函数如下：

$$F(x) = 1 - \left(\frac{\alpha}{x}\right)^\beta \tag{8-10b}$$

式中，$x > \alpha$；$\alpha > 0$；$\beta \geqslant 0$。

矩法参数估计式为

$$\hat{\beta} = 1 + \left(1 + \frac{1}{C_v^2}\right)^{0.5} \qquad \text{Pe} = k/(n+1) \tag{8-10c}$$

$$\hat{\alpha} = \frac{\overline{x}(\beta - 1)}{\beta} \tag{8-10d}$$

参数 β 的极大似然估计值为

$$\beta = \frac{n}{\sum_{i=1}^{n} \ln x_i - n \ln \alpha} \tag{8-10e}$$

由于似然函数 L 与参数 α 的无穷数有关，无法通过对似然函数 L 求 α 的偏导数求得 α 的估计值。Pareto 分布不能通过极大似然法进行参数估计。

最大熵原理法参数估计式为

$$\frac{1}{\beta} + \ln \alpha = E[\ln x] \tag{8-10f}$$

$$\frac{1}{\beta^2} = \text{var}(\ln x) \tag{8-10g}$$

3. 水文频率分布线型拟合优选

采取 OLS（ordinary least squares）准则和 AIC（an information criterion）准则，对各水文频率分布线型拟合精度进行检验，将矩法、极大似然法和最大熵原理法计算结果进行拟合度检验，通过对比分析，选出径流和 ET_0 各自最优参数估计方法及分布线型。

OLS 准则定义为离差平方和最小准则，用来度量计算序列和实测序列之间的误差大小。OLS 值越小，参数估计方法越好，线型越优。OLS 可以表达为[165]

$$\text{OLS} = \sqrt{\frac{1}{n} \sum_{i=1}^{n} (\text{Per}_i - \text{Pr}_i)^2} \tag{8-11}$$

式中，n 为样本容量；Per_i 为经验频率，由期望公式计算，即 $\text{Per}_i = k/(n+1)$，其中，k 为实测序列降序后的序号；Pr_i 为理论频率，也称为超过概率，有 $\text{Pr}_i = 1 - F(x)$。

AIC 准则能度量分布线型和实测序列之间的偏差。AIC 值越小，参数估计方法越好，线型越好。AIC 可以表达为

$$\text{MSE} = \frac{1}{n} \sum_{i=1}^{n} (\text{Per}_i - \text{Pr}_i)^2 \tag{8-12}$$

$$\text{AIC} = n \ln(\text{MSE}) + 2m \tag{8-13}$$

式中，m 为参数个数。

Copula 相关理论与随机变量丰枯组合频率计算公式见第 3 章。

8.3　水土资源优化配置大系统优化模型

8.3.1　模型构建框架

　　水土资源优化配置大系统优化模型分为两层，其结构如图 8-2 所示。根据大系统分解协调理论，建立灌区水资源优化配置双层模型，对不同子系统间及子系统内不同作物间的水量和种植结构进行协调优化。第一层模型为单目标非线性规划模型，以经济效益最大化最优为目标函数，对各子系统中的作物单元之间的灌溉水量和种植面积进行最优分配；第二层模型为多目标非线性规划模型，在考虑区域最大经济效益的同时，考虑水资源配置公平性和生态环境保护问题，对不同子系统间的灌溉水量和种植面积进行决策。将所构建的模型用于锦西灌区，对锦西灌区的不同粮食作物和经济作物进行水资源优化配置，旨在确定各供需水情景下灌区最优作物的配水量和种植结构方案。

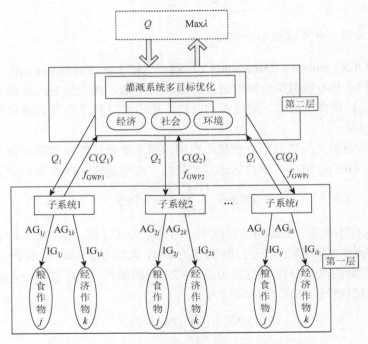

图 8-2　基于大系统分解协调理论的两层优化结构

Q 为总灌溉供水量；f_{GWP} 为温室气体排放系数；AG 为种植面积；IG 为田间灌溉水量；λ 为满意度；Q_i 为灌溉供水量效益函数

（1）第一层：子系统内各作物间灌溉水量和种植面积优化分配。该层构建单目标非线性规划模型。粮食产量是农业生产所关注的核心目标之一，并直接关系农业经济效益。因此，本层的目标函数是经济效益最大。通过优化各子系统内的不同作物的灌溉水量和种植面积，实现各子系统内的经济效益最大化。模型如下：

$$\max F_i = \sum_{j=1}^{J} PG_j \cdot YAG_{ij} \cdot AG_{ij} + \sum_{k=1}^{K} PC_k \cdot YAE_{ik} \cdot AE_{ik} - \left(\sum_{j=1}^{J} CG_j \cdot AG_{ij} + \sum_{k=1}^{K} CE_k \cdot AE_{ik} \right)$$
$$- \left[CSW \cdot \left(\sum_{j=1}^{J} SIQ_{ij} \cdot AG_{ij} + \sum_{k=1}^{K} SIQ_{ik} \cdot AE_{ik} \right) \right.$$
$$\left. + CGW \cdot \left(\sum_{j=1}^{J} GIQ_{ij} \cdot AG_{ij} + \sum_{k=1}^{K} GIQ_{ik} \cdot AE_{ik} \right) \right] \tag{8-14a}$$

具体约束条件包括：

a. 地表水可供水量：

$$\left(\sum_{j=1}^{J} SIQ_{ij} \cdot AG_{ij} + \sum_{k=1}^{K} SIQ_{ik} \cdot AE_{ik} \right) \Big/ \eta^{swr} \leqslant Q_{is} \tag{8-14b}$$

b. 地下水可供水量：

$$\left(\sum_{j=1}^{J} GIQ_{ij} \cdot AG_{ij} + \sum_{k=1}^{K} GIQ_{ik} \cdot AE_{ik} \right) \Big/ \eta^{gro} \leqslant Q_{ig} \tag{8-14c}$$

c. 田间灌溉用水约束：

$$\partial_j \cdot ET_{c_j} \leqslant IQ_{ij} \leqslant ET_{c_j}, \quad \partial_k \cdot ET_{c_k} \leqslant IQ_{ik} \leqslant ET_{c_k} \tag{8-14d}$$

d. 粮食安全约束：

$$\sum_{j=1}^{n} (YAG_{ij} \cdot AG_{ij}) \geqslant PO_i \cdot Pf \tag{8-14e}$$

e. 种植面积约束：

$$\sum_{j=1}^{J} YAG_{ij} + \sum_{k=1}^{K} YAE_{ik} \leqslant A_i$$
$$AG_{ij\min} \leqslant AG_{ij} \leqslant AG_{ij\max} \tag{8-14f}$$
$$AE_{ik\min} \leqslant AE_{ik} \leqslant AE_{ik\max}$$

式中，i 为子系统编号（$i = 1, 2, \cdots, I$）；j 为粮食作物类型（$j = 1, 2, \cdots, J$）；k 为经济作物类型（$k = 1, 2, \cdots, K$），F_i 为子系统灌溉效益（元）；AG_{ij}、AE_{ik} 分别为子系统 i 内粮食作物、经济作物种植面积（hm²）；$AG_{ij\min}$、$AG_{ij\max}$ 分别为子系统

i 内粮食作物种植最小面积、最大面积（hm²）；$AE_{ik\min}$、$AE_{ik\max}$ 分别为子系统 i 内经济作物种植的最小面积、最大面积（hm²）；YAG_{ij} 为子系统 i 内粮食作物单元 j 的产量（kg/hm²）；YAE_{ik} 子系统 i 内经济作物单元 k 的产量（kg/hm²）；Q_{ig} 为子系统 i 内的可用地下灌溉水量（m³）；Q_{is} 为子系统 i 内的可用地表灌溉水量（m³）；$IQ_{ij} = GIQ_{ij} + SIQ_{ij}$，为子系统 i 内粮食作物单元 j 的田间灌溉量（m³/hm²）（首字母 G 和 S 分别代表地下水和地表水）；$IQ_{ik} = GIQ_{ik} + SIQ_{ik}$，为子系统 i 内经济作物单元 k 的田间灌溉量（m³/hm²）（首字母 G 和 S 分别代表地下水和地表水）；ET_{c_j} 为粮食作物单元 j 的作物蒸散发量（m³/hm²）；ET_{c_k} 为经济作物单元 k 的作物蒸散发量（m³/hm²）；PG_j 为粮食作物单元 j 的市场价格（元/kg）；PC_k 为经济作物 k 的市场价格（元/kg）；CG_j 为粮食作物单元 j 的种植成本（元/hm²）；CE_k 为经济作物单元 k 的种植成本（元/hm²）；CGW、CSW 分别为地下水、地表水灌水价格（元/m³）；Pf 为人均粮食占有量（kg/人）；PO_i 为子系统人口数量；η^{swr}、η^{gro} 分别为地表水利用系数、地下水利用系数；∂_j、∂_k 分别为粮食作物需水量利用系数、经济作物需水量利用系数。

（2）第二层：子系统间灌溉配水和面积优化。第二层建立多目标水资源配置模型，获得区域最大经济效益的同时，考虑用水公平性与生态环境保护问题。寻求子系统的最优配水和种植方案。

所包含的具体目标函数如下：

a. 经济目标：整个灌溉系统的灌溉总效益（各子系统灌溉效益的总和减去管理运行成本）最大。

$$f_1(x) = \max\left(\sum_{i=1}^{n} C(Q_i) \times (Q_{is} + Q_{ig}) - \left(\sum_{i=1}^{n} \delta^{swr} \times Q_{is} + \sum_{i=1}^{n} \delta^{gro} \times Q_{ig}\right)\right) \qquad (8\text{-}15a)$$

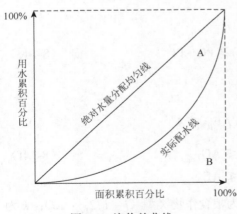

图 8-3　洛伦兹曲线

b. 社会目标：基尼系数可用来描述各子区域间的分配公平性。对于灌溉用水分配，基尼系数越小，分配越均衡，越有利于社会稳定。基尼系数的取值范围为 0～1。本章的重点是农业灌溉系统，水资源是主要限制因素，灌溉水分配的公平性和均衡性对水资源的可持续分配具有重要影响。根据图 8-3 的洛伦兹曲线可以计算出基尼系数。基尼系数 = 区域 A/（区域 A + 区域 B）。

社会目标函数可以表示为

$$\min \mathrm{Gini} = \frac{1}{2I \sum\limits_{i=1}^{I} \left(\dfrac{Q_{is} + Q_{ig} + \mathrm{Ep}_i}{\mathrm{Po}_i} \right)} \sum_{i=1}^{I} \sum_{k=1}^{I} \left| \left(\frac{Q_{ls} + Q_{lg} + \mathrm{Ep}_l}{\mathrm{Po}_l} \right) - \left(\frac{Q_{ks} + Q_{kg} + \mathrm{Ep}_k}{\mathrm{Po}_k} \right) \right| \quad (8\text{-}15\mathrm{b})$$

c. 环境目标：以温室气体（包括 CO_2、CH_4、N_2O）排放为衡量指标，利用全球增温潜势来表示。全球增温潜势是给定物质在一定时间积分范围内与 CO_2 相比而得到的相对辐射影响值。其中，f_{CO_2} 为单位面积 CO_2 排放系数（kg CO_2eq/hm^2）；f_{CH_4} 为单位面积 CH_4 排放系数（kg CO_2eq/hm^2）；f_{N_2O} 为单位面积 N_2O 排放系数（kg N_2O/hm^2）。44 为 CO_2 的分子量，而 12 是 CO_2 分子中 C 的分子量；16 为 CH_4 的分子量，而 12 是 CH_4 分子中 C 的分子量；44 为 N_2O 的分子量，而 28 是 N_2O 分子中 N 的分子量。以 100 年影响尺度计，1kg 的 CH_4 的增温效应是 1kg 的 CO_2 的 21 倍，而 1kg 的 N_2O 的增温效应是 1kg 的 CO_2 的 310 倍。

$$\min \mathrm{ENI}^{\mathrm{GWP}} = \left(\sum_{i=1}^{n} A_i \times \left(f_{CO_2} \times \frac{44}{12} + f_{CH_4} \times \frac{16}{12} \times 21 + f_{N_2O} \times \frac{44}{28} \times 310 \right) \right) \quad (8\text{-}15\mathrm{c})$$

对于农田系统，CO_2 的排放主要是使用肥料、农药、柴油和用于农田灌溉的电力所产生的。因此，f_{CO_2} 表达为

$$f_{CO_2} = \sum_{i=1}^{I} \sum_{j=1}^{J} \mathrm{AG}_{ij} \cdot (\varepsilon^{\mathrm{fer}} D_j^{\mathrm{fer}} + \varepsilon^{\mathrm{pes}} D_j^{\mathrm{pes}} + \varepsilon^{\mathrm{dies}} D_j^{\mathrm{dies}} + \varepsilon^{\mathrm{af}} D_j^{\mathrm{af}} + \varepsilon^{\mathrm{ei}} D_j^{\mathrm{ei}}) \Bigg/ \left(\sum_{i=1}^{I} \sum_{j=1}^{J} \mathrm{AG}_{ij} + \sum_{i=1}^{I} \sum_{k=1}^{K} \mathrm{AG}_{ik} \right)$$
$$+ \sum_{i=1}^{I} \sum_{k=1}^{K} \mathrm{AG}_{ik} \cdot (\varepsilon^{\mathrm{fer}} D_k^{\mathrm{fer}} + \varepsilon^{\mathrm{pes}} D_k^{\mathrm{pes}} + \varepsilon^{\mathrm{dies}} D_k^{\mathrm{dies}} + \varepsilon^{\mathrm{af}} D_k^{\mathrm{af}} + \varepsilon^{\mathrm{ei}} D_k^{\mathrm{ei}}) \Bigg/ \left(\sum_{i=1}^{I} \sum_{j=1}^{J} \mathrm{AG}_{ij} + \sum_{i=1}^{I} \sum_{k=1}^{K} \mathrm{AG}_{ik} \right)$$
$$(8\text{-}15\mathrm{d})$$

田间 CH_4 主要是稻田排放，可通过稻田的种植面积与单位面积 CH_4 排放量相乘来估算。则 f_{CH_4} 表示为

$$f_{CH_4} = \sum_{i}^{I} \alpha_i \times \mathrm{AG}_{ij=\mathrm{rice}} \Bigg/ \left(\sum_{i=1}^{I} \sum_{j=1}^{J} \mathrm{AG}_{ij} + \sum_{i=1}^{I} \sum_{k=1}^{K} \mathrm{AG}_{ik} \right) \quad (8\text{-}15\mathrm{e})$$

田间 N_2O 排放包括土壤中肥料的硝化与反硝化所产生的和作物本底排放的。f_{N_2O} 表示为

$$f_{N_2O} = \left[\sum_{i=1}^{I} \sum_{j=1}^{J} \mathrm{AG}_{ij} \times (\beta_j + D_j^{\mathrm{fer}} \cdot \chi) \right.$$
$$\left. + \sum_{i=1}^{I} \sum_{k=1}^{K} \mathrm{AG}_{ik} \times (\beta_k + D_k^{\mathrm{fer}} \cdot \chi) \right] \Bigg/ \left(\sum_{i=1}^{I} \sum_{j=1}^{J} \mathrm{AG}_{ij} + \sum_{i=1}^{I} \sum_{k=1}^{K} \mathrm{AG}_{ik} \right) \quad (8\text{-}15\mathrm{f})$$

具体约束条件如下。

灌溉系统总可用地表水量约束：

$$\sum_{i=1}^{n} Q_{is} \leqslant Q_{\mathrm{s}} \quad (8\text{-}15\mathrm{g})$$

灌溉系统总可用地下水量约束：

$$\sum_{i=1}^{n} Q_{ig} \leqslant Q_g \tag{8-15h}$$

灌溉子系统灌溉水量约束：

$$\partial_j \cdot ET_{c_j} \cdot AG_{ij\,min} + \partial_k \cdot ET_{c_k} \cdot AG_{ik\,min} \leqslant Q_i \leqslant ET_{c_j} \cdot AG_{ij\,max} + ET_{c_k} \cdot AG_{ik\,max} \tag{8-15i}$$

灌溉子系统种植面积约束：

$$\sum_{j=1}^{J} AG_{ij\,min} + \sum_{k=1}^{K} AG_{ik\,min} \leqslant A_i \leqslant \sum_{j=1}^{J} AG_{ij\,max} + \sum_{k=1}^{K} AG_{ik\,max} \tag{8-15j}$$

式中，$C(Q_i)$ 为子系统灌溉净效益，其是以灌溉配水（地表水和地下水）为决策变量的函数；A_i 为子系统 i 内总种植面积（hm^2）；Q_g 为整个灌区系统总可用地下灌溉水量（m^3）；Q_s 为整个灌区系统总可用地表灌溉水量（m^3）；Q_i 为分配至子系统 i 总灌溉量（$Q_i = Q_{ig} + Q_{is}$）（m^3）；Ep_i 为子系统 i 内降水量（m^3/hm^2）；δ^{swr} 和 δ^{gro} 分别为地表水管理成本和地下水管理成本（元/m^3）；ε^{fer}、ε^{pes}、ε^{dies}、ε^{af}、ε^{ei} 分别为化肥、农药、柴油、农膜、灌溉用电碳排放系数（kg CO_2eq/kg）；D_j^{fer}、D_j^{pes}、D_j^{dies} 分别为粮食作物的化肥、农药、农膜用量（kg/hm^2）；D_j^{af} 为粮食作物的农膜用量（kg/hm^2）；D_j^{ei} 为粮食作物的灌溉用电（kWh/hm^2）；D_k^{fer}、D_k^{pes}、D_k^{dies} 分别为经济作物的化肥、农药、农膜用量（kg/hm^2）；D_k^{ei} 为经济作物的灌溉用电（kWh/hm^2）；D_k^{af} 为经济作物的农膜用量（kg/hm^2）；α 为稻田单位面积的 CH_4 排放量（kg/hm^2）；β_j 和 β_k 为作物的本底 N_2O 排放系数（kg/hm^2）（下角标 j 和 k 分别代表粮食作物和经济作物）；χ 为化肥的 N_2O 排放系数（kg/kg）。

8.3.2 模型求解步骤

本章建立的大系统分解协调模型为双层模型，两层模型独立求解。首先求解第一层模型，把得到的最优解输入第二层模型中，在此基础上进行第二层模型优化，两层之间反复迭代直到达到最优。具体求解步骤如下。

（1）在第一层中，利用初始给定的各自子系统内的可供水量 Q_i（即 $Q_{ig} + Q_{is}$）、作物蒸散发量（ET_0），得到子系统的各作物灌溉水量和种植面积，最大净灌溉效益 F_i 以及温室气体相关系数 f_{CO_2}、f_{CH_4}、f_{N_2O}。

（2）将第一层求解的净灌溉效益以灌溉量和效益的关系函数 [即 $C(Q_i)$] 输入第二层的经济目标函数中，第一层中的种植面积以温室气体相关系数 f_{CO_2}、f_{CH_4}、f_{N_2O} 的形式输入第二层的环境目标中。第二层利用隶属函数将多目标转化为给定约束下的满意度 λ，求得一组新的各子系统间的灌溉配水量和种植面积，并输入第一层作为新的协调变量。

（3）利用第二层获得新的协调变量，第一层开始新一轮优化求解并为第二层

提供新的 C_i 和温室气体相关系数，开始第二层新的优化。通过模型反复迭代直到满足以下的终止条件：

$$\frac{|\lambda^{m+1} - \lambda^m|}{\lambda^m} \leqslant \omega \tag{8-16}$$

式中，m 为迭代次数；ω 为两层迭代之间最大容许差值，本书取 0.005。详细解法流程框架如图 8-4 所示。

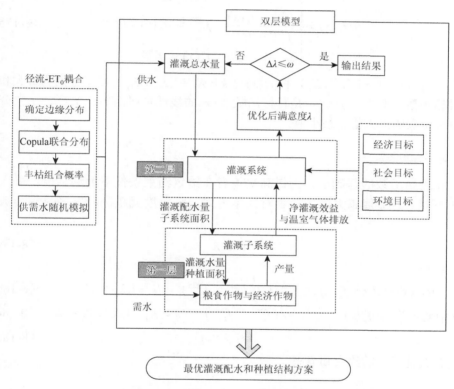

图 8-4　基于不确定性下大系统多目标规划模型框架

1. 隶属函数

灌区水资源优化配置系统存在着多种不确定因素，如气候变化、缺水、土地面积。目标函数将处在不精确和不确定的情况下。目标函数可以用模糊集表示，其简单灵活的结构把多目标函数转化为单目标函数。将多目标函数转换成基于隶属函数的确定性模型，由于线性隶属函数结构简单，而且其是使用最为广泛的函数，所以本章采用线性隶属函数。线性隶属函数可以表达为

对于目标函数最大化（$k = 1, 2, \cdots, K_1$）：

$$\mu f_k(x) = \begin{cases} 0 & f_k(x) < f_k^{\min} \\ \dfrac{f_k(x) - f_k^{\min}}{f_k^{\max} - f_k^{\min}} & f_k(x) \geqslant f_k^{\max} \\ 1 & f_k^{\min} \leqslant f_k(x) < f_k^{\max} \end{cases} \qquad (8\text{-}17a)$$

对于目标函数最小化（ $k = K_1+1, K_1+2, \cdots, K$ ）：

$$\mu f_k(x) = \begin{cases} 1 & f_k(x) < f_k^{\min} \\ \dfrac{f_k^{\max} - f_k(x)}{f_k^{\max} - f_k^{\min}} & f_k^{\min} \leqslant f_k(x) < f_k^{\max} \\ 0 & f_k(x) \geqslant f_k^{\max} \end{cases} \qquad (8\text{-}17b)$$

式中， $f_k(x)$ （ $k = 1,2,\cdots,K_1$ ）和 $f_k(x)$ （ $k = K_1+1, K_1+2, \cdots, K$ ）分别为最大和最小目标函数。其中， $\mu f_k(x)$ 是目标函数 $f_k(x)$ 的线性隶属函数， $f_k^{\max}$ 、 $f_k^{\min}$ 分别是目标函数的最大值、最小值。

2. 转换模型

在隶属函数的基础上，为提高决策者在给定约束条件下的满意度，引入新决策变量 λ 。 λ 值越大，决策者对决策方案的满意度就越高，则多目标函数表示为

$$\max \lambda \qquad (8\text{-}18a)$$

约束：

$$\mu f_k(x) \geqslant \lambda \Leftrightarrow f_k(x) \geqslant f_k^{\min} + \lambda(f_k^{\max} - f_k^{\min}) \quad \forall k = 1,2,\cdots,K_1 \qquad (8\text{-}18b)$$

$$\mu f_k(x) \geqslant \lambda \Leftrightarrow f_k(x) \geqslant f_k^{\max} - \lambda(f_k^{\max} - f_k^{\min}) \quad \forall k = K_1+1, K_1+2, \cdots, K \qquad (8\text{-}18c)$$

$$0 \leqslant \lambda \leqslant 1 \qquad (8\text{-}18d)$$

还包括其他已有的约束和界限。

8.4 灌区农业水资源承载力评价

农业水资源承载力是按照可持续发展的要求，最大能承载的农业规模和人口[166]。农业水资源与经济、社会、生态环境相互耦合，是灌区复杂系统的基本组成要素。为保证人民经济效益和农业规模的良性发展，本章从农业水资源承载力出发，考虑了农业水资源承载力的因素，在前述优化模型结果的基础上，构建评价指标体系。采用基于熵权的 TOPSIS 评估方法对多情景的优化结果进行综合评价，继而对优化结果进行评价分析，为锦西灌区的水资源配置研究提供评价方法。

8.4.1 评价指标体系的建立

农业水资源承载力评价指标体系的建立,既要考虑灌区系统自身的层次结构,又要考虑评价目标本身属性的特征以及各个特征之间的联系[167]。选择的评价指标是否能够反映灌区水资源系统状态及灌区特性,将直接影响评价结果准确性。遵循科学性、适应性、可操作性、区域性、可比性和层次性原则进行农业水资源承载力评价指标体系指标选取和体系建立。考虑锦西灌区实际情况,根据指标建立原则,确定了经济子系统、社会子系统、环境子系统三个准则层及九个评价指标。详见表 8-1。

表 8-1 锦西灌区农业水资源承载能力评价指标体系

目标层	准则层	指标层	指标计算式	指标属性
		A_1 水分生产率指数	(作物产量/ET_c)的加权平均值(kg/hm^2)	+
	A 经济子系统	A_2 粮食单方水产量	单位粮食耗水产量·粮食价格(元/m^3)	+
		A_3 粮食作物产值	粮食产量·价格(万元)	+
农业水资源承载力	B 社会子系统	B_1 人均粮食占有量	粮食产量/人口(kg/人)	+
		B_2 人均水资源量	水资源总量/人口(m^3/人)	+
		B_3 农业缺水量	(作物蒸腾蒸发量–额定灌溉量)·种植面积(万 m^3)	
	C 环境子系统	C_1 农业面源污染物排放量	单位面积污染物排放量·种植面积($10^4 kg$)	–
		C_2 农作物温室气体产生量	单位面积温室气体排放量·种植面积($10^4 kg$)	–
		C_3 地下水开采率	地下水开采量/地下水总量(%)	–

注:"+"表示指标属性越大越好,"–"表示指标属性越小越好。

8.4.2 基于熵权的 TOPSIS 法

本书选取基于熵权的 TOPSIS 评估方法,该方法的优点是避免了权重选取的主观性影响,很好地衡量了农业水资源承载力现状与理想状态的差距,有助于客观地了解其承载力动态变化趋势。步骤如下:

评价指标标准化,有 n 个评价对象,m 个评价指标,由 n 个对象的 m 个指标构成的评价矩阵 X 如下:

$$X = \begin{bmatrix} x_{11} & x_{12} & \cdots & x_{1m} \\ x_{21} & x_{22} & \cdots & x_{2m} \\ \vdots & \vdots & & \vdots \\ x_{n1} & x_{n2} & \cdots & x_{nm} \end{bmatrix} \qquad (8\text{-}19a)$$

式中，x_{ij} 为第 i 种情景第 j 项评价指标值。各指标的数据进行标准化处理，使其指标能够计算与比较。

对于正向指标，其公式为

$$x'_{ij} = \frac{x_{ij} - \min\limits_{1 \le j \le m} x_{ij}}{\max\limits_{1 \le j \le m} x_{ij} - \min\limits_{1 \le j \le m} x_{ij}} \qquad i = 1, 2, \cdots, n; j = 1, 2, \cdots, m \qquad (8\text{-}19\text{b})$$

对于逆向指标，其公式为

$$x'_{ij} = \frac{\max\limits_{1 \le j \le m} x_{ij} - x_{ij}}{\max\limits_{1 \le j \le m} x_{ij} - \min\limits_{1 \le j \le m} x_{ij}} \qquad i = 1, 2, \cdots, n; j = 1, 2, \cdots, m \qquad (8\text{-}19\text{c})$$

标准化后的规范矩阵：

$$\boldsymbol{X}' = \begin{bmatrix} x'_{11} & x'_{12} & \cdots & x'_{1m} \\ x'_{21} & x'_{22} & \cdots & x'_{2m} \\ \vdots & \vdots & & \vdots \\ x'_{n1} & x'_{n2} & \cdots & x'_{nm} \end{bmatrix} \qquad (8\text{-}19\text{d})$$

同时，采用熵权法确定评价指标的权重，与特尔菲法、层次分析法等权重确定方法相比，熵权法是一种比较客观的方法，此方法将统计物理和热力学中的"熵"应用到系统中。直接用已获得的优化方案指标数据，根据数据的离散程度大小，计算指标信息熵 H_j 的大小，求取权重值。具体步骤如下：

（1）计算指标信息熵 H_j：

$$H_j = -(1/\ln m) \cdot \sum_{i=1}^{n} \mathrm{Pr}_{ij} \ln(\mathrm{Pr}_{ij}) \qquad (8\text{-}20\text{a})$$

式中，$\ln$ 为自然对数；$\mathrm{Pr}_{ij} = \dfrac{x'_{ij}}{\sum\limits_{i=1}^{n} x'_{ij}}$，如果 $\mathrm{Pr}_{ij} = 0$，则定义 $\lim\limits_{\mathrm{Pr}_{ij} \to 0} (\mathrm{Pr}_{ij} \ln \mathrm{Pr}_{ij}) = 0$。

（2）计算第 j 项指标的差异性系数 G_j：

$$G_j = 1 - H_j \qquad (8\text{-}20\text{b})$$

（3）计算指标权重 W_j：

$$W_j = \frac{G_j}{\sum\limits_{i=1}^{n} G_j} \qquad j = 1, 2, \cdots, m \qquad (8\text{-}20\text{c})$$

（4）确定正理想解和负理想解。建立加权规范化矩阵 $\boldsymbol{T}$，根据上述得出的标准化矩阵 $\boldsymbol{X}'$ 乘上权重 W_j 得到加权规范化矩阵 $\boldsymbol{T}$：

$$T = W_j \times \boldsymbol{X}' = \begin{bmatrix} w_1 x'_{11} & w_2 x'_{12} & \cdots & w_m x'_{1m} \\ w_1 x'_{21} & w_2 x'_{22} & \cdots & w_m x'_{2m} \\ \vdots & \vdots & & \vdots \\ w_1 x'_{n1} & w_2 x'_{n2} & \cdots & w_m x'_{nm} \end{bmatrix} \tag{8-20d}$$

正理想解，由 T 中每列最大值构成：

$$R^+ = (R_1^+, R_2^+, \cdots, R_n^+)$$
$$= (\max T_{i1}, \max T_{i2}, \cdots, \max T_{in}) \qquad i = 1, 2, \cdots, n \tag{8-20e}$$

负理想解，由 T 中每列最小值构成：

$$R^- = (R_1^-, R_2^-, \cdots, R_n^-)$$
$$= (\max T_{i1}, \max T_{i2}, \cdots, \max T_{in}) \qquad i = 1, 2, \cdots, n \tag{8-20f}$$

计算评价对象到正理想解 D^+ 和负理想解 D^- 的欧几里得距离，计算公式如下：

$$D_i^+ = \sqrt{\sum_{j=1}^{m} (T_{ij} - R_j^+)^2} \qquad i = 1, 2, \cdots, n \tag{8-20g}$$

$$D_i^- = \sqrt{\sum_{j=1}^{m} (T_{ij} - R_j^-)^2} \qquad i = 1, 2, \cdots, n \tag{8-20h}$$

计算评价对象与理想解的相对接近度：

$$R_i = \frac{D_i^-}{D_i^+ + D_i^-} \tag{8-20i}$$

以贴近度表示丰枯情景下优化方案的灌区农业水资源承载力水平的高低。R_i 越大，表明农业水资源承载力越接近最优水平。$R_i = 1$ 时，农业水资源承载力水平最高；$R_i = 0$ 时，农业水资源承载力水平最低。根据相对接近度 R_i，依据等分法原理，为了便于直观评价，将其分为五级指数。数值越大、级别越高，表明农业水资源承载力越好，如表 8-2 所示。

表 8-2　农业水资源承载力等级划分表

	Ⅰ级	Ⅱ级	Ⅲ级	Ⅳ级	Ⅴ级
相对接近度	[0, 0.2)	[0.2, 0.4)	[0.4, 0.6)	[0.6, 0.8)	[0.8, 1]

8.5 模　型　参　数

研究数据主要来源于当地相关规划报告、各年份富锦市年鉴、国家气象科学数据中心网站、水文观测站及相关文献。确定供水和需水的联合概率，需要锦西灌区供水与需水的有关数据，地表水源于松花江径流，因此收集了佳木斯水文站

1954~2015 年的松花江径流数据。要保证地下水可持续利用，对地下水需求不能超过 $1.61 \times 10^8 m^3$。本章作物需水量等于作物的蒸散发量（ET_c），通过将作物系数 K_c 乘以 ET_0 得到 ET_c，每日 ET_0 由彭曼公式估算，ET_0 年值是通过对日值累加得到的。水稻、玉米、大豆的作物系数 K_c 分别是 0.6、0.8、0.78；而蔬菜和瓜果的作物系数为 0.66。锦西灌区 1954~2015 年的径流量与 ET_0 数据系列如图 8-5 所示。

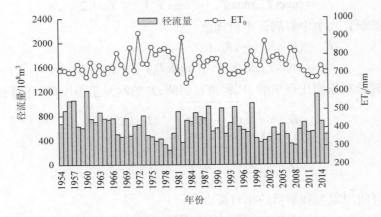

图 8-5　锦西灌区径流量和 ET_0 变化趋势

农作物相关数据如表 8-3 所示，包括价格、种植成本、化肥用量、农药用量、柴油用量、农膜用量、灌溉用电等。

表 8-3　锦西灌区优化模型中基本数据

名称	单位	粮食作物			经济作物	
		水稻	玉米	大豆	蔬菜	瓜果
价格	元/kg	3.16	2.25	5.4	7.2	2.8
种植成本	元/hm²	9589.05	3991.20	3227.25	58470.00	63750.00
化肥用量	kg/hm²	253.05	338.55	154.8	637.2	666.75
农药用量	kg/hm²	16.54	8.46	8.1	22.05	20.16
柴油用量	kg/hm²	248.74	154.53	134.03	91.74	141.9
农膜用量	kg/hm²	14.4	5.25	-	27.6	74.1
灌溉用电	kWh/hm²	1056.01	442.84	442.84	719.1	1192.8
作物需水量利用系数		0.98	0.36	0.32	0.7	0.7

表 8-4 列出了作物与分区的相关数据。其中，包括土地利用的上限和下限，

各种农作物的产量。与模型相关的数据还包括：温室气体排放系数，如化肥、农药、柴油、农膜的碳排放系数分别为 8.2kg CO_2ep/kg、12.1kg CO_2ep/kg、3.7kg CO_2ep/kg、22.7kg CO_2ep/kg，灌溉用电的碳排放系数则为 1.1kg CO_2ep/kWh。水稻 CH_4 排放系数为 80.2kg/hm^2，肥料的 N_2O 排放系数为 0.54kg/kg，水稻、玉米、大豆、蔬菜、瓜果作物本底 N_2O 排放系数分别为 4.59kg/hm^2、2.532kg/hm^2、2.29kg/hm^2、4.944kg/hm^2、4.23kg/hm^2。地表水价格和地下水价格分别为 0.102 元/m^3 和 0.29 元/m^3，地表水和地表水管理价格分别为 0.05 元/m^3 和 0.08 元/m^3，地表水和地下水的利用系数分别为 0.65 和 0.85。四个分区的降水量选取多年平均值 5190m^3/hm^2，锦山分区、头林分区、松花江分区、花马分区人口分别是 4.31 万人、1.62 万人、0.77 万人、1.12 万人。人均粮食需求为 400kg/人。

表 8-4　锦西灌区优化模型中基本数据

名称	符号	单位	作物	分区			
				锦山	头林	松花江	花马
粮食作物最大种植面积	$AG_{ij\,max}$	10^4hm^2	水稻	1.85	2.278	0.53	3.342
			玉米	0.6923	1.7748	0.034	1.3771
			大豆	0.3135	0.9466	0.0042	0.6217
经济作物最大种植面积	$AE_{ik\,max}$	10^4hm^2	蔬菜	0.0156	0.136	0.007	0.0045
			瓜果	0.0536	0.0025	0.0015	0.0083
粮食作物最小种植面积	$AG_{ij\,min}$	10^4hm^2	水稻	1.23	1.43	0.51	1.85
			玉米	0.1919	0.8401	0.0193	0.3818
			大豆	0.0874	0.4481	0.0024	0.1723
经济作物最小种植面积	$AE_{ik\,max}$	10^4hm^2	蔬菜	0.012	0.1	0.005	0.0039
			瓜果	0.046	0.002	0.001	0.006
粮食作物单位面积产量	YAG_{ij}	kg/hm^2	水稻	8511.17	7887.33	8465.67	8511.17
			玉米	9142.8	8545.83	9087.8	9142.8
			大豆	2151.33	1917.67	1988.83	2151.33
经济作物单位面积产量	YAG_{ik}	kg/hm^2	蔬菜	29586.33	31547.17	29958.33	29586.33
			瓜果	43351.33	31359	33344.17	43351.33

8.6　结果分析与讨论

8.6.1　边缘分布参数估计、线型选择与丰枯组合概率

基于国内外相关学者的研究成果，选用正态分布、极值分布、P-III 分布、

Logistic 分布、Pareto 分布 5 种分布函数进行了水文频率参数估计。以佳木斯水文站年径流序列与锦西灌区的作物蒸散发量（ET_0）序列为研究对象，采用矩法、极大似然法、最大熵原理法，通过 MATLAB 编程求解参数估计方程，获得灌区年径流系列和 ET_0 各频率分布的参数，参数结果如表 8-5 所示。

表 8-5 年径流系列与作物蒸散发量（ET_0）分布参数统计值

分布名称	参数	径流量			ET_0		
		矩法	极大似然法	最大熵原理法	矩法	极大似然法	最大熵原理法
正态分布	α	64.76	64.76	64.76	750.59	750.59	750.59
	β	21.57	21.57	21.57	57.85	57.85	57.85
极值分布	α	16.68	23	17.8	44.74	64.73	46.03
	β	55.13	75.94	54.48	724.76	781.10	724.02
P-III分布	α	5.74	8.23	7.67	21.96	19.52	26.18
	β	14.13	6.94	7.9	6.94	3.56	4.88
	γ	−16.31	7.57	4.12	598.14	727.34	622.74
Logistic 分布	α	61.68	61.76	61.23	748.41	744.73	748.46
	β	5.84	5.08	5.17	23.81	23.28	23.56
Pareto 分布	α	49.21	—	43.48	697.02	—	694.04
	β	4.16	—	2.92	14.01	—	13.2

计算的各种分布各参数计算方法的 OLS 和 AIC 值见表 8-6，其中，Pareto 分布参数无法用极大似然估计，所以没有其评价结果。

表 8-6 径流和 ET_0 边缘分布参数拟合检验结果

水文系列	线型	OLS			AIC		
		矩法	极大似然法	最大熵原理法	矩法	极大似然法	最大熵原理法
径流量	正态分布	0.0020	0.0020	0.0020	−767.21	−767.21	−767.21
	极值分布	0.0169	0.01094	0.0197	−502.14	−555.88	−483.08
	P-III分布	0.0003	0.0013	0.011	−1002.72	−821.79	−837.12
	Logistic 分布	0.0456	0.0254	0.0294	−378.80	−451.44	−433.18
	Pareto 分布	2.4130	—	0.6384	113.30	—	−51.638
ET_0	正态分布	0.0023	0.0023	0.0023	−750.81	−750.81	−750.81
	极值分布	0.0176	0.0125	0.0188	−497.15	−538.91	−488.77
	P-III分布	0.0012	0.002	0.0017	−832.02	−763.63	−782.24
	Logistic 分布	0.4253	0.4207	0.424	−102.02	−103.38	−102.39
	Pareto 分布	0.5964	—	0.5505	−60.097	—	−70.016

表 8-6 中 OLS 和 AIC 值结果显示，对于径流量和 ET_0 来说，使用矩法进行参数估计的 P-III 分布 OLS 和 AIC 值都是最小的，其拟合效果较好，故选其为最优边缘分布。径流量服从 P-III 分布函数的 α 尺度参数、β 形状参数、γ 位置参数，分别为 5.74、14.13、−16.31，其分布模型可以表示为

$$F(x) = \frac{1}{5.74\Gamma(14.13)} \int_0^\infty \left(\frac{x+16.31}{5.74} \right)^{13.13} e^{-\left(\frac{x+16.31}{5.74} \right)} dx \qquad (8\text{-}21)$$

ET_0 服从 P-III 分布函数的 α 尺度参数、β 形状参数、γ 位置参数，分别为 21.96、6.94、598.14，其分布可以表示为

$$F(x) = \frac{1}{21.96\Gamma(6.94)} \int_0^\infty \left(\frac{x-598.14}{21.96} \right)^{5.94} e^{-\left(\frac{x-598.14}{21.96} \right)} dx \qquad (8\text{-}22)$$

根据 t-Copula 函数建立径流量和 ET_0 的联合分布模型，可确定锦西灌区径流量与 ET_0 丰枯遭遇的联合分布，其等值线见图 8-6。

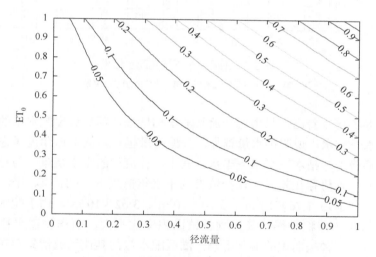

图 8-6　径流量与 ET_0 联合分布等值线

经计算可得锦西灌区径流量与 ET_0 的丰枯遭遇结果，遂有如下结论。

（1）径流量和 ET_0 同平组合的概率为 29.14%，其遭遇频率是九种情景中最大的。同丰组合的概率与同枯组合的概率均为 1.51%，遭遇频率最小。

（2）径流量和 ET_0 丰枯异步遭遇频率中，R（表示径流量）平（枯）ET_0 枯（平）、R 丰（平）ET_0 平（丰）组合的遭遇频率都为 10.43%，其中，R 丰（枯）ET_0 枯（丰）组合的频率为 13.06%。六种丰枯异步遭遇频率差距不明显。

（3）径流量和 ET_0 丰枯同步遭遇频率为 32.16%，远小于丰枯异步频率 67.84%。

8.6.2　大系统优化模型水土资源配置结果

　　通过大系统分解协调方法对优化模型进行求解，获得不同供水情景下的灌溉配水和种植结构的优化方案。计算了径流量和 ET_0 的丰水（Ph = 25%，Ph 表示灌溉水平）、平水（Ph = 50%）、枯水（Ph = 75%）组合的九种丰枯遭遇情景，每种情景下，灌溉配水结果如图 8-7 所示。

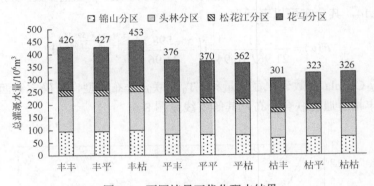

图 8-7　不同情景下优化配水结果

第一个字表示径流情景，第二个字表示 ET_0 情景

　　从图 8-7 可以看出，只考虑径流量的丰枯情景，明显看出配水量的分配为：丰水＞平水＞枯水，说明供水量越大，分配水量越大。从 ET_0 角度考虑，总体配水量大致趋势为：枯水＞平水＞丰水，其中，径流量的平水情景，与径流量的丰水和枯水变化趋势存在差异。在径流量的平水年情景下，ET_0 丰、平、枯三种情景的配水量分别为 $3.76 \times 10^8 m^3$、$3.70 \times 10^8 m^3$、$3.62 \times 10^8 m^3$，由于配水量由作物灌溉水量与作物乘积获得，其作物种植面积变化不大，而作物需水量不同，受作物灌溉水量和种植面积的显著影响，灌区配水量同其他径流情景存在差异。在平水情景中，锦山分区配水量为 $0.81 \times 10^8 m^3$，占总灌溉水量的 21.85%；头林分区配水量为 $1.25 \times 10^8 m^3$，占总灌溉水量的 33.62%；松花江分区配水量为 $0.19 \times 10^8 m^3$，占总灌溉水量的 5.10%；花马分区配水量为 $1.46 \times 10^8 m^3$，占总灌溉水量的 39.43%。在丰枯和枯丰情景中存在着极端情况，在枯丰情景下，灌区为最缺水的情况，应引起决策者的注意，其相应的配水量为 $3.01 \times 10^8 m^3$。根据不同情景的联合概率，得出平均配水为 $3.73 \times 10^8 m^3$。应基于不同供需水的情景，合理地进行水资源配置。

　　图 8-8 和图 8-9 表示了不同情景下作物灌溉水量配置结果。从两幅图中可以看出，作物灌溉水量受供水变化影响较小，不同的径流供水情景下，其作物灌溉

水量变化不大，在较低供水情景下，优化模型同时对作物灌溉水量和种植结构进行优化，在满足约束的条件下，为保障作物生长水量需求，通过减少种植面积，优先保障作物灌溉水量。同时，ET_0 的大小主导着作物灌溉水量变化，ET_0 值增大，相应的作物需水量变大，作物灌溉水量随之增大。例如，选取头林区的平丰和平枯情景下几种作物灌溉水量进行比较，在平丰情景下，水稻、玉米、蔬菜的地表水灌溉量分别为 3423m^3/hm^2、1787m^3/hm^2、2535m^3/hm^2，其地下水灌溉量分别为 1189m^3/hm^2、472m^3/hm^2、1110m^3/hm^2。在平枯情景下，水稻、玉米、蔬菜的地表水灌溉量分别为 3056m^3/hm^2、1787m^3/hm^2、2273m^3/hm^2，其地下水灌溉量分别为 1110m^3/hm^2、440m^3/hm^2、1013m^3/hm^2。由上述分析可知，平丰情景下的灌溉水量明显多于平枯的灌溉水量。灌区主要为地表水灌溉，而且出于对地下水的可持续利用，地表水灌溉水量变化幅度大于地下水。不同供需水情景下水稻、玉米、大豆、蔬菜、瓜果的田间灌溉量范围分别为4166～4613m^3/hm^2、2040～2259m^3/hm^2、1768～1958m^3/hm^2、3287～3646m^3/hm^2、3287～3645m^3/hm^2。比较各作物的灌溉水量，水稻分配的地表水和地下水水量多于其他作物，水稻的经济效益大于玉米、大豆等其他作物，所以在水量分配过程中优先考虑了经济效益高的作物。

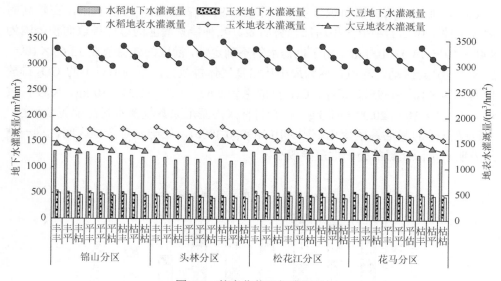

图 8-8　粮食作物田间灌溉量

图 8-10 表示不同情景下各子区域作物种植面积分配结果。从图 8-10 可以看出，随可供水量增加，作物总种植面积呈现增加趋势，在同一种供水情景下，面积随着作物需水量增加而减小，受供需水的制约，灌区种植面积变化显著。由于

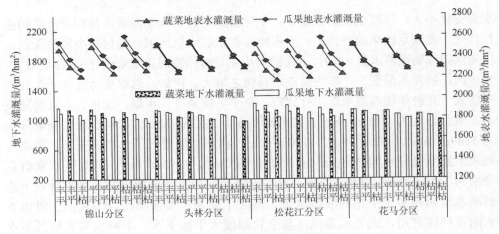

图 8-9 经济作物田间灌溉量

水稻经济效益高，各子区域水稻种植面积所占比例均较高。在锦山分区枯平、平平、丰平三个情景中，对水稻和玉米进行横向对比，水稻的种植面积分别为 $1.28\times10^4hm^2$、$1.44\times10^4hm^2$、$1.66\times10^4hm^2$，玉米的种植面积分别为 $0.47\times10^4hm^2$、$0.54\times10^4hm^2$、$0.62\times10^4hm^2$，以枯平情景为基准，水稻的种植面积分别增加了 12.5%、29.69%，而玉米的种植面积分别增加了 14.89%、31.91%。可以看出，在较高的供水条件下作物的种植面积增加趋势明显。九种情景灌区的总体种植面积范围为 $8.40\times10^4\sim14.0\times10^4hm^2$。由于供需水的不确定性，灌区的效益值在 $13.63\times10^8\sim22.81\times10^8$ 元波动。环境目标为最小化温室气体排放量，不同情景下的 CO_2 排放量为 $4.19\times10^8\sim6.95\times10^8kg$，$CH_4$ 排放量为 $6.62\times10^6\sim11.04\times10^6kg$，$N_2O$ 排放量为 $12.55\times10^6\sim20.92\times10^6kg$。社会目标采用基尼系数权衡水资源配置公平性，不同情景下的基尼系数变化范围为 $[0.3899, 0.3903]$，处于相对合理区间，这一结果表明水资源配置的公平性差异较小。

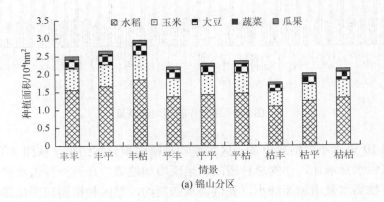

(a) 锦山分区

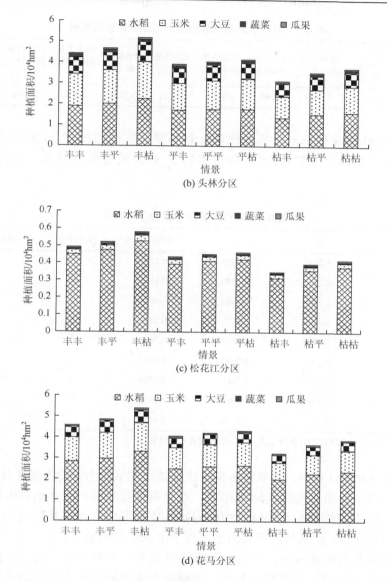

图 8-10 不同情景下作物种植面积

8.6.3 灌区农业水资源承载力

熵权法是对指标特征值进行计算来确定指标的权重,很大程度地消除了人为干扰因素对权重的影响,使得评价结果更加真实。结合优化结果数据,确定各评价指标的权重,见表8-7。

表 8-7 农业水资源承载力评价指标权重计算结果

	水分生产率指数 A_1	粮食单方水产量 A_2	粮食作物产值 A_3	人均粮食占有量 B_1	人均水资源量 B_2	农业缺水量 B_3	农业面源污染物排放量 C_1	农作物温室气体产生量 C_2	地下水开采率 C_3
权重	0.0942	0.1909	0.0999	0.0999	0.1252	0.1108	0.0846	0.0858	0.1088

根据 TOPSIS 模型对锦西灌区的九种情景的优化结果评价，采用熵权法对指标赋权，得出正理想解 D^+ 和负理想解 D^- 以及相对接近度 R_i。计算结果见表 8-8。

表 8-8 农业水资源承载力评价结果

情景	D^+	D^-	相对接近度 R_i	接近度排序	承载力等级
丰丰	0.2552	0.1553	0.3782	8	Ⅱ级
丰平	0.1881	0.1990	0.5140	4	Ⅲ级
丰枯	0.1849	0.2863	0.6076	3	Ⅳ级
平丰	0.2446	0.1391	0.3625	9	Ⅱ级
平平	0.1704	0.1763	0.5086	5	Ⅲ级
平枯	0.1411	0.2427	0.6323	1	Ⅳ级
枯丰	0.2840	0.1867	0.3966	7	Ⅱ级
枯平	0.1962	0.1958	0.4996	6	Ⅲ级
枯枯	0.1629	0.2570	0.6121	2	Ⅳ级

注：情景列第一个字代表径流量情景，第二个字代表 ET_0 情景。

从表 8-8 可以看出，对灌区多情景优化结果的承载力评价都处于Ⅱ～Ⅳ级。其中，平枯情景相对接近为 0.6323，在所有情景中的农业水承载力最好，处于Ⅳ级；而平丰情景是九种情景中相对接近度最低的，相对接近度为 0.3625。从 ET_c 的角度看，枯水年的承载力明显好于丰水年的承载力，丰、平、枯三种情景的承载力等级由差变好，有着明显的上升趋势。从径流量来说，灌区整体呈现相同的变化趋势，没有明显差异，说明农业水资源承载力对作物蒸发、蒸腾量更为敏感。

8.7　本　章　小　结

本章在考虑了作物需水规律及灌区来水过程中存在不确定性的基础上，对锦西灌区的水资源进行多层多目标优化配置，并评估了不同情景优化方案的水资源承载力，旨在探求灌区合理的水资源调控措施。主要结论如下：

（1）对灌区的径流量和 ET_0 水文频率进行线性拟合与参数估计，两者与 P-III 分布拟合最好，且采用矩法进行参数估计的精度最高。以 P-III 分布为边缘分布函数，构建径流量与 ET_0 的 Copula 函数，并对不同 Copula 函数进行拟合优度评价，结果显示：t-Copula 函数作为联结函数，能够准确地描述锦西灌区供需水特征变量（年径流、ET_0）的联合概率分布。分析供需水的丰枯遭遇，其中，概率出现最大情况为同平情景，为 29.14%，丰枯同步遭遇频率为 32.16%，远小于丰枯异步频率 67.84%。

（2）构建了基于供需水不确定性下的大系统多目标规划模型。该模型为两层优化模型，对不同子系统间及子系统内不同作物间的水量和种植结构进行协调优化，能有效地降低灌溉系统不同尺度优化问题的复杂性。第一层为田间尺度，构建了最大经济效益的单目标非线性规划模型，用于求解各子系统中的作物单元之间的灌溉水量和作物面积的最优分配；第二层为灌区尺度，所构建的模型为多目标非线性规划模型，在考虑区域最大经济效益的同时，考虑水资源配置公平性和生态环境保护问题，求解各子系统间的灌溉用水和种植面积的最优决策。在供需水联合分布概率的基础上，获取了不同的供需水情景，作为不确定性参数输入模型中。模型在锦西灌区的应用表明，不同供需水情景下的配水量在 $3.01 \times 10^8 \sim 4.53 \times 10^8 m^3$，根据不同情景的联合概率，得出平均配水为 $3.73 \times 10^8 m^3$，种植面积为 $8.40 \times 10^4 \sim 14.0 \times 10^4 hm^2$。

（3）建立了农业水资源承载力评价体系，采用基于熵权 TOPSIS 法对优化结果进行农业水资源承载力评估。评价结果表明，随着作物蒸发、蒸腾量丰平枯水文年的变化，灌区的承载力也由较差水平逐渐提升为较好水平，灌区总体承载力等级在 II～IV 级。

第9章 灌溉农业耦合 WFEN 的水土资源协同调控

9.1 研 究 概 述

在农业系统中水、粮食和能源之间有着千丝万缕的联系，它们是农业发展的三大基本资源。农业生产关系粮食安全，也是影响能源安全和淡水资源的最大因素[168]。全球范围内，粮食生产约占用淡水消费的 90%，而约 30% 的能源使用量用于粮食生产及其供应链[169]。21 世纪以来，社会发展、世界人口增长和经济发展带来了新的挑战，预计到 2030 年，将会增加 50% 的粮食、40% 的能源和 30% 的水资源的需求，这将加剧水、能源等资源的短缺[170]。因此，如何对有限的水和能源资源进行综合管理，以满足日益增长的粮食需求，是新时期亟待解决的科学问题。

纽带关系（nexus）是处理水、粮食和能源相互联系的有效工具[171-173]。在灌溉农业系统中，水资源用于灌溉，尤其是在干旱地区，灌溉直接决定作物产量和农业利润，灌溉水资源的提取、输送、灌溉和排放过程都需要能源支撑，而水资源的灌溉使用也有助于能源的生产。同时，粮食生产过程中需要大量的能源供给，田间耕作、收割、粮食加工都需要能源支撑，粮食生产在消耗能源的同时，其产生的农业废料也为生物质能的生产提供了原料。

灌溉农业系统中水-粮食-能源纽带关系（water-food-energy nexus，WFEN）的优化过程较为复杂。水、能源和土地资源的综合管理有助于粮食生产，进而提高农业经济效益，但农业生产使用大量水、土地、化肥和农药，导致环境污染，如温室气体排放和非点源污染[174]。此外，灌溉农业系统 WFEN 优化中的输入条件存在高度不确定性。例如，水资源的可利用量对自然和地理条件、技术选择和利用效率都很敏感，这给制订准确的灌区水土资源综合调配方案带来困难[175]。因此，在灌区水土资源综合优化过程中考虑 WFEN，并考虑 WFEN 中涉及的不确定性，对协调灌区经济效益和环境的协同发展具有重要意义。

为解决以上问题，本书提出灌溉农业耦合 WFEN 的水土资源综合优化配置模型及其求解方法，并将其应用于锦西灌区。该模型可以通过数学表达式定量表征灌溉农业中水、粮食、能源各组分之间的互馈关系，将多目标规划、随机边界区间数、模糊集合理论耦合到一个模型框架用以权衡灌区经济发展和环境保护之间的矛盾，有助于提出更可持续的灌区水、土、能资源综合调控方案。本章的技术路线见图 9-1。

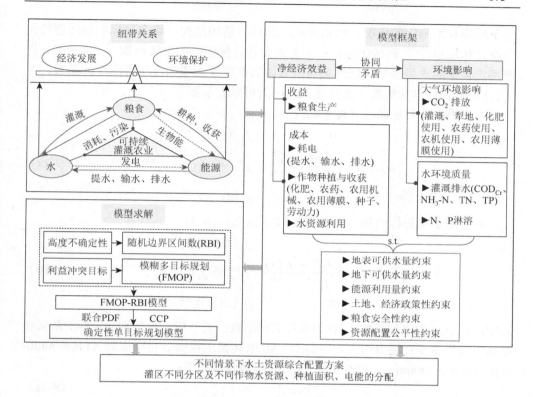

图 9-1　本章技术路线图

9.2　基于 RBI 的模糊多目标规划模型框架

多目标规划（MOP）模型的一般形式可表示为

$$\max f_k(x) = \sum_{j=1}^{t} c_{kj} x_j \qquad \forall \ k = 1, 2, \cdots, K_1 \tag{9-1a}$$

$$\min f_k(x) = \sum_{j=1}^{t} c_{kj} x_j \qquad \forall \ k = K_1 + 1, K_1 + 2, \cdots, K \tag{9-1b}$$

$$\sum_{j=1}^{t} a_{ij} x_j \leqslant b_i \qquad \forall \ i = 1, 2, \cdots, m \tag{9-1c}$$

$$x_j \geqslant 0 \qquad j = 1, 2, \cdots, t \tag{9-1d}$$

式中，$f_k(x)\,(k = 1, 2, \cdots, K_1)$ 和 $f_k(x)\,(k = K_1 + 1, K_1 + 2, \cdots, K)$ 分别为最大和最小目标函数；x_j 为第 j 个决策变量；c_{kj}、a_{ij} 和 $b_i \in \mathbf{R}$，$\mathbf{R}$ 代表一组实数。

现实中，目标函数中的参数随外部环境的变化而变化，如气候变化、水资源短缺和土地利用，即参数的不确定特征，参数的不确定变化导致 MOP 的目标处于不精确和不确定的情况。模糊逻辑因简单灵活的结构可将多目标规划问题转化为单目标规划[176]，而转化的核心就是确定各目标函数的隶属函数。一般来说，很难确定目标的隶属函数。线性隶属函数因其简单性而成为应用最广泛的函数。令$f_k(x)$代表任何目标函数，则线性隶属函数可以表示如下：

对于最大化目标函数（即$k=1,2,\cdots,K_1$），

$$\mu f_k(x) = \begin{cases} 0 & f_k(x) < f_k^{\min} \\ \dfrac{f_k(x) - f_k^{\min}}{f_k^{\max} - f_k^{\min}} & f_k^{\min} \leqslant f_k(x) < f_k^{\max} \\ 1 & f_k(x) \geqslant f_k^{\max} \end{cases} \tag{9-2a}$$

对于最小化目标函数（即$k=K_1+1, K_1+2,\cdots,K$），

$$\mu f_k(x) = \begin{cases} 1 & f_k(x) < f_k^{\min} \\ \dfrac{f_k^{\max} - f_k(x)}{f_k^{\max} - f_k^{\min}} & f_k^{\min} \leqslant f_k(x) < f_k^{\max} \\ 0 & f_k(x) \geqslant f_k^{\max} \end{cases} \tag{9-2b}$$

式中，$\mu f_k(x)$为目标函数$f_k(x)$的线性隶属函数；$f_k^{\min}$和$f_k^{\max}$分别为目标的最低和最高可接受水平；通过引入λ，可以将MOP转换成模糊多目标规划（fuzzy multi-objective programming，FMOP）。FMOP模型表示如下：

$$\max \lambda \tag{9-3a}$$

$$\mu f_k(x) \geqslant \lambda \Longleftrightarrow \sum_{j=1}^{t} c_{kj} x_j \geqslant f_k^{\min} + \lambda(f_k^{\max} - f_k^{\min}) \quad \forall k=1,2,\cdots,K_1 \tag{9-3b}$$

$$\mu f_k(x) \geqslant \lambda \Longleftrightarrow \sum_{j=1}^{t} c_{kj} x_j \leqslant f_k^{\max} - \lambda(f_k^{\max} - f_k^{\min}) \quad \forall k=K_1+1, K_1+2,\cdots,K \tag{9-3c}$$

$$\sum_{j=1}^{t} a_{ij} x_j \leqslant b_i \quad \forall i=1,2,\cdots,m \tag{9-3d}$$

$$x_j \geqslant 0 \quad j=1,2,\cdots,t \tag{9-3e}$$

$$0 \leqslant \lambda \leqslant 1 \tag{9-3f}$$

为了处理多目标问题中存在的参数多重不确定性问题，引入了随机边界区间数（RBI），从而建立了具有随机边界区间的FMOP模型（FMOP-RBI）。关于RBI的详细理论可参看本书第6章内容，本章不再赘述。

假设约束条件式（9-3d）中的b_i是RBI [$\tilde{b}^{\pm} = (\tilde{b}^-, \tilde{b}^+)$]，约束条件式（9-3d）在FMOP-RBI中可以表示为

$$\sum_{j=1}^{t} a_{ij} x_j \leqslant \tilde{b}_i^+ + \lambda(\tilde{b}_i^+ - \tilde{b}_i^-) \quad \forall i=1,2,\cdots,m \tag{9-4a}$$

为了将此不确定性约束转化为确定性约束，令$Z_i = \tilde{b}_i^+ + \lambda(\tilde{b}_i^+ - \tilde{b}_i^-) = \lambda\tilde{b}_i^- +$

$(1-\lambda)\tilde{b}_i^+$。定义 $f(v,w)$ 为 $\tilde{b}^\pm=(\tilde{b}^-,\tilde{b}^+)$ 的联合概率分布，其中，v 是指 $\tilde{b}^-$ 的变量，w 是指 $\tilde{b}^+$ 的变量。则 Z_i 的分布函数可以计算如下：

$$G_i(z,\lambda)=\Pr\{Z_i=\lambda\tilde{b}_i^-+(1-\lambda)\tilde{b}_i^+\leqslant z\}=\iint_{\lambda\tilde{b}_i^-+(1-\lambda)\tilde{b}_i^+\leqslant z}f(v,w)\mathrm{d}v\mathrm{d}w \qquad (9\text{-}5)$$

基于机会约束规划法，约束右端项的随机变量 [即 $Z_i=\lambda\tilde{b}_i^-+(1-\lambda)\tilde{b}_i^+$] 可以离散为对应于不同违约概率的几个确定性数值。因此，约束方程式（9-4a）可以进一步转换成如下形式：

$$\sum_{j=1}^{t}a_{ij}x_j\leqslant Z_i^{P_{di}} \qquad \forall i=1,2,\cdots,m \qquad (9\text{-}4\text{b})$$

式中，$Z_i^{P_{di}}=G_i^{-1}(p_i,\lambda)$ 为 $G_i(z,\lambda)$ 的反函数；$Z_i^{P_{di}}$ 为 λ 的对于不同违约概率的函数。

在上述方法的基础上，通过引入满意度指数 λ，可以将 FMOP-RBI 模型转换为单目标确定性编程模型。在此问题中，λ 不仅表示目标和约束的满足的满意度，还承担表示 RBI 上下限的线性组合参数的作用。

FMOP-RBI 问题的求解步骤可以总结如下：

（1）FMOP-RBI 问题建模。

（2）根据样本计算 RBI 的平均向量和协方差矩阵，模拟 RBI 的联合概率分布。

（3）分别求解每个目标函数，获得每个目标的最大值和最小值以及相应的结果。

（4）确定每个目标函数的隶属函数。

（5）将 FMOP-RBI 模型转换为单目标函数，其目标是最大化 λ。

（6）通过给定违约概率 P_{di} 的机会约束规划方法并引入 λ，将带有 RBI 的不确定性约束转换为等效的确定性形式。

（7）在不同的 P_{di} 值下求解转换后的模型，生成方案。

9.3　WFEO-SIA 模型

在 FMOP-RBI 模型框架的基础上，构建灌溉农业耦合 WFEN 的水土资源综合调控优化模型（WFEO-SIA 模型）。

WFEO-SIA 模型表示了灌溉农业系统中水、粮食和能源之间的相互作用关系，并协调社会经济与环境保护之间的矛盾。因此，该模型的目标函数是使灌溉农业系统中的总净经济收益（收入与成本之差）最大化，并使粮食生产对环境的影响（CO_2 排放和水体中污染物浓度）最小化。WFEO-SIA 模型包括五个主要的约束条件：水的可利用量、能源可利用量、粮食安全、资源分配公平性和土地政策相关约束。

模型将耦合优化农业生产过程中需要的地表水和地下水的总量以及用于粮食生产、取水、抽水、排水的能源用量和农作物的种植面积。

9.3.1　WFEO-SIA 模型参数及变量解释

WFEO-SIA 模型参数与变量解释见表 9-1。

表 9-1　WFEO-SIA 模型参数与变量解释

指标	释义
i	分区索引（ $i=1,2,\cdots,I$ ）
k	作物指数（ $k=1,2,\cdots,k_1$ 水稻，　$k=k_1+1,k_1+2,\cdots K$ 旱作物）
sur	地表水上标
gro	地下水上标
max	最大值标
min	最小值标
COD_{Cr}	化学需氧量上标
$NH_3\text{-}N$	氨氮上标
TN	总氮的上标
TP	总磷的上标
pf	水稻上标
dl	旱田上标
F_{NB}	净收益的目标函数（元）
F_{EI}	环境影响的目标函数（kg）
R	收益（元）
C	成本（元）
ECW	水的能源成本（元）
ECI^{sur}	使用地表水灌溉的能源成本（元）
ECI^{gro}	使用地下水灌溉的能源成本（元）
ECD	排水的能源成本（元）
ECF	粮食的能源成本（元）
WCF	粮食用水成本（元）
AE	大气效应（kg）
WEP	水环境污染（kg）
PC_k	农作物 k 价格（元/kg）
YA_{ik}	分区 i 中作物 k 的单位面积产量（kg/hm²）

续表

指标	释义
EC	能源成本（元/kWh）
HI^{sur}	与地表水有关的水头（m）
μ^{sur}	地表水抽取的效率
IQ_{ik}^{sur}	分区 i 作物 k 的地表水灌溉定额（m^3/hm^2）
IQ_{ik}^{gro}	分区 i 作物 k 的地下水灌溉定额（m^3/hm^2）
H^{lift}	泵扬程（m）
H^{nop}	额定工作压力（m）
$H^{lossess}$	水头损失（m）
μ^{pump}	泵效率
μ^{motor}	电机效率
HD_i	分区 i 排水水头（m）
μ_i^{dra}	分区 i 排水效率
DM_k	作物 k 的排水模数[$m^3/(d \cdot hm^2)$]
T_k	分区 i 作物 k 的排水天数（d）
δ_k^{fer}	作物 k 肥料成本（元/hm^2）
δ_k^{pes}	作物 k 农药成本（元/hm^2）
δ_k^{mac}	作物 k 农机柴油成本（元/hm^2）
δ_k^{film}	作物 k 的农膜成本（元/hm^2）
δ_k^{seed}	作物 k 种子成本（元/hm^2）
δ_k^{labor}	作物 k 的人工成本（元/hm^2）
WP_i^{sur}	地表水价格（元/m^3）
WP_i^{gro}	地下水价格（元/m^3）
CEF	化肥碳排放因子（kg CO_2eq/kg）
F_i	分区 i 的肥料利用率（kg/hm^2）
CEP	农药碳排放因子（kg CO_2eq/kg）
Pe_i	分区 i 的农药利用情况（kg/hm^2）
CED	农业机械柴油的碳排放因子（kg CO_2eq/kg）
AM_i	分区 i 中农业机械的柴油利用（kg/hm^2）
CEAF	农膜碳排放因子（kg CO_2eq/kg）

续表

指标	释义
AF_i	分区 i 农用地膜利用（kg/hm²）
CEPL	犁耕的碳排放因子（kg CO₂eq/hm²）
CEI	灌溉碳排放因子（kg CO₂eq/hm²）
$PEI^{COD_{Cr}}$	COD_{Cr} 污染排放强度（kg/hm²）
$PEI^{NH_3\text{-}N}$	$NH_3\text{-}N$ 污染排放强度（kg/hm²）
PEI^{TN}	总氮污染排放强度（kg/hm²）
PEI^{TP}	总磷污染排放强度（kg/hm²）
LN_i	分区 i 中的氮淋洗（kg/hm²）
LP_i	分区 i 中的磷淋洗（kg/hm²）
$\eta^{sur\text{-}pf}$	稻田地表水利用效率
$\eta^{sur\text{-}dl}$	旱地地表水利用效率
r	河流调水比例
Q	径流量（m³）
$\eta^{gro\text{-}pf}$	稻田地下水利用效率
$\eta^{gro\text{-}dl}$	旱地地下水利用效率
$GWIA_i$	分区 i 灌溉农业的地下水供应量（m³）
GWL_i	分区 i 的生活用水（m³）
GWI_i	分区 i 工业的地下水利用（m³）
TGWA	地下水总量（m³）
EWA	水的总能源可用量（kWh）
PO_i	分区 i 的人口（人）
FD	粮食需求（kg/人）
ER	有效降水（m³/hm²）
θ	资源配置公平性基尼系数阈值
A_{ik}^{min}	分区 i 中作物 k 的土地可利用量下限（hm²）
A_{ik}^{max}	分区 i 中作物 k 的土地可利用量上限（hm²）
A_{ik}	分区 i 作物 k 的灌溉面积（hm²）
SWA_i	分区 i 的地表水可用量（m³）
$GWAI_i$	分区 i 灌溉农业的地下水供应量（hm²）
EW_i	分区 i 的水的能源可用量（kWh）

9.3.2　WFEO-SIA 模型目标函数

（1）经济效益最大化目标。净经济效益是收入和成本之间的差额。净经济效益的目标函数可以表示为

$$\max F_{\text{NB}} = \max\{R - C\} \tag{9-6a}$$

式中，收入（R）主要来自粮食生产，可以表示为式（9-6b）：

$$R = \sum_{i=1}^{I} \sum_{k=1}^{K} \text{PC}_k \cdot \text{YA}_{ik} \cdot A_{ik} \tag{9-6b}$$

式（9-6a）中的成本（C）构成较为复杂，许多方面都对总成本有影响，如用于抽取地表水、抽取地下水和排水的能源成本，以及粮食生产能源成本，主要包括化肥、农药、农机、农膜、种子和人工成本，以及粮食生产用水的成本。因此，成本可以表示为

$$C = \text{ECW} + \text{ECF} + \text{WCF} \tag{9-6c}$$

式中，ECW 为水的能源成本，可通过式（9-6d）计算：

$$\text{ECW} = \text{ECI}^{\text{sur}} + \text{ECI}^{\text{gro}} + \text{ECD} \tag{9-6d}$$

式（9-6d）中，地表水抽取、地下水抽取和排水所需的能量是水源的函数，与泵压头直接相关。对于从含水层抽水，应考虑抽水扬程、额定工作压力和摩擦损失。因此，灌溉用水的能源成本（ECI^{sur}、ECI^{gro} 和 ECD）可表示如下[177]：

$$\text{ECI}^{\text{sur}} = \text{EC} \cdot \left[\frac{\text{HI}^{\text{sur}}}{102 \times 3.6 \cdot \mu^{\text{sur}}} \left(\sum_{i=1}^{I} \sum_{k=1}^{K} \text{IQ}_{ik}^{\text{sur}} \cdot A_{ik} \right) \right] \tag{9-6e}$$

$$\text{ECI}^{\text{gro}} = \text{EC} \cdot \left[\frac{H^{\text{lift}} + H^{\text{nop}} + f^{\text{lossess}}}{102 \times 3.6 \cdot \mu^{\text{pump}} \cdot \mu^{\text{motor}}} \left(\sum_{i=1}^{I} \sum_{k=1}^{K} \text{IQ}_{ik}^{\text{gro}} \cdot A_{ik} \right) \right] \tag{9-6f}$$

$$\text{ECD} = \text{EC} \cdot \left[\sum_{i=1}^{I} \frac{\text{HD}_i}{102 \times 3.6 \cdot \mu_i^{\text{dra}}} \left(\sum_{k=1}^{K} \text{DM}_k \cdot T_k \right) \cdot A_{ik} \right] \tag{9-6g}$$

式中，f^{lossess} 为水头损失（m）。

粮食生产的能源成本主要体现在肥料、农药、农机柴油、农膜、种子和劳动力的使用上，可以表示为

$$\text{ECF} = \sum_{i=1}^{I} A_{ik} \sum_{k=1}^{K} (\delta_k^{\text{fer}} + \delta_k^{\text{pes}} + \delta_k^{\text{mac}} + \delta_k^{\text{film}} + \delta_k^{\text{seed}} + \delta_k^{\text{labour}}) \tag{9-6h}$$

粮食生产的水成本用地表水和地下水灌溉的水价来量化，并表示为

$$\text{WCF} = \sum_{i=1}^{I} \text{WP}_i^{\text{sur}} \left(\sum_{k=1}^{K} \text{IQ}_{ik}^{\text{sur}} \cdot A_{ik} \right) + \sum_{i=1}^{I} \text{WP}_i^{\text{gro}} \left(\sum_{k=1}^{K} \text{IQ}_{ik}^{\text{gro}} \cdot A_{ik} \right) \tag{9-6i}$$

（2）环境影响最小化目标。作物生长过程中，会产生影响大气和水环境的温室气体和水污染物。因此，环境影响目标是尽量减少 CO_2 排放和水环境污染。这一目标可以表示为

$$\min F_{\text{EI}} = \min\{\text{AE} + \text{WEP}\} \tag{9-6j}$$

CO_2 的排放主要来自杀虫剂、化肥、农业机械、农用薄膜和灌溉犁的使用。因此，AE 可以表示为

$$\text{AE} = \sum_{i=1}^{I} \sum_{k=1}^{K} [(\text{CEF} \cdot F_i + \text{CEP} \cdot \text{Pe}_i + \text{CED} \cdot \text{AM}_i + \text{CEAF} \cdot \text{AF}_i) \cdot A_{ik} + (\text{CEPL} + \text{CEI}) \cdot A_{ik}]$$

$$\tag{9-6k}$$

水环境污染考虑降低地表排水中的污染物（主要包括 COD_{Cr}、$NH_3\text{-}N$、TN 和 TP）浓度。此外，还考虑了氮和磷的淋洗。因此，WEP 可以表示为

$$\text{WEP} = \sum_{i=1}^{I} \sum_{k=1}^{K} [(\text{PEI}^{\text{COD}_{\text{Cr}}} + \text{PEI}^{\text{NH}_3\text{-N}} + \text{PEI}^{\text{TN}} + \text{PEI}^{\text{TP}}) \cdot A_{ik} + (\text{LN}_i + \text{LP}_i) \cdot A_{ik}] \tag{9-6l}$$

9.3.3　WFEO-SIA 模型约束条件

（1）地表水可利用量。稻田和旱地的地表水分配不应大于每个分区的地表水供应。通常可用的地表水取自河川径流，所有子区域的总可用水量不应大于可用于该区域的径流量。影响水资源分配结果的径流量由于自然因素和人类活动而具有高度不确定性。因此，本书中的径流量用 RBI 表示。此约束可以表示为

$$\sum_{k=1}^{k_1} (\text{IQ}_{ik}^{\text{sur}} \cdot A_{ik}) / \eta^{\text{sur-pf}} + \sum_{k=k_1+1}^{K} (\text{IQ}_{ik}^{\text{sur}} \cdot A_{ik}) / \eta^{\text{sur-dl}} \leqslant \text{SWA}_i \qquad \forall i \tag{9-7a}$$

$$\sum_{i=1}^{I} \text{SWA}_i \leqslant r \cdot \tilde{Q}^{\pm} \tag{9-7b}$$

（2）地下水可利用量。与地表水相似，分配给每个分区的稻田和旱地的地下水不应大于水井抽水灌溉农业的地下水可利用量。灌溉农业的地下水可利用量等于地下水总可利用量减去饮用水和工业用水用量。该约束可以表示为

$$\sum_{k=1}^{k_1} (\text{IQ}_{ik}^{\text{gro}} \cdot A_{ik}) / \eta^{\text{gro-pf}} + \sum_{k=k_1+1}^{K} (\text{IQ}_{ik}^{\text{gro}} \cdot A_{ik}) / \eta^{\text{gro-dl}} \leqslant \text{GWIA}_i \qquad \forall i \tag{9-7c}$$

$$\sum_{i=1}^{I} (\text{GWIA}_i - \text{GWL}_i - \text{GWI}_i) \leqslant \text{TGWA} \tag{9-7d}$$

（3）能源可利用量。在灌溉农业系统中，能源主要用于地表水抽取、地下水抽取和排水，消耗的电力不应超过每个分区的允许数量和总的能源可利用量。该约束可以表示如下：

$$\frac{\left(\dfrac{\text{HI}^{\text{sur}}}{\mu^{\text{sur}}} \sum_{k=1}^{K} \text{IQ}_{ik}^{\text{sur}} \cdot A_{ik} + \dfrac{H^{\text{lift}} + H^{\text{nop}} + f^{\text{lossess}}}{\mu^{\text{pump}} \cdot \mu^{\text{motor}}} \sum_{k=1}^{K} \text{IQ}_{ik}^{\text{gro}} \cdot A_{ik} + \dfrac{\text{HD}_i}{\mu_i^{\text{dra}}} \sum_{k=1}^{K} \text{DM}_{ik} \cdot T_{ik} \cdot A_{ik} \right)}{102 \times 3.6} \leqslant \text{EW}_i \quad \forall i$$

$$\tag{9-7e}$$

$$\sum_{i=1}^{I} \mathrm{EW}_i \leqslant \mathrm{EWA} \tag{9-7f}$$

（4）粮食安全。每个分区的粮食产量都应满足与人口有关的粮食需求，以保证粮食安全。该约束可以表示为

$$\sum_{k=1}^{K} \mathrm{YA}_{ik} \cdot A_{ik} \geqslant \mathrm{PO}_i \cdot \mathrm{FD} \qquad \forall i \tag{9-7g}$$

（5）资源分配公平性。基尼系数用于描述不同分区之间的分配公平性，基尼系数可用洛伦兹曲线表示。由于本书研究的重点是灌溉农业系统，而水是主要的限制因素，因此考虑了灌溉水分配的公平性。该约束可以表示为

$$\frac{1}{2I \sum_{i=1}^{I} \dfrac{\sum_{k=1}^{K} (\mathrm{IQ}_{ik} + \mathrm{ER}) \cdot A_{ik}}{\mathrm{PO}_i}} \sum_{m=1}^{I} \sum_{n=1}^{I} \left| \frac{\sum_{k=1}^{K} (\mathrm{IQ}_{mk} + \mathrm{ER}) \cdot A_{mk}}{\mathrm{PO}_m} - \frac{\sum_{k=1}^{K} (\mathrm{IQ}_{nk} + \mathrm{ER}) \cdot A_{nk}}{\mathrm{PO}_n} \right| \leqslant \theta$$

$$\tag{9-7h}$$

式中，I 为分区总数目；m 和 n 均属于集合 I。

（6）土地政策。对于不同分区中的每种作物和所有分区中的每种作物类型，应考虑灌溉面积的下限和上限，以考虑粮食需求和主要作物生产实践。该约束可以表示如下：

$$A_{ik}^{\min} \leqslant A_{ik} \leqslant A_{ik}^{\max} \qquad \forall i, k \tag{9-7i}$$

（7）非负约束。决策变量不应为负。

$$A_{ik} \geqslant 0 \qquad \forall i, k \tag{9-7j}$$

$$\mathrm{SWA}_i \geqslant 0 \qquad \forall i \tag{9-7k}$$

$$\mathrm{GWIA}_i \geqslant 0 \qquad \forall i \tag{9-7l}$$

$$\mathrm{EW}_i \geqslant 0 \qquad \forall i \tag{9-7m}$$

9.4　WFEO-SIA 模型输入参数

WFEO-SIA 模型涉及参数数据主要来源包括松花江径流佳木斯站数据（1954～2015 年监测数据）、锦西灌区的相关报告、富锦市统计年鉴（2009～2016 年）数据和公开发表的文献等。

其中，表 9-2 显示了 WFEO-SIA 模型中的作物参数，包括作物价格、粮食生产成本相关参数和排水相关参数。其中，农作物价格取自"黑龙江省农产品价格信息网"，成本相关参数取自富锦市统计年鉴，排水时间与作物耐涝性有关，基于排水模量和持续时间的数据，可以获得灌溉排水量，并可计算排水的能源成本（即 ECD）。地表水价格和地下水价格分别为 0.16 元/m³ 和 0.29 元/m³。

表 9-2 作物相关参数

参数	符号	单位	农作物		
			水稻	玉米	大豆
作物价格	PC_k	元/kg	3.16	2.25	5.40
化肥成本	δ_k^{fer}	元/hm²	885	801	645
农药成本	δ_k^{pes}	元/hm²	289.2	148.2	141.6
农机成本	δ_k^{mac}	元/hm²	1566.3	973.1	846.9
种子成本	δ_k^{seed}	元/hm²	320.4	350.9	476.7
人工成本	δ_k^{labor}	元/hm²	1361.4	1043.7	311.6
农膜成本	δ_k^{film}	元/hm²	2.1	2.1	2.1
排水模量	DM_k	m³/(d·hm²)	80.35	67.39	67.39

表 9-3 显示了 WFEO-SIA 模型中与分区相关的参数，包括肥料、农药、农用薄膜和农业机械的使用、工业地下水利用和人口等。此外，仍有一些参数与作物和分区相关，包括土地可利用量的下限和上限、单位面积产量以及地表水和地下水灌溉定额，如表 9-4 所示。其中，单位面积产量的计算方法是将不同分区不同作物的产量除以作物面积。作物产量的数据来自富锦市的统计年鉴。

表 9-3 分区相关参数

参数	符号	单位	分区			
			松花江	锦山	花马	头林
单位面积上的肥料利用率	F_i	kg/hm²	1464.58	1179.36	464.22	348.52
单位面积上的农药利用率	P_i	kg/hm²	15.48	3.99	1.57	2.07
单位面积上的柴油利用率	AM_i	kg/hm²	236.13	95.21	37.48	3.00
单位面积上的农用薄膜的利用率	AF_i	kg/hm²	9.29	0.92	0.36	0.30
生活用水	GWL_i	10⁴m³	81.00	291.00	109.00	183.00
工业地下水利用	GWI_i	10⁴m³	41.00	908.00	106.00	272.00
人口	PO_i	10⁴人	0.77	4.31	1.12	1.62

表 9-4 不同分区和作物的参数

参数	符号	单位	农作物	松花江分区	锦山分区	花马分区	头林分区
土地可利用量下限	A_{ik}^{min}	10⁴hm²	水稻	0.51	1.23	1.85	1.43
			玉米	0.0193	0.1919	0.3818	0.8401
			大豆	0.0024	0.0874	0.1723	0.4481

参数	符号	单位	农作物	松花江分区	锦山分区	花马分区	头林分区
土地可利用量上限	A_{ik}^{max}	$10^4 hm^2$	水稻	0.53	1.85	3.34	2.28
			玉米	0.0340	0.6923	1.3771	1.7748
			大豆	0.0042	0.3153	0.6217	0.9466
单位面积产量	YA_{ik}	kg/hm^2	水稻	8465.67	8511.17	8511.17	7887.33
			玉米	9087.80	9142.80	9142.80	8545.83
			大豆	1988.83	2151.33	2151.33	1917.67
地表水灌溉定额	IQ_{ik}^{sur}	m^3/hm^2	水稻	3648.99	3668.61	3668.61	3399.71
			玉米	1529.50	1507.24	1507.24	1349.34
			大豆	1285.88	1390.95	1390.95	1239.87
地下水灌溉定额	IQ_{ik}^{gro}	m^3/hm^2	水稻	1216.33	1222.87	1222.87	1133.24
			玉米	509.83	502.41	502.41	449.78
			大豆	428.63	463.65	463.65	413.29

　　根据锦西灌区的规划要求，设定了保证灌区粮食产量的最小作物面积值，这也可以保证 WFEO-SIA 模型的有界性。不同分区中不同作物的面积可以在各自的准许范围内调整。具体而言，水稻的调节范围为 $5.02 \times 10^4 \sim 8 \times 10^4 hm^2$，玉米的调节范围为 $1.43 \times 10^4 \sim 3.88 \times 10^4 hm^2$，大豆的调节范围为 $0.71 \times 10^4 \sim 1.88 \times 10^4 hm^2$。人均粮食需求定为 400kg。基尼系数阈值设定为 0.4，代表相对合理的分配[178]。

　　WFEO-SIA 模型还涉及一些效率系数，包括能源消耗效率和灌溉效率。其中，能源消耗效率包括地表水抽取效率、地下水抽取效率和排水效率。具体而言，地表水抽取效率为 0.5。对于水泵的效率，涉及两个方面，即泵效率（ μ^{pump} ）和电动机效率（ μ^{motor} ）。本书中 μ^{pump} 设置为 0.8， μ^{motor} 设置为 0.4[179]。锦西灌区的排水工程由六座排水泵站及骨干排水沟工程组成。其中，山西排水站对应锦山分区，花马、对锦、双榆树排水站对应花马分区，头林、二林排水站对应头林分区。山西、花马、对锦、双榆树、头林和二林排水站的效率分别为 0.52、0.56、0.48、0.53、0.60 和 0.52。灌溉效率与灌溉网络和农场管理技术有关，其价值因不同作物和不同水源而异。锦西灌区水田的地表水利用效率为 0.51，旱地为 0.53。水田的地下水利用效率为 0.75，旱地为 0.78。WFEO-SIA 模型中还涉及大量重要的环境参数，具体如下。

　　（1）CO_2 排放系数用于估算 CO_2 排放量，如肥料为 0.9kg CO_2eq/kg，杀虫剂为 4.93kg CO_2eq/kg，柴油为 0.5927kg CO_2eq/kg，薄膜为 5.18kg CO_2eq/kg，犁地为 312.6kg CO_2eq/hm^2。

（2）农业污染排放强度系数和淋溶系数。理论上，不同地区、不同作物的污染排放强度系数和淋溶系数是不同的。然而，对于锦西灌区，不同地区、不同作物的某些污染物的相应值是相同的。化学需氧量（COD_{Cr}）、氨氮（$NH_3\text{-}N$）、总氮（TN）和总磷（TP）的污染排放强度分别为 $150kg/hm^2$、$11.85kg/hm^2$、$171.75kg/hm^2$ 和 $65.25kg/hm^2$。氮和磷的淋溶系数分别为 $0.687kg/hm^2$ 和 $0.261kg/hm^2$。资源可利用性是 WFEO-SIA 模型的关键限制参数。松花江径流量以 RBI 表示。本章假设径流量服从二维正态分布。根据 62 年的历史资料和调水率，得到地表水可利用率（10^8m^3）的上下限联合概率分布，即 N（4.23，4.99，1.4^2，1.61^2，0.9）。基于 9.2 节中的方法，$\lambda \tilde{Q}_i^- + (1-\lambda)\tilde{Q}_i^+ \sim N(\mu,\sigma)$，$\mu = 4.99 - 0.76\lambda$，$\sigma = \sqrt{1.96\lambda^2 + 2.0286\lambda(1-\lambda) + 2.59(1-\lambda)^2}$。然后，在给定不同的违约概率的情况下，可以从标准正态分布表中获得 $Z_i^{p_i} = G_i^{-1}(p_i,\lambda)$。$Z_i^{p_i} = G_i^{-1}(p_i,\lambda)$ 是满意度的函数，它耦合在 WFEO-SIA 模型中。本章中，根据先前的研究，选择违约概率为 0.01、0.05、0.1、0.15 和 0.2。地下水总利用量为 $1.1685\times10^8m^3$，各分区总能量利用量为 1.3866×10^8kWh。

9.5　结果分析与讨论

9.5.1　经济效益和环境影响的变化

利用 WFEO-SIA 模型，生成了一系列水土资源配置方案。WFEO-SIA 模型的目标是净效益（NR）最大化和环境影响（EI）最小化。净经济效益值是收入和成本的差额，环境影响是 CO_2 排放和水质的综合影响。图 9-2 显示了不同情景下模型

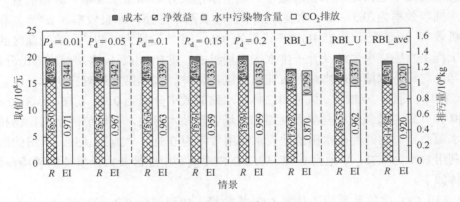

图 9-2　不同情景下的目标权衡

R 为收入；EI 为环境影响；P_d 为违约概率；RBI_L、RBI_U 和 RBI_ave 分别为用 RBI 表示的参数的下界、上界和平均值

目标值（R 和 EI）的变化，该情景综合了不同违约概率的变化以及地表水可用性的低值、高值和平均值（表示为 RBI）。

以图 9-2 所示的优化结果为依据可以得到以下结论。

（1）收入和成本均与违约概率（P_d）正相关。从图中可以看出，收入和成本都随着违约概率（P_d）的增加而增加。但收入的增长率高于成本，导致不同违约概率下净收益的增长趋势，分别为 $15.50×10^8$ 元、$15.56×10^8$ 元、$15.63×10^8$ 元、$15.71×10^8$ 元和 $15.71×10^8$ 元，对应违约概率分别为 0.01、0.05、0.1、0.15 和 0.2。相反，在不同的违约概率下，环境影响略有下降（从 $1.31×10^8$kg 下降到 $1.29×10^8$kg），其中 CO_2 排放是这种变化的原因之一。以 P_d = 0.01 下的经济效益（图 9.2 中净效益与成本之和）为基线，增长率分别为 0.51%（P_d = 0.05）、1.09%（P_d = 0.1）、1.68%（P_d = 0.15）和 1.73%（P_d = 0.2），这其中每一个百分点所对应的经济效益值相当于 4300 万 kg 大米的效益。上述结果是综合考虑系统效益和环境影响的结果。这些结果表明，系统效益和环境影响这两个目标处于博弈状态，更多的效益来自更多的粮食生产，也必将带来更多的环境污染。因此，开发的 WFEO-SIA 模型的特点之一是追求经济增长和环境污染的平衡。

（2）图 9-2 表明，更大的违约概率更有利，因为可以产生更高的净效益和更小的环境影响。违约概率越大，说明水资源利用率越高，并将带来越高的综合效益。同时，更大的违约概率也意味着更大的风险。这是因为如果水资源的可利用性不能达到一定违约概率对应的价值，就会产生惩罚性赔偿，可能造成经济损失。通常，面对不同的违约概率，规避风险的决策者可能会选择与较小违约概率相对应的配置结果，而敢于冒险的决策者可能会选择与较大违约概率相对应的配置结果。

（3）从系统综合效益的表现来看，可采用 P_d = 0.15。因为在这一点上，净经济效益和环境影响的价值都达到了相对理想的点，即当违约概率大于 0.15 时，两个目标的值趋于稳定。此外，假设在特定违约概率下优化了决策，例如，P_d = 0.15，可用水量为 $5.11×10^8$m³，可根据地表水可用量上下界的联合概率分布计算得出，如果实际可用水量较低（假设可用水量为 $4.93×10^8$m³，对应 P_d = 0.1），实际效益将低于承诺效益。然后，决策者可能会找到一种方法，通过从邻近且水源充足的地区购买水，或在地下水可开采的能力范围内不断开采地下水来获取更多的水资源，以弥补经济损失。对于前一种方法，在水的购买价格为 0.7 元/m³ 的情况下，将产生 $1.26×10^7$ 元的费用；对于后一种方法，在地下水价格为 0.29 元/m³ 的情况下，将产生 $5.2×10^6$ 元的费用。按不同地表水可利用量（表示为 RBI）所对应的各项效益值可以归纳为：对应于地表水可利用量的下限、平均值和上限的经济收入分别为 $17.55×10^8$ 元、$18.85×10^8$ 元和 $20×10^8$ 元，成本值分别为 $3.93×10^8$ 元、$4.21×10^8$ 元和 $4.47×10^8$ 元，CO_2 排放量分别为 $0.87×10^8$kg、

$0.92×10^8kg$ 和 $0.962×10^8kg$，水中污染物含量分别为 $1.17×10^8kg$、$1.24×10^8kg$ 和 $1.30×10^8kg$。

9.5.2 资源分配结果

图 9-3 显示了在确定地表水可利用性时（考虑了地表水可利用量上下限的平均值，即未考虑地表水可利用量的随机性），耦合经济效益和环境影响的土地和水资源优化分配结果。

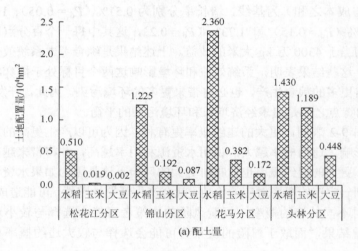

(a) 配土量

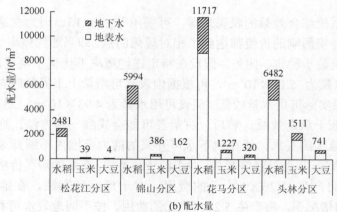

(b) 配水量

图 9-3 锦西灌区水土综合配置结果

根据图 9-3，得出如下结果。

（1）水稻种植优势较大，这一结果主要体现在两个方面：①水稻的作物面积分配量远高于玉米和大豆的种植面积。这是由于黑龙江的黑土可吸收更多的氮、磷、钾等矿质元素，稻米的品质良好。②通过优化，WFEO-SIA 模型折中了两个相互矛盾的目标（即净经济效益最大化和环境影响最小化），保障了不同作物的最佳作物面积在其特定的可调范围内（表 9-4）。具体来说，如果将作物的最小面积设置为起点，将作物的最大面积设置为端点，则起点和端点之间的距离（可以表示作物面积的可调范围）设置为 1。对于水稻，最佳面积与起点之间的距离为 0.18；对于玉米，该距离为 0.14，对于大豆，该距离接近 0。上述结果表明，WFEO-SIA 模型倾向于首先为水稻分配更多的面积，这主要归因于水稻的单产要比大豆高得多，且市场价格要比玉米更为可观。松花江分区的水稻土地分配比例为 96%，锦山分区为 82%，花马分区为 81%，头林分区为 47%。

（2）水资源的分配趋势与土地资源相似，因为水资源的分配量可以通过分配的作物面积乘以灌溉定额来确定。地表水分配占用了大部分可利用水量，改变了以往以地下水为主要灌溉水源的水资源利用局面。

（3）最优能量配置量（比例）：松花江分区为 687×10^4kWh（5.9%），锦山分区为 2872×10^4kWh（24.7%），花马分区为 4485×10^4kWh（38.5%），头林分区为 3591×10^4kWh（30.9%）。

（4）以上结果是耦合考虑经济效益和环境影响的资源配置结果。如果仅考虑经济效益目标，土地分配总量为 8.79×10^4hm²，地表水分配总量为 4.66×10^8m³，地下水分配总量为 1.04×10^8m³，能源分配总量为 1.21×10^4kWh；如果仅考虑环境影响目标，则土地分配总量为 7.21×10^4hm²，地表水分配总量为 4.35×10^8m³，地下水分配总量为 1.01×10^8m³，能源分配总量为 1.12×10^4kWh。对比而言，耦合经济效益和环境影响的结果：总土地配置量为 8.02×10^4hm²，地表水配置量为 4.61×10^8m³，地下水配置量为 1.04×10^8m³，能源配置量为 1.16×10^4kWh。可见，不同作物、不同分区的土地、水、能源之间存在资源权衡，以达到系统经济效益和环境影响的相对平衡。这些结果可以根据研究灌区的实际发展需要，为决策者提供更多的资源配置方案选择。

（5）上述结果是在没有考虑不确定性的情况下得到的，当考虑水资源可获得性的随机性时，资源配置结果会随着违约概率的不同而不同。如 9.2 节中的方法所示，$Z_i^{p_i}=G_i^{-1}(p_i,\lambda)$ 在求解 WFEO-SIA 模型时所涉及，它是满意度（λ）和违约概率（P_d）的函数。如图 9-4 所示，λ 的值随着 P_d 的增加而增加，表明越大的违约概率越能提高决策者对决策方案的满意度。这归因于更大的违约概率对应更大的水资源供应量。供水和能源的资源配置也有类似的变化趋势，但波动幅度不同。当违约概率值大于 0.15 时，增长速率减小。而土地资源配置的变化趋势与水资源和能源配置的变化趋势不同，土地配置量在 $P_d = 0.15$ 后变化不大。因此，从资源配置的角度来看，与 $P_d = 0.15$ 相对应的配置方案是可取的，并在经济效益和环境影响的变化分析中进行阐述。

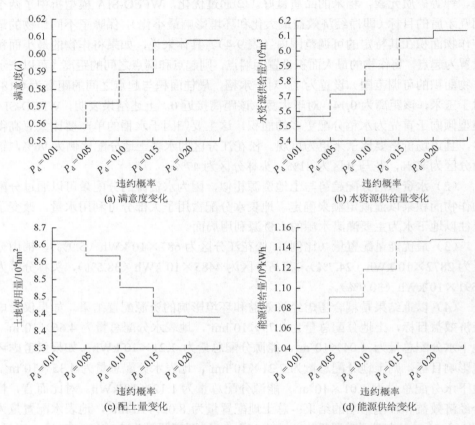

图 9-4　不同违约概率条件下水、土、能分配与系统满意度变化趋势

9.5.3　参量对目标的贡献率

模型目标函数中包含众多参量，分析各参量对目标函数的价值贡献具有重要意义。首先，就净经济效益而言，收入主要来自农业种植生产。而成本要素包含很多方面。图 9-5 显示了不同情景下（即不同违约概率下）的成本比率。如图 9-5 所示，在选定的五个违约概率下，每种成本类别所占百分比的变化趋势基本一致，并且发生了细微变化。例如，成本三大主要来源：农业机械、劳动力和化肥占总成本百分比分别为 $P_d = 0.01$ 时为 67.5%，$P_d = 0.05$ 时为 67.18%，$P_d = 0.10$ 时为 66.82%，$P_d = 0.15$ 时为 66.49%，$P_d = 0.20$ 时为 66.47%。

同时，随着违约概率的增加，某些成本百分比也会增加。以用于取水的能源成本百分比为例，当 $P_d = 0.01$ 和 $P_d = 0.05$ 时能源成本的百分比值分别为 6.48% 和

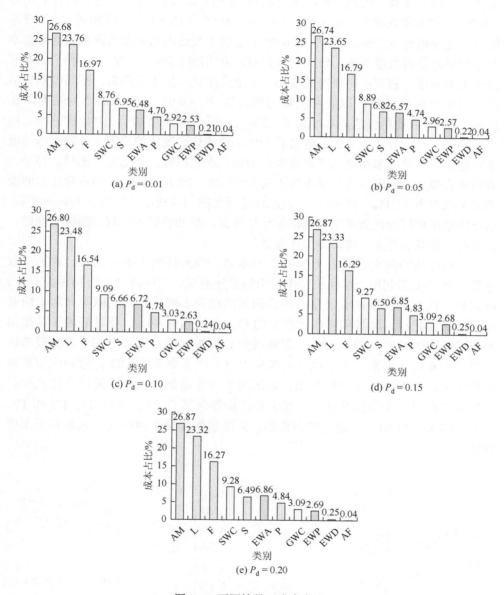

图 9-5　不同情景下成本占比

AM 代表农业机械，L 代表劳动力，F 代表肥料，SWC 代表地表水，S 代表种子，EWA 代表取水能源，P 代表农药，GWC 代表地下水，EWP 代表抽水能源，EWD 代表排水能源，AF 代表农膜

6.57%，该成本比例低于种子成本占比（$P_d = 0.01$ 和 $P_d = 0.05$ 时种子的百分比分别为 6.95%和 6.82%）。但是，当违约概率大于 0.05 时，地表水抽取的能源成本百分比高于种子成本（在 $P_d = 0.1$、$P_d = 0.15$ 和 $P_d = 0.2$ 的情况下，种子的百分比为 6.66%、6.50%和 6.49%。而在 $P_d = 0.1$、$P_d = 0.15$ 和 $P_d = 0.2$ 的情况下，能源成本的百分比分别为 6.72%、6.85%和 6.86%）。这主要是因为抽取地表水的能源成本与地表灌溉量有直接关系，较大的违约概率表明灌溉量较大，但是，种子成本取决于土地利用，随着违约概率的增加，土地使用成本呈下降趋势。不同类别费用的绝对值有明显变化，以农业机械为例，以 $P_d = 0.01$ 以下的成本为基准，在 $P_d = 0.05$ 下，农业机械的成本增加了 1.2%，在 $P_d = 0.1$ 下增加了 2.4%，在 $P_d = 0.15$ 下增加了 3.7%，在 $P_d = 0.2$ 下增加了 3.9%。造成这一现象的原因在于随着违约概率的增加，每种成本类别的绝对值也会增加。农业机械、劳动力、肥料、种子、农药和农膜的实际成本占总成本的比例为 77.8%～79.1%；取水、抽水和排水的能源成本比例为 11.7%～12.4%；地表水和地下水的用水成本比例为 9.2%～9.8%。这样的结果可以为政策制定者提供指导性建议，帮助决策者在规划灌区资源时，更为科学地减少开支，进而增加净收益。

影响环境的两个方面是 CO_2 排放和水质。CO_2 排放主要与肥料、农药、农业机械和薄膜的利用、灌溉和耕作等田间措施有关，这些活动与作物种类有关。以花马分区为例，图 9-6 显示了不同田间活动和不同作物的贡献率。对于所有田间活动，肥料、灌溉和耕作所产生的 CO_2 占比超过 90%，要显著高于其他田间活动所产生的 CO_2 量。因此，需要减少 CO_2 排放时，这三个部分是首要考虑的环节。稻田（水稻）比旱地（玉米和大豆）产生更多的 CO_2，这归因于灌溉面积更大。随着违约概率的增加，稻田的百分比增加，而旱地的百分比减少。影响环境的另一个方面是水质，其主要污染物包括 COD_{Cr}、$NH_3\text{-}H$、TN 和 TP。其中，COD_{Cr} 和 $NH_3\text{-}H$ 是主要污染物，其排放量变化主要取决于水稻和玉米的种植。

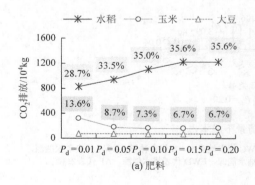
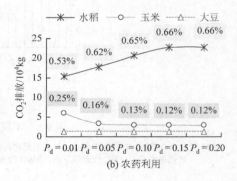

(a) 肥料　　　　　　　　　　　(b) 农药利用

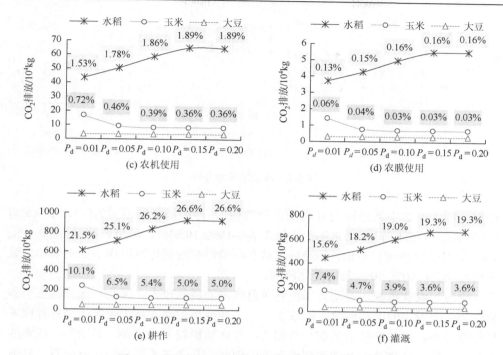

图 9-6　花马分区各种田间活动对温室气体的贡献率

图中数字代表稻田（水稻）和旱田（玉米、大豆）CO_2 排放量占比

9.5.4　敏感性分析

前述结果揭示了供水的不确定性如何影响模型性能。除了供水，经济数据也在不断变化。作物价格和生产成本对系统净经济效益、环境影响程度和资源分配公平性的影响如何？敏感性分析可以有效地解决以上问题。如图 9-7 所示，从图中可以看出，净经济效益、环境影响和资源分配公平性（用基尼系数表示）都对水稻价格敏感，而对玉米和大豆的价格不敏感。结果表明，水稻价格有可能增加系统的净经济效益并减小负面的环境影响。与基线相比（不考虑敏感参数变化的

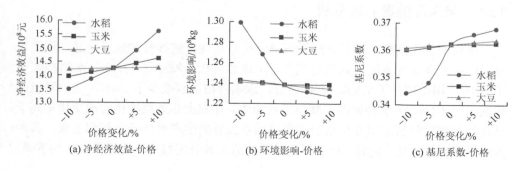

(a) 净经济效益-价格　　　(b) 环境影响-价格　　　(c) 基尼系数-价格

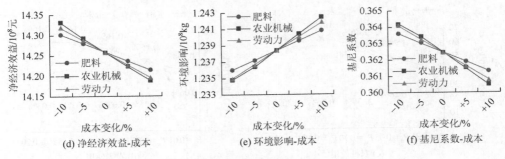

图 9-7　参量敏感性分析

结果，即图 9-7 中横坐标为 0 时的各参数值），净经济效益范围为[−5.4%, 9.5%]（负号表示价值下降），当水稻价格波动为[−10%, 10%]时，环境影响范围为[−1%, 4.9%]，且从图中可以看出，净经济效益和环境影响的变化范围均小于玉米和大豆价格波动为[−10%, 10%]时的变化范围。

同时，农业机械、劳动力和肥料对总成本的贡献较大。因此，选择这三个参量作为生产成本的敏感参数。图 9-7 显示，净经济效益和环境影响均与三种成本呈线性关系，即与净经济效益呈负相关，与环境影响呈正相关，表明生产成本的增加会降低净经济效益并增加环境污染。因此，从经济或环境的角度来看，降低生产成本将有利于水-粮食-能源之间的可持续管理。在生产成本中，目标对农业机械成本最敏感，因为斜率更大，其次是劳动力成本，最后为肥料成本。上述三项成本都有降低系统成本的潜力，尤其是农业机械成本。

对于资源分配公平性，作物价格变化情况（情况 1）下和生产成本变化情况（情况 2）下的基尼系数变化很小。具体而言，在情况 1 中，水稻的基尼系数的变化范围为[0.3443, 0.3680]，玉米为[0.3603, 0.3626]，大豆为[0.3610, 0.3639]；在情况 2 中，农业机械的基尼系数变化范围为[0.3605, 0.3642]，劳动力为[0.3608, 0.3641]，肥料为[0.3613, 0.3636]。上述基尼系数值均属于相对合理的分配范围，这些结果表明，资源分配较为均衡，具备可持续性。

9.5.5　与实际情况对比分析

将模型优化结果（不考虑流量不确定性）与现状进行对比分析，通过模型求解，对水土资源的分配方式进行优化。土地总分配量减少了 11.3%，水消耗减少了 7.8%，用电减少了 7.3%。具体而言，水稻种植面积减少了 2.4%，玉米种植面积减少了 8.1%，大豆种植面积减少了近 50%。导致上述大豆种植面积变化量高于其他两种作物种植面积变化量的主要原因是大豆的生产率低于水稻和玉米，其种植时处于竞争劣势。同时，由于最优结果的总土地分配减少，收益和成本均下降，与当前情况相比，系统净经济效益减少 8.24%。但是，由于本书着眼于经济效益和环境保护的综合影响，污染物的排放量（包括田间的 CO_2 排放和地表排水中的污染物浓度）减少了 20.5%。此外，农业灌溉地下水利用量为 $1.048 \times 10^8 m^3$，而现状值为 $1.137 \times 10^8 m^3$，现状值超过了锦西灌区地下水开采的允许量（$1.05 \times 10^8 m^3$），可见，最优配置结果缓解了地下水超采的现状。此外，通过调整种植结构，水资源利用结构发生了变化，从而提高了灌溉用水效率，灌溉水资源利用量从现状年的 $1.13 kg/m^3$ 提高到 $1.14 kg/m^3$（优化结果）。上述结果极大地增强了锦西灌区的可持续发展程度。

9.6　本　章　小　结

本章构建了灌溉农业耦合水-粮食-能量纽带关系的灌区水土资源优化配置模型，即 WFEO-SIA 模型。该模型的目的是将有限的水、能源和土地资源最佳地分配给不同地区的不同作物，以获得最佳的综合效益。

WFEO-SIA 模型的框架是带有随机边界区间的模糊多目标规划（FMOP-RBI）模型，并采用基于 RBI 联合概率分布函数的随机机会约束规划对模型进行求解。WFEO-SIA 模型具有以下特点：

（1）同时解决灌溉农业系统中水、粮食和能源子系统之间的相互作用；

（2）有助于制订权衡经济效益和环境保护的水土资源配置方案；

（3）反映了系统中的高度不确定性、复杂性。

从实证结果分析中可以看出，WFEO-SIA 可以有效地反映灌溉农业水、粮食和能源子系统之间复杂的相互关系及经济效益和环境保护之间的博弈关系。结果表明，RBI 有效地解决了水-粮食-能源关系管理中的高度不确定性。WFEO-SIA 模型的应用有助于水土资源匮乏灌区的农业资源优化配置及相关管理政策的研究。

第 10 章　基于 WFEN 的农业系统水-土-能协同调控

10.1　研　究　概　述

近年来，针对农业系统内的水-粮食-能源纽带关系（WFEN）的量化与优化成为学术界研究的热点。其中，种植业和畜牧业是农业系统内产生经济效益的两个主要产业，它们也是向大气排放温室气体和向水生系统输送营养物质的关键来源。对灌溉农业系统而言，农业系统内水-粮食-能源纽带关系更为复杂，所涉及的不确定性更加宽泛，且农业系统内各子系统同时占用有限的土地资源和水资源，在资源分配过程中存在更为激烈的竞争。

同时，化石能源是目前世界上最大的能源来源，据统计，到 2040 年，全球能源需求也将增长 30%[180]。化石能源消耗带来大量温室气体排放、水资源紧张和空气污染等问题，这些都威胁着生态环境并引起气候变化[181, 182]。可再生能源的开发是缓解能源需求急剧上升的有效途径，在可再生能源领域，生物能源具有减轻环境副作用和激发农村经济的潜力[183]。生物能是指自然界中以生物质为载体的活植物所提供的能量，不包括埋藏在地质构造中并转化为化石能源的物质[184]。"粮食-能源"是 WFEN 重要的一条关系链，现有研究中农业系统内 WFEN 中通常忽略这条关系链。实际上，生产生物能源的主要原料包括农作物秸秆、畜禽粪便和森林残留物等农业废弃物[185]，这些废弃物（如焚烧秸秆、丢弃畜禽粪便等）数量大、分布广，如果不合理利用会浪费大量资源，并污染环境。

本章将在第 9 章模型的基础上，以农业系统内种植业和畜牧业为研究对象，构建两个耦合 WFEN 的优化模型。模型 I 未考虑"粮食→能源"关系链，且以考虑输入参数的随机不确定性为主；模型 II 则考虑该关系链，以考虑输入参数的灰色不确定性为主。两个模型都以权衡系统经济效益和环境保护为目标，重新分配锦西灌区的水、土、能资源。根据配置结果评估灌区的可持续性。农业系统内 WFEN 概化图如图 10-1 所示。

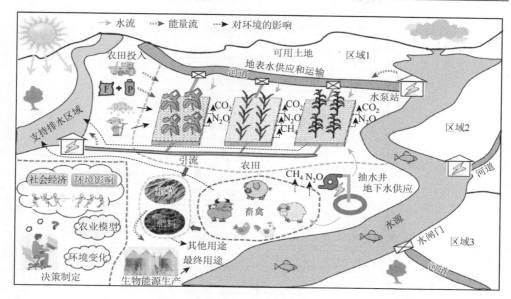

图 10-1 农业系统内 WFEN 概化图

10.2 耦合 WFEN 的农业水-土-能协同调控——模型 I

本节提出一个随机环境下的耦合 WFEN 的农业水、土、能协同调控模型。该模型以系统净效益最大化和农业污染最小化为目标函数，考虑各分区与作物之间的权衡，对农业水环境进行资源配置。该模型充分考虑了目标函数中参数、约束条件左端项参数及右端项参数的随机性。该模型构建的技术路线图如图 10-2 所示。

10.2.1 模型目标函数

对于系统净经济效益最大化的目标，目标等于总收入减去总成本，可以表示为

$$\max F^{\text{SNB}} = \max(\text{SR} - \text{SC}) \tag{10-1a}$$

式中，F^{SNB} 为系统净经济效益目标（元）；SR 为系统收入（元）；SC 为系统成本（元）。系统收入主要来自种植不同作物和饲养畜禽的收入。在农业 WFEN 系统中，水、粮食和能源是相互联系的，水和土地资源通过不同的定额实现相关关联。因此，为了简化决策过程，将作物面积和畜禽数量作为目标函数中的决策变量。具体来说，种植业的收入可以表示为

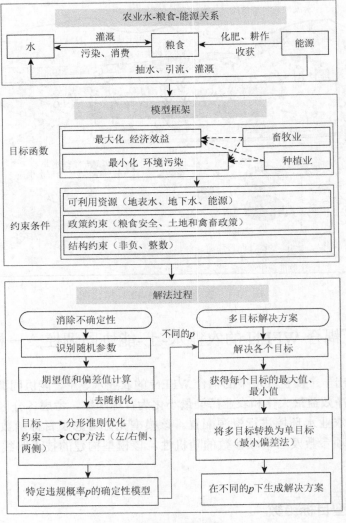

图 10-2 模型 I 技术路线图

$$\sum_{s=1}^{S}\sum_{c=1}^{C} PC_{sc} \cdot YA_{sc}(\xi) \cdot A_{sc} \qquad (10\text{-}1b)$$

式中，s 为不同分区的下标，总分区数为 S；c 为不同作物的下标，作物总数为 C；PC_{sc} 为分区 s 作物 c 的作物价格（元/kg）；$YA_{sc}(\xi)$ 为分区 s 作物 c 的单位面积产量（kg/hm^2）；A_{sc} 为分区 s 作物 c 的灌溉面积（hm^2）。

畜牧业收入可以表示为

$$\sum_{s=1}^{S}\sum_{l=1}^{L} PL_{sl} \cdot NL_{sl} \qquad (10\text{-}1c)$$

式中，l 为不同种类畜禽的下标，畜禽总数为 L；PL_{sl} 为 s 区畜禽 l 的价格（元/头）；NL_{sl} 为 s 区畜禽 l 的数量（头）。

农业 WFEN 系统的成本由几个因素构成，主要包括地表水和地下水使用（如取水、抽水和排水）的电力成本、粮食生产成本（肥料、农药、农业机械和农用薄膜、种子和劳动力的使用）、饲养畜禽成本、饮用水和灌溉成本。具体来说，取水、抽水和排水的电力成本可以表示为

$$EP\left[ESI\sum_{s=1}^{S}\sum_{c=1}^{C}SIQ_{sc}(\xi)\cdot A_{sc}+EGI\sum_{s=1}^{S}\sum_{c=1}^{C}GIQ_{sc}(\xi)\cdot A_{sc}+ED\sum_{s=1}^{S}\sum_{c=1}^{C}DM_c\cdot T_c\cdot A_{sc}\right]$$

(10-1d)

式中，EP 为电价（元/kWh）；ESI 为地表灌溉用电量（kWh/m³）；$SIQ_{sc}(\xi)$ 为分区 s 作物 c 地表水灌溉定额（m³/hm²）；EGI 为地下水灌溉用电量（kWh/m³）；$GIQ_{sc}(\xi)$ 为分区 s 作物 c 地下水灌溉定额（m³/hm²）；ED 为排水用电量（kWh/m³）；DM_c 为作物 c 的排水模数[m³/(d·hm²)]；T_c 为排水历时（d）。

粮食生产成本可以表示为

$$\sum_{s=1}^{S}\sum_{c=1}^{C}\{A_{sc}[PF_c\cdot FA_{sc}+PP_c\cdot PA_{sc}+PAM_c\cdot AMA_{sc}+PAF_c\cdot AFA_{sc}+PS_c\cdot SA_{sc}]+L_c\cdot A_{sc}\}$$

(10-1e)

式中，PF_c 为作物 c 单位重量的肥料成本（元/kg）；FA_{sc} 为分区 s 作物 c 的单位面积肥料用量（kg/hm²）；PP_c 为作物 c 单位重量的农药成本（元/kg）；PA_{sc} 为分区 s 作物 c 单位面积的农药用量（kg/hm²）；PAM_c 为作物 c 单位重量的农业机械柴油成本（元/kg）；AMA_{sc} 为分区 s 作物 c 的单位面积农业机械柴油用量（kg/hm²）；PAF_c 为作物 c 单位重量农用薄膜成本（元/kg）；AFA_{sc} 为分区 s 作物 c 的单位面积农用薄膜用量（元/kg）；PS_c 为作物 c 单位重量种子成本（元/kg）；SA_{sc} 为分区 s 作物 c 的单位面积种子用量（kg/hm²）；L_c 为作物 c 单位面积的人工成本（元/kg）。

饲养畜禽的成本可以表示为

$$\sum_{s=1}^{S}\sum_{l=1}^{L}CL_l\cdot NL_{sl}$$

(10-1f)

式中，CL_l 为每头畜禽 l 的成本（元/头）；NL_{sl} 为畜禽数目（头）。

饮用水的成本可以表示为

$$\sum_{s=1}^{S}\sum_{l=1}^{L}LWUP\cdot LWUQ_l\cdot NL_{st}$$

(10-1g)

式中，LWUP 为畜禽饮用水用水价格（元/m³）；$LWUQ_l$ 为畜禽用水定额（m³/头）。

灌溉成本可以表示为

$$\sum_{s=1}^{S}SWP_s\sum_{c=1}^{C}SIQ_{sc}(\xi)\cdot A_{sc}+\sum_{s=1}^{S}GWP_s\sum_{c=1}^{C}GIQ_{sc}(\xi)\cdot A_{sc}$$

(10-1h)

式中，SWP_s 为分区 s 地表水价格（元/m³）；GWP_s 为分区 s 地下水价格（元/m³）。

综上所述，系统净经济效益最大化的目标可以总结为

$$
\begin{aligned}
\max F^{SNB} &= \max(SR - SC) \\
&= \left\{ \underbrace{\sum_{s=1}^{S}\sum_{c=1}^{C} PC_{sc} \cdot YA_{sc}(\xi) \cdot A_{sc}}_{\text{种植业收入}} + \underbrace{\sum_{s=1}^{S}\sum_{l=1}^{L} PL_l \cdot NL_{sl}}_{\text{畜牧业收入}} \right\} \\
&\quad - \left\{ \underbrace{EP\left[ESI\sum_{s=1}^{S}\sum_{c=1}^{C} SIQ_{sc}(\xi) \cdot A_{sc} + EGI\sum_{s=1}^{S}\sum_{c=1}^{C} GIQ_{sc}(\xi) \cdot A_{sc} + ED\sum_{s=1}^{S}\sum_{c=1}^{C} DM_c \cdot T_c \cdot A_{sc} \right]}_{\text{取水、抽水、排水的电费}} \right. \\
&\quad + \underbrace{\sum_{s=1}^{S}\sum_{c=1}^{C}\{A_{sc}[PF_c \cdot FA_{sc} + PP_c \cdot PA_{sc} + PAM_c \cdot AMA_{sc} + PAF_c \cdot AFA_{sc} + PS_c \cdot SA_{sc}] + L_c \cdot A_{sc}\}}_{\text{粮食生产的成本}} \\
&\quad + \underbrace{\sum_{s=1}^{S}\sum_{l=1}^{L} CL_l \cdot NL_{sl}}_{\text{饲养畜禽成本}} + \underbrace{\sum_{s=1}^{S}\sum_{l=1}^{L} LWUP \cdot LWUQ_l \cdot NL_{st}}_{\text{饮用水成本}} \\
&\quad \left. + \underbrace{\sum_{s=1}^{S} SWP_s \sum_{c=1}^{C} SIQ_{sc}(\xi) \cdot A_{sc} + \sum_{s=1}^{S} GWP_s \sum_{c=1}^{C} GIQ_{sc}(\xi) \cdot A_{sc}}_{\text{灌溉成本}} \right\}
\end{aligned}
$$

$$(10\text{-}2)$$

农业污染包括种植业的非点源污染和畜牧业的面源污染。农作物种植面源污染主要是化肥、农药和农膜的不合理使用造成的，而畜禽养殖所产生的面源污染主要来自畜禽粪便。农作物养殖的主要污染物如生化需氧量（BOD）、氨氮（NH₃-N）、全氮（TN）、总磷（TP），畜禽粪便的主要污染物如化学需氧量（COD）、BOD、NH₃-N、TN、TP、总钾（TK），通过农田地表径流、农田排水和地下渗漏污染水体和土壤。该目标函数可以概括如下：

$$
\min F^{SP} = \underbrace{\sum_{s=1}^{S}\sum_{c=1}^{C}\sum_{m=1}^{M} LCP_m \cdot EFP_m \cdot A_{sc}}_{\text{种植业污染}}
$$
$$
+ \underbrace{\sum_{s=1}^{S}\sum_{l=1}^{L}\sum_{n=1}^{N} LCD_{ln} \cdot EFD_{ln} \cdot GRD_l \cdot NL_{sl} + \sum_{s=1}^{S}\sum_{l=1}^{L}\sum_{n=1}^{N} LCU_{ln} \cdot EFU_{ln} \cdot GRU_l \cdot NL_{sl}}_{\text{畜牧业污染}}
$$

$$(10\text{-}3)$$

式中，F^{SP} 为系统污染目标（kg）；m 为农作物种植产生的不同污染物的下标，污染物总量为 M；n 为畜牧业产生的不同污染物下标，污染物总量为 N；LCP_m 为农业生产引起的污染物 m 进入河流的系数（无量纲）；EFP_m 为单位面积作物种植造成的污染物 m 排放因子（kg/hm²）；LCD_{ln} 为畜禽 l 粪便进入河流的污染物 n 系数（无量纲）；EFD_{ln} 为畜禽 l 粪便中污染物 n 的排放因子（kg/kg）；GRD_l 为畜禽 l 粪便排放因子（kg/头）；LCU_{ln} 为因作物种植而进入河流的污染物 m 系数（无量

纲）；EFU_{ln} 为畜禽 l 尿液中污染物 n 的排放因子（kg/kg）；GRU_l 为畜禽 l 尿液排放因子（kg/头）。

10.2.2　模型约束条件

（1）地表水可利用量约束。各作物的地表水分配总量不应大于各分区的地表水可利用量，各分区的地表水可利用量不应大于整个灌区的灌溉总地表水可用量。该约束可以表示为

$$\sum_{c=1}^{C} SIQ_{sc}(\xi) \cdot A_{sc} \Big/ SWUC \leqslant r_s \cdot SWA_s \quad \forall s \tag{10-4a}$$

$$\sum_{s=1}^{S} SWA_s \leqslant TSWA(\xi) \tag{10-4b}$$

式中，$SWUC$ 为地表水利用系数（无量纲）；SWA_s 为分区 s 的地表水可利用量（m^3）；r_s 为分区 s 的灌溉比例；$TSWA(\xi)$ 为总地表水可用量（m^3）。

（2）地下水可利用量约束。与地表水可利用量约束相似，所有作物的地下水配置总量不应大于各分区的地下水可利用量，各分区的地下水可利用量不应大于整个灌区的灌溉总地下水可利用量。此处，用于灌溉的总地下水可利用量等于整个灌区的总地下水可利用量减去工业和饮用水使用的地下水。该约束可以表示为

$$\sum_{c=1}^{C} GIQ_{sc}(\xi) \cdot A_{sc} \Big/ GWUC \leqslant GWA_s \quad \forall s \tag{10-5a}$$

$$\sum_{l=1}^{L} DWQ_l \cdot NL_{sl} \leqslant GWL_s \quad \forall s \tag{10-5b}$$

$$\sum_{s=1}^{S} (GWA_s + GWI_s + HWUQ \times PO_s + GWL_s) \leqslant TGWA \tag{10-5c}$$

式中，$GWUC$ 为地下水利用系数（无量纲）；GWA_s 为分区 s 灌溉地下水可利用量（m^3）；DWQ_l 为畜禽饮用水定额（m^3/头）；GWL_s 为分区 s 畜禽地下水可利用量（m^3）；GWI_s 为分区 s 工业地下水可利用量（m^3）；$HWUQ$ 为人类饮用水定额（m^3/人）；PO_s 为分区 s 人口（人）；$TGWA$ 为总地下水可利用量（m^3）。

（3）能源可利用量约束。能源主要用于农业用水系统的取水、抽水和排水。所消耗的能量不应大于每个分区的允许能量和总能量可利用量。此约束可以表示为

$$ESI\sum_{c=1}^{C} SIQ_{sc}(\xi) \cdot A_{sc} + EGI\sum_{c=1}^{C} GIQ_{sc}(\xi) \cdot A_{sc} + ED\sum_{c=1}^{C} DM_c \cdot T_c \cdot A_{sc} \leqslant EA_s \quad \forall s \tag{10-6a}$$

$$\sum_{s=1}^{S} EA_s \leqslant TEA \tag{10-6b}$$

式中，EA_s 为分区 s 的可用能源（kWh）；TEA 为总可用能源（kWh）。

（4）粮食安全约束。粮食安全约束是根据当地人口和粮食需求标准设定的，以满足对粮食的基本需求。这个约束可以表示为

$$\sum_{c=1}^{C} YA_{sc}(\xi) \cdot A_{sc} \geqslant PO_s \cdot FD \quad \forall s \tag{10-7}$$

式中，FD 为粮食需求标准（kg/人）。

（5）土地政策约束。应考虑每个分区中每种作物的灌溉面积上限和下限，以保证粮食需求并确保作物正常生长。该约束可以表示为

$$A_{sc}^{\min} \leqslant A_{sc} \leqslant A_{sc}^{\max} \quad \forall s,c \tag{10-8}$$

式中，$A_{sc}^{\min}$ 和 $A_{sc}^{\max}$ 分别为分区 s 作物 c 的最小和最大灌溉面积（hm²）。

（6）畜禽数目约束。各种类畜禽数量应该是一个整数，而且应该限制每个分区内每种畜禽的最小数量，以保证畜牧业的发展。该约束可以表示为

$$NL_{sl} \begin{cases} \geqslant NL_{sl}^{\min} \\ = 整数 \end{cases} \quad \forall s,l \tag{10-9}$$

式中，$NL_{sl}^{\min}$ 为分区 s 畜禽 l 的最小数量（头）。

（7）非负约束。所有的决策变量应大于零。该约束可以表示为

$$A_{sc} \geqslant 0 \quad \forall s,c \tag{10-10a}$$
$$NL_{sl} \geqslant 0 \quad \forall s,l \tag{10-10b}$$
$$SWA_s \geqslant 0 \quad \forall s \tag{10-10c}$$
$$GWA_s \geqslant 0 \quad \forall s \tag{10-10d}$$
$$GWL_s \geqslant 0 \quad \forall s \tag{10-10e}$$

10.2.3　模型求解方法

在建立的模型中，目标函数和约束都存在随机不确定性。模型中的一个随机参数可以表示为 $A(\xi)$。其中，$YA_{sc}(\xi)$、$SIQ_{sc}(\xi)$、$GIQ_{sc}(\xi)$、$TSWA(\xi)$ 为上述模型中具有随机性的参数。所建立的模型是目标函数和约束条件均为随机参数的多目标规划模型。模型求解的关键是将不确定模型转化为确定性模型，将多目标规划模型转化为单目标规划模型。分位准则优化可用于处理目标函数中的随机变量，机会约束规划（CCP）可用于处理约束条件中的随机不确定性（约束的左端项、右端项和左右端项的随机参数）。采用最小偏差法将多目标规划模型转化为单目标规划模型。

1. 分位准则优化

目标函数中有随机变量的线性规划问题可以表示为

$$\max f = \sum_{j=1}^{n} \gamma_j(\xi) \cdot \boldsymbol{x}_j \tag{10-11a}$$

约束于

$$\sum_{j=1}^{n} \boldsymbol{a}_{ij} \cdot \boldsymbol{x}_j \leqslant \boldsymbol{b}_i \quad i = 1, 2, \cdots, m \tag{10-11b}$$

$$\gamma_j(\xi) \sim N(\mu_j, \sigma_j^2) \tag{10-11c}$$

$$\boldsymbol{x}_j \geqslant 0, \quad j = 1, 2, \cdots, n \tag{10-11d}$$

式中，f 为目标函数；$\gamma_j(\xi)$ 为目标函数中假设服从正态分布的随机性系数（μ_j 为期望值，σ_j 为标准差）；$\boldsymbol{x}_j$ 为决策向量；$\boldsymbol{a}_{ij}$ 为约束条件左侧的矩阵；$\boldsymbol{b}_i$ 为约束条件右侧的一个向量。分位准则可以将上述随机目标转化为相应的确定性等价函数[186]。那么，通过对随机目标设定一个概率，使目标函数在给定概率下最大限度达到期望水平，即可转换上述目标函数中具有随机参数的模型：

$$\max \gamma \tag{10-12a}$$

$$\Pr\left[\sum_{j=1}^{n} \gamma_j(\omega) \cdot \boldsymbol{x}_j \geqslant \varepsilon\right] \geqslant \alpha \tag{10-12b}$$

其他约束条件与式（10-11b）、式（10-11c）和式（10-11d）相同。在模型式（10-12）中，ε 为目标函数的期望水平；$\Pr\{\}$ 为概率分布函数；$\alpha(\alpha \in [0,1])$ 为约束的给定概率水平。当 $\gamma_j(\xi)$ 服从正态分布时，约束式（10-12b）可变换为

$$\Pr\left[\frac{\sum_{j=1}^{n} \gamma_j(\omega) \cdot \boldsymbol{x}_j - \sum_{j=1}^{n} \mu_j \cdot \boldsymbol{x}_j}{\sqrt{\sum_{j=1}^{n} (\sigma_j \cdot \boldsymbol{x}_j)^2}} \geqslant \frac{\varepsilon - \sum_{j=1}^{n} \mu_j \cdot \boldsymbol{x}_j}{\sqrt{\sum_{j=1}^{n} (\sigma_j \cdot \boldsymbol{x}_j)^2}}\right] \geqslant \alpha \tag{10-13}$$

式中，约束的左侧项服从标准高斯分布，其期望值为 0，标准差为 1。因此，约束式（10-13）可以等价地转换为

$$1 - \Phi\left[\frac{\varepsilon - \sum_{j=1}^{n} \mu_j \cdot \boldsymbol{x}_j}{\sqrt{\sum_{j=1}^{n} (\sigma_j \cdot \boldsymbol{x}_j)^2}}\right] \geqslant \alpha \Longleftrightarrow \sum_{j=1}^{n} \mu_j \cdot \boldsymbol{x}_j + \Phi^{-1}(1-\alpha) \cdot \sqrt{\sum_{j=1}^{n} (\sigma_j \cdot \boldsymbol{x}_j)^2} \geqslant \varepsilon \tag{10-14}$$

式中，$\Phi(\cdot)$ 为标准高斯分布的累积分布函数；$\Phi^{-1}(\cdot)$ 为 $\Phi(\cdot)$ 的逆函数。如果目标式（10-12a）达到最大值，则式（10-14）的不等号可以改写为等号。在不同概率下，最终将模型转换为如下确定性模型：

$$\max f = \sum_{j=1}^{n} \mu_j \cdot x_j + \Phi^{-1}(1-\alpha) \cdot \sqrt{\sum_{j=1}^{n} (\sigma_j \cdot x_j)^2} \qquad (10\text{-}15\text{a})$$

$$\sum_{j=1}^{n} a_{ij} \cdot x_j \leqslant b_i \quad i = 1, 2, \cdots, m \qquad (10\text{-}15\text{b})$$

$$x_j \geqslant 0, \quad j = 1, 2, \cdots, n \qquad (10\text{-}15\text{c})$$

2. 随机机会约束规划

分位准则优化能够处理目标函数中的随机性，而 CCP 则能够处理约束条件中的随机性参数。有三种不同的情况：随机参数在约束的左端项、在约束的右端项和在约束的左右端项。总的来说，CCP 可以概括为

$$\max f = \sum_{j=1}^{n} c_j x_j \qquad (10\text{-}16\text{a})$$

约束于

$$\Pr\left\{ \sum_{j=1}^{n} a_{ij} x_j \leqslant b_i(\xi) \right\} \geqslant \mathrm{Pd}_i \quad i = 1, 2, \cdots, m \qquad (10\text{-}16\text{b})$$

$$\Pr\left\{ \sum_{j=1}^{n} d_{ij}(\xi) x_j \leqslant e_i \right\} \geqslant \mathrm{Pd}_i \quad i = 1, 2, \cdots, m \qquad (10\text{-}16\text{c})$$

$$\Pr\left\{ \sum_{j=1}^{n} g_{ij}(\xi) x_j \leqslant h_i(\xi) \right\} \geqslant \mathrm{Pd}_i \quad i = 1, 2, \cdots, m \qquad (10\text{-}16\text{d})$$

$$x_j \geqslant 0, \quad j = 1, 2, \cdots, n \qquad (10\text{-}16\text{e})$$

式中，f 为目标函数；x_j 为决策变量；a_{ij}、$b_i(\xi)$、$d_{ij}(\xi)$、e_i、$g_{ij}(\xi)$、$h_i(\xi)$ 为输入参数，其中，$b_i(\xi)$、$d_{ij}(\xi)$、$g_{ij}(\xi)$、$h_i(\xi)$ 为随机参数。为简化模型转换过程，假设 $b_i(\xi)$、$d_{ij}(\xi)$、$g_{ij}(\xi)$ 和 $h_i(\xi)$ 均服从正态分布，即 $b_i(\xi) \sim N(\mu_{b,i}, \sigma_{b,i}^2)$、$d_{ij}(\xi) \sim N(\mu_{d,ij}, \sigma_{d,ij}^2)$、$g_{ij}(\xi) \sim N(\mu_{g,ij}, \sigma_{g,ij}^2)$、$h_i(\xi) \sim N(\mu_{h,i}, \sigma_{h,i}^2)$。$\mathrm{Pd}_i(\mathrm{Pd}_i \in [0,1])$ 为给定的违约概率水平。模型式（10-16）描述了不同类型的 CCP，包括约束右端项的随机参数［式（10-16b）］、约束左端项的随机参数［式（10-16c）］和约束左右端项的随机参数［式（10-16d）］。不同类型 CCP 的最终确定性形式如下：

$$\Pr\left\{ \sum_{j=1}^{n} a_{ij} x_j \leqslant b_i(\xi) \right\} \geqslant \mathrm{Pd}_i \Longleftrightarrow \sum_{j=1}^{n} a_{ij} x_j \leqslant F_i^{-1}[b_i(\xi)]^{(1-p_i)} \quad \forall i = 1, 2, \cdots, m \qquad (10\text{-}17\text{a})$$

$$\Pr\left\{ \sum_{j=1}^{n} d_{ij}(\xi) x_j \leqslant e_i \right\} \geqslant \mathrm{Pd}_i \Longleftrightarrow \sum_{j=1}^{n} \mu_{d,ij} x_j + \Phi^{-1}(p_i) \sqrt{\sigma_{d,ij}^2 x_j^2} \leqslant e_i \quad i = 1, 2, \cdots, m$$

$$(10\text{-}17\text{b})$$

$$\mathrm{Pr}\left\{\sum_{j=1}^{n}g_{ij}(\xi)x_{j}\leqslant h_{i}(\xi)\right\}\geqslant \mathrm{Pd}_{i}$$

$$\Longleftrightarrow \sum_{j=1}^{n}\mu_{g,ij}x_{j}+\varPhi^{-1}(p_{i})\left(\sum_{j=1}^{n}\sigma_{g,ij}x_{j}+\sigma_{h,i}\right)\leqslant \mu_{h,i}\quad i=1,2,\cdots,m \quad\text{（10-17c）}$$

式中，$F_i^{-1}[b_i(\xi)]^{(1-p_i)}$ 为 $b_i(\xi)$ 的累积分布函数，违约概率为 Pd_i；$\varPhi^{-1}(p_i)$ 为标准正态分布随机变量的累积分布函数的逆形式。

3. 最小偏差法

本节采用最小偏差法求解上述多目标线性规划模型。该方法的优点是只需要每个目标函数的最优解，可以克服决策者主观因素对优化结果的影响。基于最小偏差法，可将多个目标函数转化为如下形式：

$$\min F_{\mathrm{com}}(X)=\sum_{i=1}^{m}\frac{f_i(X)-f_i^{\inf}}{f_i^{\sup}-f_i^{\inf}}+\sum_{j=m+1}^{I}\frac{f_j^{\sup}-f_j(X)}{f_j^{\sup}-f_j^{\inf}} \quad\text{（10-18）}$$

式中，$F_{\mathrm{com}}(X)$ 为综合目标函数；$f_i(X)(i=1,2,\cdots,m)$ 为最小目标函数；$f_j(X)(j=m+1,m+2,\cdots,I)$ 为最大目标函数；$f_i^{\inf}$ 和 $f_i^{\sup}$ 分别为 $f_i(X)$ 的最大值和最小值；$f_j^{\inf}$ 和 $f_j^{\sup}$ 分别为 $f_j(X)$ 的最大值和最小值。注意，$f_i^{\inf}$、$f_i^{\sup}$、$f_j^{\inf}$ 和 $f_j^{\sup}$ 的值不相等。

4. 模型求解步骤

（1）模型构建（目标函数构建及约束条件构建）。

（2）计算模型各随机参数在目标函数和约束条件下的期望值和标准差值。

（3）利用分位准则优化和给定违约概率 p_i 的 CCP 方法，将具有随机性的目标函数和约束转化为确定性形式。

（4）求解各单目标模型，得到指定条件 p_i 下各单目标函数和决策变量的最大值、最小值。

（5）用最小偏差法求解多目标模型。

（6）对应不同的值 p_i，重复步骤（3）～（5）。

10.3　耦合 WFEN 的农业水-土-能协同调控——模型 II

本节在上节模型的基础上，考虑"粮食-能源"关系链，构建耦合 WFEN 的农业水、土、能协同调控模型。该模型的目的是以经济高效和环境友好的方式优化不同地区的种植模式、水和能源利用模式、畜牧业模式，以生产生物能源。该模型在 MOP 框架中引入区间数，以处理多目标和不确定性带来的复杂性。该模型侧重于协调农业系统中生物能源生产的经济和环境影响之间的冲突。因此，优化模型涉及生物能源产量最大化、成本最小化和生物能源生产对环境污染最小化三个目标函数。这三个目标受到六个约束，分别是供水、能源供应、粮食需求、土地使用政策、畜禽政策和经济政策约束。模型可以确定耕地的面积、地表水、地下水、能源和畜禽的数量。考虑不确定性，使用区间数表示输入参数。模型的技术路线如图 10-3 所示。

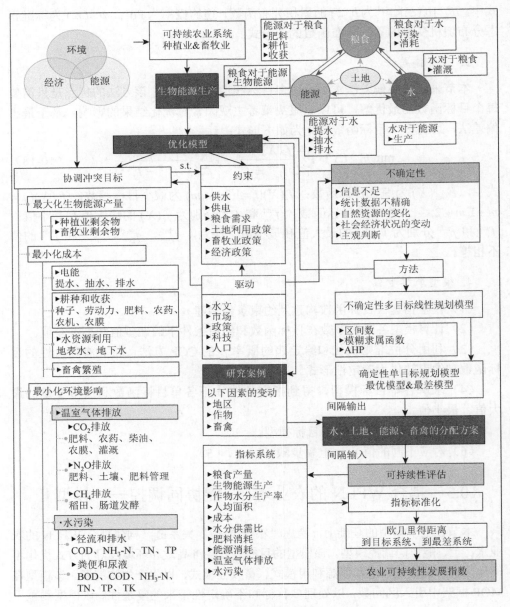

图 10-3 模型 II 技术路线图

10.3.1　模型参数与变量含义

模型中参数和变量的含义如表 10-1 所示。

表 10-1　模型中参数和变量的含义

参量	释义
d	地区索引
c	作物索引
i	畜禽索引
k	肥料索引
PP	种植业污染物索引
pl	畜牧业污染物索引
manu	粪便下标
uri	尿液下标
sur	地表水下标
gro	地下水下标
max	最大值下标
min	最小值下标
$\pm$	区间数上标
$AD_d^\pm$	地区 d 农机柴油用量（kg/hm²）
$AF_d^\pm$	地区 d 农膜用量（kg/hm²）
$A_{\min,dc}$	地区 d 作物 c 最小种植面积（hm²）
$A_{\max,dc}$	地区 d 作物 c 最大种植面积（hm²）
$BP^\pm$	生物能源产量（J）
$BP_{planting}^\pm$	种植业生物能源产量（J）
$BP_{livestock}^\pm$	畜牧业生物能源产量（J）
$C^\pm$	成本（元）
$C_{planting}^\pm$	种植业成本（元）
$C_{livestock}^\pm$	畜牧业成本（元）
$C_{electricity}^\pm$	灌溉用电成本（元）
$C_{material}^\pm$	种植材料成本（元）

续表

参量	释义
$C_{\text{water}}^{\pm}$	用水成本（元）
$\text{CAD}^{\pm}$	农业机械柴油的 CO_2 排放系数（kg CO_2eq/kg）
CAE	灌溉用电 CO_2 排放系数（kg CO_2eq/kWh）
$\text{CAF}^{\pm}$	农膜的 CO_2 排放系数（kg CO_2eq/kg）
CF_k	k 肥的 CO_2 排放系数（kg CO_2eq/kg）
$\text{CL}_l^{\pm}$	每头畜禽 l 成本（元/头）
$\text{CLP}_c^{\pm}$	种植作物 c 的人工成本（元/hm²）
$\text{CP}^{\pm}$	农药的 CO_2 排放系数（kg CO_2eq/kg）
$\text{DM}_c^{\pm}$	作物 c 排水模量[m³/(d·hm²)]
$\text{DWQL}_l^{\pm}$	畜禽 l 饮水定额（m³/头）
$\text{DWQP}^{\pm}$	人均饮水定额（m³/人）
$E_{CO_2}^{\pm}$	CO_2 排放（kg）
$E_{CH_4}^{\pm}$	CH_4 排放（kg）
$E_{N_2O}^{\pm}$	N_2O 排放（kg）
$E_{CO_2,\text{planting}}^{\pm}$	种植业 CO_2 排放（kg）
$E_{CO_2,\text{livestock}}^{\pm}$	畜牧业 CO_2 排放（kg）
$(\text{EB}_{\text{planting}})_d$	地区 d 种植业最低经济效益（元）
$(\text{EB}_{\text{livestock}})_d$	地区 d 畜牧业最低经济效益（元）
EC	用电成本（元/kWh）
$\text{EI}^{\pm}$	环境影响（kg）
$F_{dk}^{\pm}$	地区 d 肥料 k 用量（kg/hm²）
$\text{FD}_{\text{min}}^{\pm}$	最低粮食需求（kg/人）
f_{gro}	水头损失（m）
H_{sur}	地表水水头（m）
HD	排水水头（m）
HL_{gro}	地下水抽水水头（m）
HN_{gro}	公称压力（m）
HV	标准煤最低热值

续表

参量	释义
$(IQ_{sur})_{dc}^{\pm}$	地区 d 作物 c 地表水灌溉定额（m^3/hm^2）
$(IQ_{gro})_{dc}^{\pm}$	地区 d 作物 c 地下水灌溉定额（m^3/hm^2）
$ME_l^{\pm}$	畜禽 l 粪便排放系数（kg/头）
$MEF_l^{\pm}$	畜禽 l 肠内发酵 CH_4 排放系数（kg/头）
$MM_l^{\pm}$	畜禽 l 粪便 CH_4 排放系数（kg/头）
$MP^{\pm}$	稻田 CH_4 排放系数（kg/hm^2）
$N_{min,dl}$	地区 d 畜禽 l 的最小值（头）
NF_{ck}	作物 c 钾肥 N_2O 排放系数（kg/hm^2）
$NM_l^{\pm}$	畜禽 l 粪便 N_2O 排放系数（kg/头）
NS_c	作物 c 土壤 N_2O 排放系数（kg/hm^2）
$Pe_d^{\pm}$	地区 d 农药用量（kg/hm^2）
$PAD_d^{\pm}$	地区 d 农机柴油价格（元/kg）
$PAF_d^{\pm}$	地区 d 农膜价格（元/kg）
$PC_c^{\pm}$	作物 c 市场价格（元/kg）
$PEI_{pp}^{\pm}$	种植业污染物 pp 排放强度（kg/hm^2）
$PF_k^{\pm}$	肥料 k 价格（元/kg）
$PL_l^{\pm}$	畜禽 l 价格（元/头）
PLN	单位面积氮浸出量（kg/hm^2）
PLP	单位面积磷浸出量（kg/hm^2）
PO_d	地区 d 人口（人）
$PP_c^{\pm}$	作物 c 农药价格（元/kg）
$PS_c^{\pm}$	作物 c 种子价格（元/kg）
PW_{sur}	地表水价格（元/m^3）
PW_{gro}	地下水价格（元/m^3）
$S_c^{\pm}$	作物 c 种子用量（kg/hm^2）
T_c	作物 c 排水天数（d）
TES	总电力供应量（kWh）
$TWS_{sur}^{\pm}$	总地表水供应量（m^3）

续表

参量	释义
$TWS_{gro}^{\pm}$	总地下水供应量（m^3）
$UE_l^{\pm}$	畜禽 l 尿液排放系数（kg/头）
$WP_{planting}^{\pm}$	种植业水污染（kg）
$WP_{livestock}^{\pm}$	畜牧业水污染（kg）
$WS_{industry}$	工业水需求量（m^3）
$Y_{dc}^{\pm}$	单位面积产量（kg/hm^2）
A_{dc}	地区 d 作物 c 种植面积（hm^2）
ESI_d	地区 d 灌溉电量（kWh）
N_{dl}	地区 d 畜禽 l 数量（头）
$(WS_{sur})_d$	地区 d 地表水供应量（m^3）
$(WS_{gro})_d$	地区 d 地下水供应量（m^3）
$\alpha_c^{\pm}$	作物 c 草谷比
$\beta_c^{\pm}$	作物 c 秸秆可收集系数
γ	能源可利用系数
$(\delta_{planting})_c$	转换率，代表作物 c 剩余物与当量标准煤的比值
$(\delta_{livestock})_l$	转换率，代表畜禽 l 与当量标准煤的比值
$\varepsilon_l^{\pm}$	畜禽 l 粪便收集系数
$(\xi_{manu})_l^{\pm}$	畜禽 l 粪便干物质比例
$(\xi_{uri})_l$	畜禽 l 尿液干物质比例
$(\theta_{manu})_l^{\pm}$	畜禽 l 粪便干物质的沼气率
$(\theta_{uri})_l^{\pm}$	畜禽 l 尿液干物质的沼气率
μ_{sur}	地表水提水效率
μ_{pump}	提水效率
μ_{motor}	抽水效率
$\mu_{drainage}$	排水效率
$\sigma^{\pm}$	种植业污染物流入河流的系数
$\tau^{\pm}$	畜牧业污染物流入河流的系数
$(\phi_{manu})_{pl,l}$	畜禽 l 粪便污染物排放系数

续表

参量	释义
$(\phi_{\text{uri}})_{pl,l}$	畜禽 l 尿液污染物排放系数
η_{sur}	地表水灌溉利用系数
η_{gro}	井灌利用系数
χ	灌溉用电占总用电比例

10.3.2　模型目标函数

（1）生物能源产量目标（极大化最优）。这是评估生物能源潜力最直接的目标。本章假设生物能源的产出基于农业废弃物，即作物秸秆和畜禽粪便。这些农业废弃物按一定比例产生生物能源。具体而言，种植业的生物能源（$\text{BP}_{\text{planting}}^{\pm}$）生产基于作物秸秆，畜牧业的生物能源（$\text{BP}_{\text{livestock}}^{\pm}$）生产基于畜禽粪便和尿液的总和。以当量标准煤估算的生物能源生产目标函数可以表示为

$$\max \text{BP}^{\pm} = \text{BP}_{\text{planting}}^{\pm} + \text{BP}_{\text{livestock}}^{\pm} \tag{10-19a}$$

$$\text{BP}_{\text{planting}}^{\pm} = \sum_{d=1}^{D} \sum_{c=1}^{C} A_{dc} \cdot Y_{dc}^{\pm} \cdot \alpha_c^{\pm} \cdot \beta_c^{\pm} \cdot \gamma \cdot (\delta_{\text{planting}})_c \cdot \text{HV} \tag{10-19b}$$

$$\begin{aligned} \text{BP}_{\text{livestock}}^{\pm} = \sum_{d=1}^{D} \sum_{l=1}^{L} N_{dl} \cdot \Big[\text{ME}_l^{\pm} \cdot \varepsilon_l^{\pm} \cdot (\xi_{\text{manu}})_l^{\pm} (\theta_{\text{manu}})_l^{\pm} + \text{UE}_l^{\pm} \cdot \varepsilon_l^{\pm} \cdot (\xi_{\text{uri}})_l \cdot (\theta_{\text{uri}})_l^{\pm} \Big] \\ \cdot (\delta_{\text{livestock}})_l \cdot \text{HV} \end{aligned} \tag{10-19c}$$

（2）成本目标（极小化最优）。成本是反映生物能源生产对经济效益影响的一个重要指标。生物能源生产的成本包括种植作物的成本和饲养畜禽的成本。由于种植业在生物能源生产中占很大比例，种植作物的成本可细分为灌溉用电成本、种植作物的材料成本和用水成本。成本的目标函数可以表示为

$$\min C^{\pm} = C_{\text{planting}}^{\pm} + C_{\text{livestock}}^{\pm} \tag{10-20a}$$

$$C_{\text{planting}}^{\pm} = C_{\text{electricity}}^{\pm} + C_{\text{material}}^{\pm} + C_{\text{water}}^{\pm} \tag{10-20b}$$

$$\begin{aligned} C_{\text{electricity}}^{\pm} = \text{EC} \cdot \sum_{d=1}^{D} \sum_{c=1}^{C} A_{dc} \cdot \bigg[(\text{IQ}_{\text{sur}})_{dc}^{\pm} \cdot \frac{H_{\text{sur}}}{102 \times 3.6 \times \mu_{\text{sur}}} + (\text{IQ}_{\text{gro}})_{dc}^{\pm} \cdot \frac{\text{HL}_{\text{gro}} + \text{HN}_{\text{gro}} + f_{\text{gro}}}{102 \times 3.6 \times \mu_{\text{pump}} \cdot \mu_{\text{motor}}} \\ + \frac{\text{HD}}{102 \times 3.6 \times \mu_{\text{drainage}}} \cdot \text{DM}_c^{\pm} \cdot T_c \bigg] \end{aligned} \tag{10-20c}$$

$$C_{\text{material}}^{\pm} = \sum_{d=1}^{D} \sum_{c=1}^{C} A_{dc} \cdot \left(S_c^{\pm} \cdot PS_c^{\pm} + \sum_{k=1}^{K} F_{dk}^{\pm} \cdot PF_k^{\pm} + Pe_d^{\pm} \cdot PP_c^{\pm} + AF_d^{\pm} \cdot PAF_d^{\pm} + AD_d^{\pm} \cdot PAD_d^{\pm} + CLP_c^{\pm} \right)$$
（10-20d）

$$C_{\text{water}}^{\pm} = \sum_{d=1}^{D} \sum_{c=1}^{C} A_{dc} \cdot \left[(IQ_{\text{sur}})_{dc}^{\pm} \cdot PW_{\text{sur}} + (IQ_{\text{gro}})_{dc}^{\pm} \cdot PW_{\text{gro}} \right] \quad (10\text{-}20e)$$

$$C_{\text{livestock}}^{\pm} = \sum_{d=1}^{D} \sum_{l=1}^{L} (N_{dl} \cdot CL_l^{\pm}) \quad (10\text{-}20f)$$

（3）环境影响目标（极小化最优）。应考虑生物能源生产对环境的副作用以及经济影响，以满足农业可持续发展的要求。环境污染主要有两种类型：第一种是使用化肥、农药、农用薄膜和畜禽粪便造成的水污染。种植产生的主要污染物，包括生化需氧量（BOD）、氨氮（NH₃-N）、总磷（TP）和总氮（TN）；畜牧业产生的主要污染物，包括 BOD、化学需氧量（COD）、NH₃-N、TP、TN 和 TK，这些污染物通过地表径流、地下渗漏和排水污染水体。第二种是种植作物和饲养畜禽产生温室气体会导致气候变化。具体来说，化肥、农药、灌溉用电、农用薄膜和种植作物使用的农机都会排放 CO_2。土壤中化肥和有机肥的硝化反硝化作用、氨挥发和氮淋失会排放 N_2O。稻田和有机肥的施用会排放 CH_4。环境影响的目标函数可以表示为

$$\min EI^{\pm} = (WP_{\text{planting}}^{\pm} + WP_{\text{livestock}}^{\pm})_{\text{Non-dim}} + (E_{CO_2}^{\pm} + 21 E_{CH_4}^{\pm} + 310 E_{N_2O}^{\pm})_{\text{Non-dim}} \quad (10\text{-}21a)$$

$$WP_{\text{planting}}^{\pm} = \sum_{d=1}^{D} \sum_{c=1}^{C} \sum_{pp=1}^{PP} A_{dc} [PEI_{pp}^{\pm} \cdot \sigma^{\pm} + (PLN + PLP)] \quad (10\text{-}21b)$$

$$WP_{\text{livestock}}^{\pm} = \sum_{d=1}^{D} \sum_{l=1}^{L} N_{dl} \left[ME_l^{\pm} \cdot \sum_{pl=1}^{PL} (\phi_{\text{manu}})_{pl,l} \cdot \tau^{\pm} + UE_l^{\pm} \cdot \sum_{pl=1}^{PL} (\phi_{\text{uri}})_{pl,l} \cdot \tau^{\pm} \right] \quad (10\text{-}21c)$$

$$E_{CO_2}^{\pm} = \sum_{d=1}^{D} \sum_{c=1}^{C} A_{dc} \cdot \left\{ \sum_{k=1}^{K} F_{dk}^{\pm} \cdot CF_k + Pe_d^{\pm} \cdot CP^{\pm} + AF_d^{\pm} \cdot CAF^{\pm} + AD_d^{\pm} \cdot CAD^{\pm} \right.$$

$$+ \left[\frac{H_{\text{sur}}}{102 \times 3.6 \times \mu_{\text{sur}}} + \frac{HL_{\text{gro}} + HN_{\text{gro}} + f_{\text{gro}}}{102 \times 3.6 \times \mu_{\text{pump}} \times \mu_{\text{motor}}} \right.$$

$$\left. \left. + \frac{HD}{102 \times 3.6 \times \mu_{\text{drainage}}} \right] \times CAE \right\} \quad (10\text{-}21d)$$

$$E_{CH_4}^{\pm} = \sum_{d=1}^{D} \sum_{c=1}^{C} A_{d,\text{paddy}} \cdot MP^{\pm} + \sum_{d=1}^{D} \sum_{l=1}^{L} N_{dl} \cdot (MEF_l^{\pm} + MM_l^{\pm}) \quad (10\text{-}21e)$$

$$E_{N_2O}^{\pm} = \sum_{d=1}^{D} \sum_{c=1}^{C} A_{dc} \cdot \left(\sum_{k=1}^{K} NF_{ck} + NS_c \right) + \sum_{d=1}^{D} \sum_{l=1}^{L} N_{dl} \cdot NM_l^{\pm} \quad (10\text{-}21f)$$

式中，$(WP_{\text{planting}}^{\pm} + WP_{\text{livestock}}^{\pm})_{\text{Non-dim}}$ 代表水污染；$(E_{CO_2}^{\pm} + 21 E_{CH_4}^{\pm} + 310 E_{N_2O}^{\pm})_{\text{Non-dim}}$ 代表

温室气体排放。其中，$(\cdot)_{\text{Non-dim}}$ 表示无量纲形式的 $(\cdot)$。利用全球增温潜势将不同类型的温室气体排放转化为 CO_2 当量，CH_4 和 N_2O 的当量系数分别为 21 和 310[187]。

10.3.3　模型约束条件

（1）地表水供应约束。以农业为主的地区，地表水主要用于灌溉。所有作物的地表水分配不应大于各分区的地表水净供应量，各分区的地表水供应量不应大于研究区可利用的径流量。该约束可以表示为

$$\sum_{c=1}^{C} A_{dc} \cdot (\text{IQ}_{\text{sur}})_{dc}^{\pm} \leqslant (\text{WS}_{\text{sur}})_d \cdot \eta_{\text{sur}} \qquad \forall d \tag{10-22a}$$

$$\sum_{d=1}^{D} (\text{WS}_{\text{sur}})_d \leqslant \text{TWS}_{\text{sur}}^{\pm} \tag{10-22b}$$

（2）地下水供应约束。每个分区分配给作物的地下水不应大于从井中抽取的地下水。除了灌溉，地下水还被用于工业以及人类和畜禽的饮用。所有这些都不应大于研究区地下水总供应量。该约束可以表示为

$$\sum_{c=1}^{C} A_{dc} \cdot (\text{IQ}_{\text{gro}})_{dc}^{\pm} \leqslant (\text{WS}_{\text{gro}})_d \cdot \eta_{\text{gro}} \qquad \forall d \tag{10-23a}$$

$$\sum_{d=1}^{D} \left[(\text{WS}_{\text{gro}})_d + \text{WS}_{\text{industry}} + \sum_{l=1}^{L} N_{dl} \cdot \text{DWQL}_l^{\pm} + \text{PO}_d \cdot \text{DWQP}^{\pm} \right] \leqslant \text{TWS}_{\text{gro}}^{\pm} \tag{10-23b}$$

（3）电力供应约束。除了水资源，种植业也需要电力。电力主要用于地表水的抽取、地下水的提取和排水。耗电量不应大于各分区允许的电量和可用于灌溉的总能量。该约束可以表示为

$$\sum_{c=1}^{C} A_{dc} \cdot \left\{ \left[(\text{IQ}_{\text{sur}})_{dc}^{\pm} \cdot \frac{H_{\text{sur}}}{102 \times 3.6 \times \mu_{\text{sur}}} \right] + \left[(\text{IQ}_{\text{gro}})_{dc}^{\pm} \cdot \frac{\text{HL}_{\text{gro}} + \text{HN}_{\text{gro}} + f_{\text{gro}}}{102 \times 3.6 \times \mu_{\text{pump}} \times \mu_{\text{motor}}} \right] \right.$$
$$\left. + \frac{\text{HD}}{102 \times 3.6 \times \mu_{\text{drainage}}} \cdot \text{DM}_c^{\pm} \cdot T_c \right\} \leqslant \text{ESI}_d \qquad \forall d \tag{10-24a}$$

$$\sum_{d=1}^{D} \text{ESI}_d \leqslant \chi \cdot \text{TES} \tag{10-24b}$$

（4）粮食需求约束。对农业系统而言，粮食产量至少要满足当地粮食需求（即根据当地人口自给自足），以确保粮食安全。该约束可以表示为

$$\sum_{c=1}^{C} A_{dc} \cdot Y_{dc}^{\pm} \geqslant \text{PO}_d \cdot \text{FD}_{\min}^{\pm} \qquad \forall d \tag{10-25}$$

（5）土地利用政策约束。优化中应考虑每个分区内每种作物的种植面积上限和下限，以满足粮食需求、现行作物生产和区域规划。该约束可以表示为

$$A_{\min,dc} \leqslant A_{dc} \leqslant A_{\max,dc} \qquad \forall d,c \tag{10-26}$$

（6）畜牧业政策约束。各分区各类畜禽数量不应低于相应的最低数量，以保证畜牧业的发展。在优化模型中，每种畜禽的数量应该取整数，符合实际情况。该约束可以表示为

$$N_{dl} \geqslant N_{\min,dl} \qquad \forall d,l \tag{10-27a}$$

$$N_{dl} = \text{integer} \qquad \forall d,l \tag{10-27b}$$

（7）经济政策约束。种植业和畜牧业的经济产出不应低于相应的最低经济阈值，以促进种植业和畜牧业的产出。该约束可以表示为

$$\sum_{c=1}^{C} A_{dc} \cdot Y_{dc}^{\pm} \cdot PC_c^{\pm} \geqslant (EB_{\text{planting}})_d \qquad \forall d \tag{10-28a}$$

$$\sum_{l=1}^{L} N_{dl} \cdot PL_l^{\pm} \geqslant (EB_{\text{livestock}})_d \qquad \forall d \tag{10-28b}$$

（8）非负约束。任何决策变量都应该大于等于零。

$$A_{dc} \geqslant 0 \qquad \forall d,c \tag{10-29a}$$

$$N_{dl} \geqslant 0 \qquad \forall d,l \tag{10-29b}$$

$$ESI_d \text{、} (WS_{\text{sur}})_d \text{、} (WS_{\text{gro}})_d \geqslant 0 \qquad \forall d \tag{10-29c}$$

10.3.4　模型求解方法

如前所述，本章将区间数与多目标线性规划相结合，提出了一种优化生物能源生产的区间多目标线性规划方法。如前几章介绍，求解区间多目标线性规划模型的关键是将其转化为确定性的单目标规划模型。具体而言，本章使用线性隶属函数，引入满意度，将多目标规划模型转化为单目标规划模型。值得注意的是，对于环境影响最小的目标函数，在应用隶属函数对多目标规划进行变换之前，应先进行无量纲化，因为该目标函数中水污染和温室气体排放的量纲是不同的。缩放方法和转换方法都适用于无量纲化，本章首先采用线性比例方法（一种缩放方法）使水污染部分和温室气体排放部分相加。然后采用最佳-最差方法[188]结合区间数算法[189]将区间数转换为确定性数。最后，利用层次分析法（AHP）确定各目标的权重，将模型转化为两个确定性单目标规划子模型，并用优化软件进行编程求解。图 10-4 给出了优化模型计算流程。

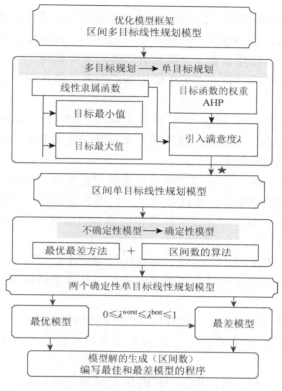

图 10-4　优化模型计算流程图

10.4　农业系统可持续性评价

在优化模型输出结果的基础上,建立反映农业系统 WFEN 的指标体系,根据农业可持续发展指数(agricultural sustainable development exponent,ASDE)来评价农业系统的可持续性水平。评估基于若干可持续发展指标,指标的选择遵循以下标准[190, 191]:①涵盖大部分可持续发展目标。指标的选择应尽可能多地实现可持续发展目标,反映资源的不同维度——经济、社会和环境。②考虑能源、粮食、水和土地关联关系(energy-food-water-land nexus,EFWLN)。能源、粮食、水和土地在生物能源生产中占有重要地位,它们相互依存。应选择能够反映每个组成部分并突出四个要素之间联系的指标。③代表性。指标的选择应明确、有效和透明,以便进行有效的、可信的和可重复的评估。④数据可用性。应保证历史数据的可用性,以便评估任何指标的性能。⑤数量有限。在评价过程中,应限制指标的数量,以保证评价的效率。

为此,研究根据生物能源生产优化模型的产量选择了 10 个主要指标,具体如下。

（1）粮食单位面积产量（kg/hm²）：计算方法是用粮食单位面积产量（kg）除以作物面积（hm²）。该指标是反映粮食生产效率的主要农业指标，与生物能源生产直接相关。这一指标是粮食安全和社会效益的重要体现。

（2）生物能源生产（J）：它是评价生物能源潜力最直观的指标，与经济效益直接相关。

（3）作物水分生产率（kg/m³）：定义是作物产量（kg）除以农业灌溉用水量（m³）。该指标的作用至关重要，因为其不仅反映了用水效率，而且代表了水和粮食两个基本部门之间的联系。

（4）人均面积（hm²/人）：该指标可以通过用农作物面积除以当地人口数量获得。这是可以用来确定粮食产量能否满足人口增长需求的一个通用指标。

（5）成本（元）：这一指标是经济价值的重要组成部分，也是生物能源生产的一个重要问题。

（6）水资源供需比例（%）：这一指标的计算方法是用可用于农业灌溉的水量除以作物的需水量。该指标旨在衡量缺水程度，从而揭示作物的实际产量与理想产量之间的差距。

（7）化肥用量（kg/hm²）：该指标以每公顷种植面积所使用的肥料（包括氮、磷、钾和复合肥）的千克数表示，能够衡量单位种植面积所使用的植物养分的数量。

（8）能源消耗（J）：该指标是 EFWLN 的重要表现形式，可通过用折能系数乘以生物能源生产的每个能源消耗项目（包括电力、柴油、农药和不同类型的肥料）来估算。

（9）温室气体排放（kg）：该指标旨在确定温室气体（包括 CO_2、CH_4 和 N_2O）排放总量，具体以种植业和畜牧业为重点，可直接反映生物能源生产对气候变化的影响。

（10）水污染（kg）：该指标用于估算种植业和畜牧业流入河流的污染物，是反映生物能源生产对水环境影响的重要指标。

以上指标可根据生物能源生产优化模型的计算结果进一步计算得到。其中，作物产量、作物面积、农业灌溉用水、电力为优化模型的输出变量。应注意，根据优化模型的直接输出，用于评估的是第一个指标（即粮食产量，kg/hm²）的最优值。生物能源生产、成本（即优化模型中的"C"）、温室气体排放和水污染是优化模型的输出目标。可以根据统计年鉴或参考资料获得其他相关数据。

根据 ASDE[193]选定指标评估农业系统的可持续水平。由于指标是基于优化模型进行估算的，因此用区间数表示。在确定欧几里得距离时加入区间数，用欧几里得距离来确定 ASDE 值。ASDE 通常可分为三个区间：0＜ASDE≤0.6 表明较低的可持续性，0.6＜ASDE＜0.8 表明适中的可持续性，ASDE≥0.8 表明高可持续性。ASDE 具体计算公式如下：

设 S 为当前系统，可以表示为

$$S = f(X_1, X_2, \cdots, X_m, \cdots, X_n) \tag{10-30a}$$

式中，f 为当前系统的系统状态；$X_1, X_2, \cdots, X_m, \cdots, X_n$ 为指标的状态值。系统中的每个指标对于特定区域都有其理想值。这些具有各自理想值的指标构成的系统称为"目标系统"（S^{goal}），可以表示为

$$S^{\text{goal}} = f^{\text{goal}}(X_1, X_2, \cdots, X_m, \cdots, X_n) \tag{10-30b}$$

反之，对于这些数值处于不利状态的指标，则认为该系统为"最差系统"（S^{worst}）（也称为"零系统"），可以表示为

$$S^{\text{worst}} = f^{\text{worst}}(X_1, X_2, \cdots, X_m, \cdots, X_n) \tag{10-30c}$$

然后，根据 S、S^{goal}、S^{worst} 之间的距离，定义 ASDE 为

$$\text{ASDE} = 1 - \frac{D_{\text{c-g}}}{D_{\text{w-g}}} \tag{10-30d}$$

式中，$D_{\text{c-g}}$ 为 S 与 S^{goal} 的距离；$D_{\text{w-g}}$ 为 S^{worst} 与 S^{goal} 的距离（即最大距离）。可以根据欧几里得距离的概念计算。

由于各指标是基于优化模型进行估计的，因此 S 中各指标的值均表示为区间数。对于任意区间数 $A^{\pm}$ 和 $B^{\pm}$，$A^{\pm}$ 和 $B^{\pm}$ 的欧几里得距离可以表示为 $D(A^{\pm}, B^{\pm})$，可以进一步量化为

$$D(A^{\pm}, B^{\pm}) = \sqrt{\frac{(A^- - B^-)^2 + (A^+ - B^+)^2}{2}} \tag{10-30e}$$

对于评价体系，由于各指标的维度不同，需要按照以下公式对各指标进行标准化：

$$X_m^{\text{sta}} = \frac{X_m - X_m^{\text{ave}}}{X_m^{\text{sd}}} \tag{10-30f}$$

式中，X_m^{sta}、X_m^{ave} 和 X_m^{sd} 分别为指标 X_m 的标准化形式、平均值和标准差值。

10.5　基　本　参　数

在第 9 章参数的基础上，本节补充与畜牧业有关及其他模型需要的参数。表 10-2 显示了与各种畜禽有关的数据。

表 10-2　与各种畜禽有关的数据

参数	单位	肉牛	奶牛	活猪	羊肉	家禽
价格	元/头	8966.58	17067.27	1807.24	1037.39	26.11
成本	元/头	8198.79	12592.66	1378.26	779.07	22.91
用水定额	m^3/头	23.725	34.675	27.375	2.7375	0.274
排泄物的排放因子	kg/头	8920.6	10950	1551.25	949	0.438
尿液排放因子	kg/头	3850.75	4051.5	1825	365	0

　　表 10-3 展示了不同种类畜禽的不同污染物相关数据。本章中，尿液中污染物的系数设为 0.5。除了畜禽粪便中的污染物外，还有作物种植所产生的污染物，如 COD_{Cr}、NH_3-N、TN 和 TP。这些污染物进入河流的系数分别为 $150kg/hm^2$、$11.85kg/hm^2$、$171.75kg/hm^2$ 和 $65.25kg/hm^2$，其单位面积排放因子分别为 0.06、0.05、0.04 和 0.01。

表 10-3　不同种类畜禽的不同污染物相关数据

参数	单位	污染物	肉牛	乳牛	活猪	羊肉	家禽
流入河流的排泄物中的污染物系数	无量纲	BOD	0.049	0.049	0.061	0.061	0.068
		COD	0.062	0.062	0.056	0.055	0.086
		NH_3-N	0.022	0.022	0.03	0.03	0.042
		TN	0.057	0.057	0.053	0.053	0.085
		TP	0.055	0.055	0.053	0.053	0.084
		TK	0.055	0.055	0.053	0.053	0.084
排泄物中污染物的排放因子	kg/kg	BOD	0.0245	0.0245	0.057	0.0041	0.039
		COD	0.031	0.031	0.052	0.0046	0.0457
		NH_3-N	0.0017	0.0017	0.0031	0.0008	0.0028
		TN	0.0044	0.0044	0.0059	0.0075	0.0104
		TP	0.0012	0.0012	0.0034	0.0026	0.0058
		TK	0.01	0.01	0.004	0.002	0.0042
尿液中污染物的排放因子	kg/kg	BOD	0.004	0.004	0.005	0	0
		COD	0.006	0.006	0.009	0	0
		NH_3-N	0.0035	0.0035	0.0014	0	0
		TN	0.008	0.008	0.0033	0.014	0
		TP	0.0004	0.0004	0.0005	0.002	0
		TK	0	0.015	0.01	0	0

　　研究区电价为 0.5546 元/kWh，地表水、地下水、排水用电定额分别为

$0.2464kWh/m^3$、$0.2894kWh/m^3$、$0.2288kWh/m^3$。畜禽用水价格为 1.72 元/m^3，地表水和地下水灌溉价格分别为 0.16 元/m^3 和 0.287 元/m^3。地表水和地下水利用系数分别为 0.53 和 0.78。表 10-4 为模型 II 的常数参数。

表 10-4　模型 II 的常数参数

参数	符号	单位	值
新能源供应系数	γ		0.43
标准煤最低热值	HV	MJ/kg	29.27
电费	EC	元/kWh	0.55
与地表水有关的液压头	H_{sur}	m	45.24
地表水抽水效率	μ_{sur}		0.5
地下水抽水水头	HL_{gro}	m	10
公称压力	HN_{gro}	m	20
头部损失	f_{gro}	m	4
抽水效率	μ_{pump}		0.8
电机效率	μ_{motor}		0.4
排水头	HD		50.42
排水效率	$\mu_{drainage}$		0.2288
地表水价格	PW_{sur}	元/m^3	0.16
地下水价格	PW_{gro}	元/m^3	0.29
流入河流的种植污染物的系数	σ		[0.076, 0.084]
流入河道的牲畜污染物的系数	τ		[0.3, 0.5]
单位面积氮浸出	PLN	kg/hm^2	0.687
单位面积磷浸出	PLP	kg/hm^2	0.261
农药 CO_2 排放系数	CP		18.1
农膜 CO_2 排放系数	CAF		[19, 23]
农业机械柴油的 CO_2 排放系数	CAD		[3.16, 3.70]
灌溉用电的 CO_2 排放系数	CAE		0.8
稻田 CH_4 排放系数	MP	kg/hm^2	[78.6, 81.8]
地表水灌溉利用系数	η_{sur}		0.53
井灌利用系数	η_{gro}		0.85
人均饮水定额	DWQP	m^3/人	[25.0, 26.1]
灌溉用电比例	χ		0.3

续表

参数	符号	单位	值
地下水总供应	TWS_{gro}	$10^4 m^3$	[13622, 13900]
工业用水	$TWS_{industry}$	$10^4 m^3$	729
总电力供应	TES	$10^4 kWh$	13866
最低粮食需求	FD_{min}	kg/人	[392, 408]

10.6　结果分析与讨论

10.6.1　模型Ⅰ不同情景下资源分配与目标变化趋势

模型Ⅰ的特点之一是考虑了目标函数和约束条件的随机不确定性。为了解决随机不确定性，预设了违约概率。本章选择 0.01、0.05、0.1、0.15 和 0.2 的违约概率情景来展现不同情景下供水量、能源供应量和作物产量的变化，具体结果见图 10-5。

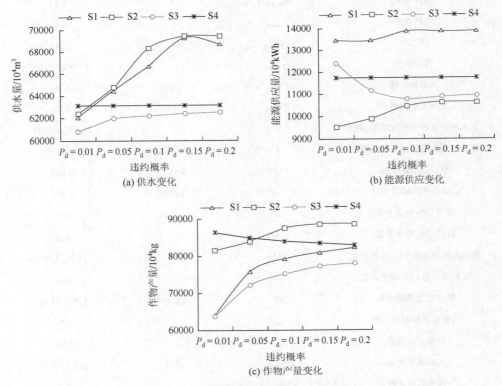

图 10-5　不同情景下的资源配置变化趋势

图中，S1 表示考虑模型所有随机不确定性的情景；S2 表示考虑约束右端项随机不确定性的情景；S3 表示考虑约束左端项随机不确定性的情景；S4 表示考虑目标函数中随机不确定性的情况。

从图中可以看出，当仅考虑约束右端项的随机性（即 S2）时，随着违约概率从 0.01 增加到 0.2，供水量、能源供应量和作物产量都有增加的趋势，这是因为违约概率越大，就意味着可以获得越多的水和能源，从而带来更高的作物产量。但与此同时也存在潜在的风险。对于 S3，供水量和作物产量的变化趋势与情景 S2 相同，而能源供应量的变化趋势则不同。这归因于模型结构，对于能源可利用性约束，地表水和地下水灌溉配额是随机参数。较大的违约概率表示相应逆函数的值较小，可利用的能源量较少。

同时，由图 10-5 可知，对于 S4，结果表明，供水量、能源供应量和作物产量很少随违约概率的增加而变化，这反映出目标满意水平对系统综合效益（系统净经济效益和非点源污染的综合结果）不敏感。然而，系统的综合效益对违约概率的变化非常敏感。S1 考虑了模型中的所有随机性，描述了 S2、S3、S4 的综合结果。在供水量、能源供应量和作物产量方面，随着违约概率的增加，变化趋势也在不断增加。从图中可以看出，当违约概率大于 0.15 时，上升趋势并不明显，甚至有下降的趋势。因此，对于本案例研究，可以将 0.15 的违约概率作为决策的临界值。

在约束的右端项和左端项考虑目标函数的所有随机性，图 10-6 和图 10-7 展示了不同违约概率下目标和资源分配的变化趋势。结果表明，两个目标（系统净经济效益和系统污染）的最大值随着违约概率的增加而逐渐增加，而两个目标的最小值则逐渐减小。最优值与最大值的变化趋势相似，但变化程度不同。以系统净经济效益最大化为目标，综合效益更倾向于最大值；以系统污染最小为目标，综合效益更倾向于最小值。

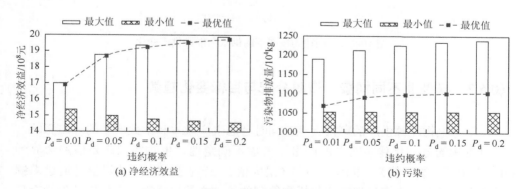

图 10-6　不同违约概率下目标函数值变化趋势

结果表明，该模型能较好地反映目标函数和约束条件的不确定性对系统效益、污染和相关风险的影响。在不同违约概率下，所有分区的供水量和能源供应量与目标函数相近。花马分区和头林分区是主要的用水区，而四个分区用水量差别不大。结果表明，各分区在有利条件下趋向于生产上限，可利用资源优先分配给效益较高的作物或畜禽，从而使系统净经济效益差异较大。

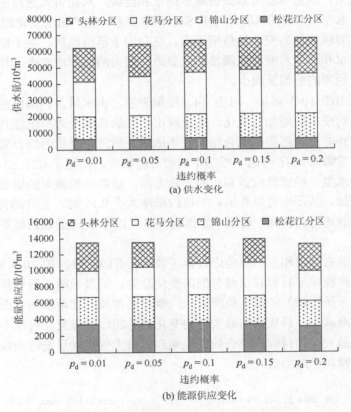

图 10-7 不同违约概率下的供水和能源供应变化

10.6.2 模型 II 不同情景下资源分配与目标变化趋势

（1）生物能源生产的可持续性。同时考虑生产成本和由此产生的环境影响，以可持续的方式优化生物能源产量。考虑不确定性，生物能源产量值的边界为 4.15×10^{15}（最小值）$\sim 9.07 \times 10^{15}$J（最大值），详见表 10-5。边界值是通过求解仅考虑生物能源生产目标的优化模型得到的，该方法也适用于求解以其他两个目标为基础的优化边界值。然而，如果只考虑生物能源产量的最大化，成本、水污染程度和温室气体排放量将随之增加。因此，在优化生物能源生产时考虑了经济和环境影响。这使得三个目标的最优结果都在各自的最小值和最大值范围内，表明了三个相互冲突的目标之间的权衡。结果表明，该优化模型倾向于生成成本节约和环境保护的方案。

表 10-5　不同情景条件下目标函数值

项目	生物能源产量（目标 1）/10^{15}J	成本（目标 2）/10^8 元	环境影响（目标 3）/无量纲
情景 1	[5.19, 8.17]	[10.09, 10.38]	[1.64, 176]
情景 2	[4.94, 8.51]	[10.27, 10.54]	[1.67, 1.75]
情景 3	[4.63, 6.99]	[9.73, 10.38]	[1.56, 1.72]
情景 4	[4.63, 6.95]	[9.73, 10.38]	[1.56, 1.72]
最小值	4.15	9.73	1.51
最大值	9.07	11.65	2.00

此外，在考虑不同目标函数的重要性权重时也存在权衡问题。以生物能源生产的目标函数为例，情景 1 下的生物能源产量处于所有情景下生物能源产量变化范围的中间。如果优先考虑生物能源产量（情景 2），则生物能源产量最高；如果将成本和环境影响作为重点（情景 3 和情景 4），则生物能源产量比情景 1 更接近中间值，因为成本和环境影响的目标要最小化，而生物能源产量的目标要最大化，即综合考虑成本和环境影响的目标规划将减少生物能源的产量。

根据表 10-5，情景 3 和情景 4 虽然以相同的决策目标为基础（即分配尽可能少的农业资源，以降低成本和环境影响），但优化结果依然存在差异。情景 2～情景 4 均有两种不同的优化条件，但是，每种情景下这两种条件的最佳结果是相同的。此处所指的不同情景是根据不同目标的权重而定的，采用层次分析法确定权重。生物能源生产最大化（BP）、成本最小化（C）和环境影响最小化（EI）的目标权重记为 ω_1、ω_2 和 ω_3，并有以下情况：①情景 1 为三个目标的权重相同；②情景 2 重要性的顺序为 BP>C>EI 或 BP>EI>C，如 EI、BP、C 目标权重依次为 $\omega_1 = 0.2583$、$\omega_2 = 0.1047$、$\omega_3 = 0.6370$；③情景 3 重要性的顺序为 C>BP>EI 或 C>EI>BP；④情景 4 重要性的顺序为 EI>BP>C 或 EI>C>BP。

（2）水、土、能资源对生物能源潜力的贡献。所开发的优化模型的决策变量包括种植面积、电力供应、供水量和畜禽数量。上述资源均可提高生物能源的产量，其中，种植面积、电力供应、供水量属于种植业，畜禽数量属于畜牧业。优化中考虑了不确定性，导致模型输出在一定范围内波动。研究区生物能源产量为 5.19×10^{15}～8.07×10^{15}J，种植业贡献率为[81%, 84%]，畜牧业贡献率为[16%, 19%]。种植业是生物能源产量的主要贡献者，主要来自作物秸秆，即研究区水稻、玉米、大豆等作物秸秆。总种植面积在 $9.11 \times 10^4 \sim 9.73 \times 10^4 hm^2$，水稻和玉米种植面积占比最大，水稻[55%, 57%]，玉米[40%, 42%]，大豆仅占 3%。水和电力的供应也很重要，它们和生物能源的生产是相互联系的。总供水量为 $4.86 \times 10^8 \sim 5.21 \times 10^8 m^3$，总电力供应量为 $84.68 \times 10^6 \sim 90.74 \times 10^6 kWh$。地表水是主要的水源，占供给总量的[82%, 83%]。一方面，这有助于降低用水成本；另一方面，由于地下水抽取效率低，这有助于减少电能消耗。地下水是补充水源，因为仅地表水供应不能满足作物种植的需求，进一步影响了生物能源的产量。研究区畜牧业可生产 $1.16 \times 10^{15} J$ 的生物能，其中，饲养猪的贡献最大，饲养奶牛的贡献最小。优化模型中也考虑了家禽，且家禽数量较多，但由于其粪便排放量低，对生物能源产量的贡献并不大。因此，图 10-8 中的畜禽数量没有考虑家禽数量。

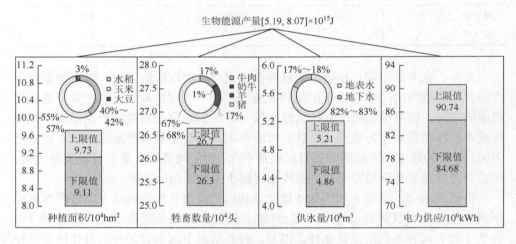

图 10-8　资源配置对整个系统生物能源产量的贡献

图 10-9 显示了不同分区的生物能贡献潜力。生物能产量以锦山分区最高，上街基分区最低。上街基、锦山和头林分区的平均生物能源产量贡献率分别为 71%、90.5% 和 80%。锦山分区发展种植业，而上街基分区发展畜牧业。除头林分区种植面积的上限、下限差异明显外，各分区的农作物种植面积和畜禽数量上限、下限差异较小。这说明头林分区作物种植面积具有较大的可调节范围，即生物能生产对其敏感。如上所述，种植业占研究地区生物能源产量的 80% 以上。

因此，本章进一步计算了能源消耗并优化了种植业中的生物能源产量。使用能源效率来描述生物能源产量与能源消费之间的关系。能源效率可以用能源输出除以能源输入来计算[192]。本章中，能源消耗主要包括柴油、电力、农药、各种肥料（氮肥、磷肥、钾肥、复合肥）的利用，对应相应的能量耗散系数。在情景 1

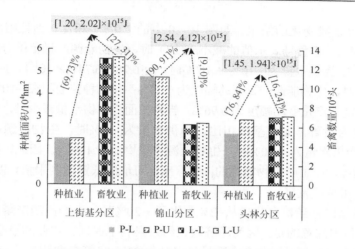

图 10-9　资源配置对不同分区生物能贡献潜力

P-L、P-U 分别为种植面积下限、上限；L-L、L-U 分别为畜禽数量下限、上限。数字表示种植业和
畜牧业在生物能源产量中的比例

下，总生物能生产量锦山分区最高，为$[2.54, 4.12] \times 10^{15}$J，上街基分区最低，为$[1.20, 2.02] \times 10^{15}$J。通过进一步核算可得，整个研究区域的能源效率在 2.32~3.47。锦山分区能源效率最高，为$[2.46, 4.02]$，上街基分区最低，为$[1.82, 2.86]$。

（3）敏感性分析。本节采用局部敏感性分析方法对所建立的生物能源产量优化模型中参数的敏感性进行分析，用来量化种植面积、供水量和畜禽数量的变化如何影响生物能源产量，如图 10-10 所示。从图中可以看出，生物能源产量对种植面积和供水非常敏感。增加种植面积和供水量将使生物能源产量增大。与基线

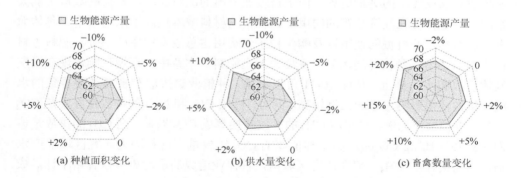

图 10-10　种植面积、供水量、畜禽数量对生物能源产量的影响

①生物能源生产的单位为 10^{14}J。②径向坐标轴的数字（60~70）表示生物能源产量的变化，雷达图周围
以百分比表示的数字表示敏感参数（种植面积、供水、畜禽数量）的变化幅度。其中"0"表示基线，
"+/−"符号表示与基线相比数值的增加/减少

（不考虑敏感参数变化的结果，即图 10-10 中的 "0"）相比，当种植面积变化为 [−10%，+10%]（正负号表示值的减小/增加）时，生物能源产量范围分别为[6.219, 6.652]×10^{15}J，当供水量为[−10%，+10%]时，为[6.281, 6.741]×10^{15}J。供水在[−10%, +10%]变化时，生物能源产量变动幅度为 7.33%；作物种植面积在[−10%，+10%]变化时，生物能源产量变动幅度为 6.96%。当种植面积和供水量减少时，生物能源产量的变化更为显著。如与基线相比，当供水量为−10%时，生物能源产量下降了 5.31%，而当供水量为 +10%时，生物能源产量增加了 1.64%。因此，在保证农业经济的前提下，在生产生物能源的同时，应尽可能降低资源利用量，以减少污染，促进环境的可持续发展。

与基线相比，当畜禽数量从−2%变化到 +20%时，生物能源产量的变化幅度为 2.18%。值得注意的是，因为经济政策约束限制了保证畜牧业的最小畜禽数量，优化模型没有可行解，因此畜禽数量最多减少 2%。尽管畜禽数量从−2%到 +20%变化时整个生物能源产量变动值比种植资源（即供水量和种植面积）从−10%到 +10%变动时所对应的整个生物能源产量变动值更大，但当畜禽数量从基线变化为 +10%时，生物能源产量的波动要大于水资源和种植面积从基线变化为+ 10%时生物能源产量的波动。这一结果表明，确定哪个因素对生物能源产量更敏感，应充分考虑其变化范围。这些敏感参数都对模型结果产生影响，反映了满意度的变化。系统的平均满意度分别为[0.46, 0.52]、[0.43, 0.52]和[0.43, 0.52]，分别与供水量、种植面积和畜禽数量的变化相对应。

（4）成本和环境影响对生物能源产量的影响分析。图 10-11 展示了生物能源产量的成本和环境影响，以及两者之间的关系。由图可知，种植业总成本比畜牧业成本降低了[2.15, 2.38]×10^8 元，降低幅度为[32.69%, 38.27%]。此外，种植业比畜牧业对农业经济的贡献更大，由于畜牧业产出的政策需求，畜禽的数量不能大量减少，这体现在经济政策的约束上。种植的材料成本远高于水电成本，具体而言，肥料和农业机械的使用以及购买种子的费用占总成本的主要部分。肥料占材料成本的 24%，种植环境污染的主要来源是肥料。本章中，环境影响体现在温室气体排放和水污染上。从图 10-11 可以看出，种植业碳排放和畜禽粪便导致的水污染量占环境影响总量的比例较高。同时，图中 CH_4 和 N_2O 的排放量并不是 CO_2 当量。以种植业为例，如果将 CH_4 的排放量换算成 CO_2 当量，则 CH_4 的排放量值为 2.8539×10^8kg CO_2eq，高于种植业的 CO_2 排放量，这是因为研究区域盛产水稻，且畜禽排放 CH_4，但在研究区域内，种植业造成的水污染可以忽略不计。成本和环境影响均与生物能源产量呈正相关。图 10-11 给出了成本、环境影响和生物能源产量之间的区间关系，可以为决策者估算不同生物能源生产水平下的成本和环境影响提供更直观的支持。

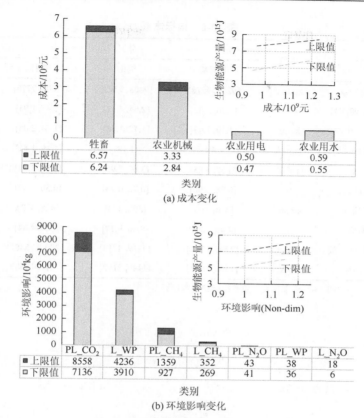

图 10-11　生物能源产量的成本和环境影响

PL 代表种植业；L 代表畜牧业；WP 代表水污染；PL_CO$_2$ 代表种植业排放的 CO$_2$；L_WP 代表畜禽产生的水污染。
图（b）中的 Non-dim 表示无量纲

（5）可持续性评估。根据优化模型的结果，建立指标体系，如表 10-6 所示
（情景 1，即三个目标同等重要）。基于欧几里得距离的方法，上街基、锦山和头
林分区的 ASDE 值分别为 0.52、0.53 和 0.58，属于低可持续发展状态，但有潜力
进入适度可持续发展状态，尤其是头林分区。图 10-12 为各指标的距离。对于每
个效率指标，距离轴的原点越远，可持续性水平越高；对于每个成本指标，距离
轴的原点越近，可持续性水平越高。这个数字很好地说明了农业系统的可持续性，
突出了它的优点和需要改进的方向。

从图 10-12 可以看出，化肥消耗作为成本指标，是可持续发展的主要阻碍，
特别是对上街基和锦山分区而言。水资源的供需比可能是对可持续性的另一项限
制，特别是对水资源严重短缺的头林分区而言。虽然三个区域的 ASDE 值差异不
大，但 ASDE 值的驱动因素差异很大。因此，决策者应根据每个子区域的特点考
虑不同的可持续发展政策。

表 10-6 指标体系

序号	指标	单位	分区			类型
			上街基	锦山	头林	
1	粮食产量	kg/hm^2	[9202, 9578]	[9408, 9792]	[7608, 7776]	+
2	生物能源产量	10^{15}J	[1.20, 2.02]	[2.54, 4.12]	[1.45, 1.94]	+
3	作物水分生产率	kg/m^3	[1.39, 1.43]	[1.72, 1.76]	[1.94, 2.05]	+
4	人均面积	hm^2/人	0.74	1.18	[1.19, 1.51]	+
5	成本	10^8元	[3.62, 3.85]	[3.69, 3.95]	[2.78, 3.19]	−
6	水分供需比	%	[0.88, 0.90]	[0.72, 0.73]	[0.50, 0.52]	+
7	化肥消耗	kg/hm^2	[306, 310]	[390, 394]	[428, 432]	−
8	能源消耗	10^{15}J	[4.46, 4.85]	[8.86, 9.17]	[3.69, 4.84]	−
9	温室气体排放	10^4kg	[2205, 2732]	[4119, 4718]	[2297, 2588]	−
10	水污染	10^4kg	[1566, 1623]	[1149, 1199]	[1311, 1368]	−

注：表格中"+"和"−"分别代表了效率指标和成本指标。

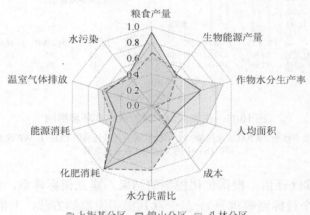

图 10-12 系统可持续发展评估结果

10.7 本 章 小 结

本章通过优化建模为农业系统中以种植业和畜牧业为主体，考虑水-粮食-能源纽带关系的水、土、能综合管理提供了新的思路。所构建模型具有以下贡献。

(1) 在传统的农业水土资源优化模型框架中定量表征了水-粮食-能源纽带关系。

(2) 通过同时调整种植业和畜牧业模式，对研究区域水资源、种植结构和能源资源进行优化调整，调整后的方案可促进经济发展和环境保护的协调发展。

（3）模型框架可反映系统不确定性的复杂性，提供更多可供选择的方案。

对于研究区域，可以得出以下结论。

（1）根据模型结果建议增加 2%的供水量并保持作物种植面积不变，可最大限度地促进经济效益和环境保护的协同发展，以及生物能潜力的开发。但如果超过上述比例增加各项资源的投入，对生物能源产量的促进作用会显著降低，同时将对环境造成更多的污染。

（2）与种植业相比，畜牧业对生物能源产量的贡献较小，但对水环境污染贡献较大。

（3）生物能源产量对水资源、土地资源、畜禽数量的敏感性存在显著差异。

（4）可持续性评估可以帮助决策者认识可持续发展的状态，以及不同地区可持续性改进的具体方向。就实证灌区而言，整个研究区域具有提高农业可持续性的潜力，对于上街基分区，应减少化肥使用，而对头林分区，应缓解水资源短缺问题。

参 考 文 献

[1] FAO Statistical Yearbook. World food and agricultural. Rome：Food and Agriculture Organization of the United Nations，2013.

[2] Managing Water Under Uncertainty and Risk. The United Nations World Water Development Report 4. Paris：UNESCO，2012.

[3] 中华人民共和国水利部. 2019 年中国水资源公报. 北京：中国水利水电出版社，2020.

[4] 冯保清. 我国不同尺度灌溉用水效率评价与管理研究. 北京：中国水利水电科学研究院，2013.

[5] 彭世彰，高晓丽. 提高灌溉水利用系数的探讨. 中国水利，2012，（1）：33-35.

[6] 黄蓉. 基于虚拟水土战略的陕西省农业种植结构优化. 杨凌：西北农林科技大学，2013.

[7] 雷宏军，刘鑫，潘红卫. 引黄灌区水资源合理配置与精细调度研究. 北京：中国水利水电出版社，2012.

[8] 周立青，程叶青. 黑龙江省粮食生产的时空格局及动因分析. 自然资源学报，2015，30（3）：491-501.

[9] 耿庆玲. 西北旱区农业水土资源利用分区及其匹配特征研究. 北京：中国科学院大学，2014.

[10] 张展羽，司涵，冯宝平，等. 缺水灌区农业水土资源优化配置模型. 水利学报，2014，45（4）：403-409.

[11] 崔亮，李永平，黄国和，等. 漳卫南灌区农业水资源优化配置研究. 南水北调与水利科技，2016，14（2）：70-74，135.

[12] 莫文春. 黑河中游地区农业水资源配置效率研究. 兰州：兰州大学，2015.

[13] 陈南祥. 复杂系统水资源合理配置理论与实践. 西安：西安理工大学，2006.

[14] 何英. 干旱区典型流域水资源优化配置研究. 乌鲁木齐：新疆农业大学，2010.

[15] 柳长顺，陈献，刘昌明，等. 国外流域水资源配置模型研究进展. 河海大学学报（自然科学版），2005，33（5）：522-524.

[16] 徐征和. 龙口市农业水资源优化利用研究. 北京：北京林业大学，2010.

[17] 王维平. 人工牧草最优灌溉制度研究. 农田水利与小水电，1987，（3）：3-7，12.

[18] 荣丰涛. 节水型农田灌溉制度的初步研究. 水利水电技术，1986，（7）：17-21.

[19] 王浩，游进军. 中国水资源配置 30 年. 水利学报，2016，47（3）：265-271.

[20] 王浩，秦大庸，王建华，等. 黄淮海流域水资源合理配置. 北京：科学出版社，2003.

[21] Provencher B，Burt O. Approximating the optimal ground water pumping policy in a multiaquifer stochastic conjunctive use setting. Water Resources Research，1994，30（3）：833-843.

[22] Paul S，Panda S N，Kumar D N. Optimal irrigation allocation：a multilevel approach. Journal of Irrigation and Drainage Engineering，2000，126（3）：149-156.

[23] Singh A. Optimal allocation of resources for the maximization of net agricultural return. Journal of Irrigation and Drainage Engineering, 2012, 138 (9): 830-836.

[24] Nieswand G H, Granstom M L. A chance constrained approach to the conjunctive use of surface waters and groundwaters. Water Resources Research, 1971, 7 (6): 1425-1436.

[25] Chiu Y C, Nishikawa T, Yet W W G. Optimal pump and recharge management model for nitrate removal in the Warren Groundwater Basin California. Journal of Water Resources Planning and Management, 2010, 136 (3): 229-308.

[26] Tran L D, Schilizzi S, Chalak M, et al. Optimal competitive uses of water for irrigation and fisheries. Agricultural Water Management, 2011, 101 (1): 42-51.

[27] Sedki A, Ouazar D. Simulation-optimization modeling for sustainable groundwater development: a Moroccan coastal aquifer case study. Water Resources Management, 2011, 25 (11): 2855-2875.

[28] Mulvey J M, Vanderbei R J, Zenios S A. Robust optimization of large-scale systems. Operational Research, 1995, 43 (2): 264-281.

[29] Yaron D, Dinar A. Optimal allocation of farm irrigation water during peak seasons. American Journal of Agricultural Economics, 1982, 64 (4): 681-689.

[30] 张长江, 徐征和, 负汝安. 应用大系统递阶模型优化配置渔区农业水资源. 水利学报, 2005, 36 (12): 1480-1485.

[31] Zheng F F, Zecchin A C. An efficient decomposition and dual-stage multi-objective optimization method for water distribution systems with multiple supply sources. Environmental Modelling & Software, 2014, 55: 143-155.

[32] 马建琴. 区域农业水资源优化模糊集分析及其应用研究. 大连: 大连理工大学, 2003.

[33] Singh A. Simulation and optimization modeling for the management of groundwater resources. II: combined applications. Journal of Irrigation and Drainage Engineering, 2014, 140 (4): 04014002.

[34] Barlow P M, Ahlfeld D P, Dickerman D C. Conjunctive-management models for sustained yield of stream-aquifer systems. Journal of Water Resources Planning and Management, 2003, 129 (1): 35-48.

[35] Vedula S, Mujumdar P P, Sekhar G C. Conjunctive use modeling for multicrop irrigation. Agricultural Water Management, 2005, 73 (3): 193-221.

[36] Karamouz M, Zahraie B, Kerachian R, et al. Crop pattern and conjunctive use management: a case study. Irrigation and Drainage, 2010, 59 (2): 161-173.

[37] 胡铁松, 袁鹏, 丁晶. 人工神经网络在水文水资源中的应用. 水科学进展, 1995, 6 (1): 76-82.

[38] 侍翰生, 程吉林, 方红远, 等. 基于动态规划与模拟退火算法的河-湖-梯级泵站系统水资源优化配置研究. 水利学报, 2013, 44 (1): 91-96.

[39] Hou J W, Mi W B, Sun J L. Optimal spatial allocaton of water resources based on Pareto ant colony algorithm. International Journal of Geographical Information Science, 2014, 28 (2): 213-233.

[40] 陈晓楠, 段春青, 邱林, 等. 基于粒子群的大系统优化模型在灌区水资源优化配置中的应用. 农业工程学报, 2008, 24 (3): 103-106.

[41] 付强, 王立坤, 门宝辉, 等. 推求水稻非充分灌溉下优化灌溉制度的新方法——基于实码加速遗传算法的多维动态规划法. 水利学报, 2003, (1): 123-128.

[42] Yang C C, Chang L C, Chen C S, et al. Multi-objective planning for conjunctive use of surface and subsurface water using genetic algorithm and dynamics programming. Water Resources Management, 2009, 23 (3): 417-437.

[43] 陈述, 邵东国, 李浩鑫, 等. 基于粒子群人工蜂群算法的灌区渠-塘-田优化调配耦合模型. 农业工程学报, 2014, 30 (20): 90-97.

[44] 彭盛华, 赵俊琳, 袁弘任. GIS 技术在水资源和水环境领域中的应用. 水科学进展, 2001, 12 (2): 264-269.

[45] McKinney D C, Cai X. Linking GIS and water resources management models: an object-oriented method. Environmental Modelling & Software, 2002, 17 (5): 413-425.

[46] Wang Y, Chen Y, Peng S Z. A GIS framework for changing cropping pattern under different climate conditions and irrigation availability scenarios. Water Resources Management, 2011, 25 (13): 3073-3090.

[47] 唐华俊, 吴文斌, 余强毅, 等. 农业土地系统研究及其关键科学问题. 中国农业科学, 2015, 48 (5): 900-910.

[48] 陈兆波. 基于水资源高效利用的塔里木河流域农业种植结构优化研究. 北京: 中国农业科学院, 2008.

[49] 蔡学良, 崔远来. 基于异源多时相遥感数据提取灌区作物种植结构. 农业工程学报, 2009, 25 (8): 124-130.

[50] 李全起, 陈雨海, 周勋波, 等. 不同种植模式麦田水资源利用率边际效益分析. 农业机械学报, 2010, 41 (7): 90-95.

[51] Saker R A, Quaddus M A. Modeling a nationwide crop planning problem using a multiple criteria decision-making tool. Computers & Industrial Engineering, 2002, 42 (2-4): 541-553.

[52] Xevi E, Khan S. A multi-objective optimization approach to water management. Journal of Environmental Management, 2005, 77 (4): 269-277.

[53] Zhang L J, Yin X A, Xu Z H, et al. Crop planting structure optimization for water scarcity alleviation in china. Journal of Industrial Ecology, 2016, 20 (3): 435-445.

[54] 武雪萍. 洛阳市节水型种植制度研究与综合评价. 北京: 中国农业科学院, 2006.

[55] 张新建. 基于水资源高效利用的农业种植结构优化探析. 吉林农业, 2014, (7): 47.

[56] 王玉宝. 节水型农业种植结构优化研究——以黑河流域为例. 杨凌: 西北农林科技大学, 2010.

[57] 张智韬, 刘俊民, 陈俊英, 等. 基于遥感和蚁群算法的多目标种植结构优化. 排灌机械工程学报, 2011, 29 (2): 149-154.

[58] 曹连海, 吴普特, 赵西宁, 等. 近 50 年河套灌区种植系统演化分析. 农业机械学报, 2014, 45 (7): 144-150.

[59] 陈守煜, 马建琴, 张振伟. 作物种植结构多目标模糊优化模型与方法. 大连理工大学学报, 2003, 43 (1): 12-15.

[60] 周惠成, 彭慧, 张弛, 等. 基于水资源合理利用的多目标农作物种植结构调整与评价. 农业工程学报, 2007, 23 (9): 45-49.

[61] Ma J Q，Chen S Y，Qiu L. A multi-objective fuzzy optimization model for cropping structure and water resources and its method. Agriculture Science & Technology，2004，5（1）：5-10.

[62] Dantzig G B. Linear programming under uncertainty. Management Science，2004，50（12）：1764-1769.

[63] Zadeh L A. Fuzzy sets. Information and Control，1965，8（3）：338-353.

[64] Deng J L. Control-problems of grey systems. Systems & Control Letters，1982，1（5）：288-294.

[65] Li P，Arellano-Garcia A，Wozny G. Chance constrained programming approach to process optimization under uncertainty. Computers & Chemical Engineering，2008，32（1-2）：25-45.

[66] Kall P. Computational methods for solving two-stage stochastic linear programming problems. Zeitschrift für angewandte Mathematik und Physik，1979，30（2）：261-271.

[67] Liu B. Dependent-chance programming：a class of stochastic optimization. Computers and Mathematics with Application，1997，34（12）：89-104.

[68] Charnes A，Cooper W W. Chance-constrained programming. Management Science，1959，6（1）：73-79.

[69] 付殿峥. 不确定性优化技术在区域资源能源配置系统中的应用研究. 北京：华北电力大学，2015.

[70] Dantzig G B，Infanger G. Multi-stage stochastic linear programs for portfolio optimization. Annals of Operations Research，1993，45（1）：59-76.

[71] Zadeh L A. The concept of a linguistic variable and its application to approximate reasoning-I. Information Sciences，1975，8（3）：199-249.

[72] Ramadan K，Chinneck J W. Linear programming with interval coefficients. Journal of the Operational Research Society，2000，51（2）：209-220.

[73] Huang G H，Loucks D P. An inexact two-stage stochastic programming model for water resources management under uncertainty. Civil Engineering and Environmental Systems，2000，17（2）：95-118.

[74] Lu H W，Huang G H，He L. A semi-infinite analysis-based inexact two-stage stochastic fuzzy linear programming approach for water resources management. Engineering Optimization，2009，41（1）：73-85.

[75] Li Y P，Huang G H，Wang G Q，et al. FSWM：a hybrid fuzzy-stochastic water-management model for agricultural sustainability under uncertainty. Agricultural Water Management，2009，96（12）：1807-1818.

[76] Xu Y H，Huang G H，Shao L G. Agricultural farming planning and water resources management under fuzzy uncertainty. Engineering Optimization，2014，46（2）：270-288.

[77] Li W，Li Y P，Li C H，et al. An inexact two-stage water management model for planning agricultural irrigation under uncertainty. Agricultural Water Management，2010，97（11）：1905-1914.

[78] Li Y P，Liu J，Huang G H. A hybrid fuzzy-stochastic programming method for water trading within an agricultural system. Agricultural Systems，2014，123：71-83.

[79] Hoff H. Understanding the Nexus. Background Paper for the Bonn 2011 Conference：The

Water, Energy and Food Security Nexus. Stockholm: Stockholm Environment Institute (SEI), 2011.

[80] Ringler C, Bhaduri A, Lawford R. The nexus across water, energy, land and food (WELF): potential for improved resource use efficiency?. Current Opinion in Environmental Sustainability, 2013, 5 (6): 617-624.

[81] Finley J W, Seiber J N. The nexus of food, energy, and water. Journal of Agricultural and Food Chemistry, 2014, 62 (27): 6255-6262.

[82] de Vito R, Portoghese I, Pagano A, et al. An index-based approach for the sustainability assessment of irrigation practice based on the water-energy-food nexus framework. Advances in Water Resources, 2017, 110: 423-436.

[83] Tian H Q, Lu C Q, Pan S F, et al. Optimizing resource use efficiencies in the food-energy-water nexus for sustainable agriculture: from conceptual model to decision support system. Current Opinion in Environmental Sustainability, 2018, 33: 104-113.

[84] Li M, Fu Q, Singh V P, et al. Stochastic multi-objective modeling for optimization of water-food-energy nexus of irrigated agriculture. Advances in Water Resources, 2019, 127: 209-224.

[85] 康绍忠. 贯彻落实国家节水行动方案推动农业适水发展与绿色高效节水. 中国水利, 2019, (13): 1-6.

[86] 康绍忠. 加快推进灌区现代化改造补齐国家粮食安全短板. 中国水利, 2020, (9): 1-5.

[87] 王友芝, 郭萍. 基于多目标规划模型的黑河中游绿洲用水结构优化配置. 农业机械学报, 2020, 51 (2): 299-307.

[88] Xu Y W, Fu Q, Li M, et al. Inventory theory-based stochastic optimization for reservoir water allocation. Water Resources Management, 2019, 33 (11): 3873-3898.

[89] Li M, Fu Q, Guo P, et al. Stochastic multi-objective decision making for sustainable irrigation in a changing environment. Journal of Cleaner Production, 2019, 223: 928-945.

[90] Li M, Fu Q, Singh V P, et al. Managing agricultural water and land resources with tradeoff between economic, environmental, and social considerations: a multi-objective non-linear optimization model under uncertainty. Agricultural Systems, 2020, 178: 102685.

[91] 熊佳, 崔远来, 谢先红. 灌溉水利用效率的空间分布特征及等值线图研究. 灌溉排水学报, 2008, 27 (6): 1-5.

[92] 张凤太, 苏维词. 贵州省水资源-经济-生态环境-社会系统耦合协调演化特征研究. 灌溉排水学报, 2015, 34 (6): 44-49.

[93] Mosleh Z, Salehi M H, Fasakhodi A A, et al. Sustainable allocation of agricultural lands and water resources using suitability analysis and mathematical multi-objective programming. Geoderma, 2017, 303: 52-59.

[94] 李晨洋, 于伟铭, 陈正锐, 等. 考虑生态的灌区水资源区间两阶段随机规划模型建立与应用. 农业工程学报, 2017, 33 (21): 105-114.

[95] 郑艳新, 魏广华. 黑龙江省节水灌溉现状及灌区信息化发展趋势. 水利科学与寒区工程, 2020, 3 (2): 148-150.

[96] 刘巍. 黑龙江省灌溉水利用效率时空分异规律及节水潜力研究. 哈尔滨: 东北农业大学, 2017.

[97] Ozgen D, Gulsun B. Combining possibilistic linear programming and fuzzy AHP for solving the multi-objective capacitated multi-facility location problem. Information Sciences, 2014, 268: 185-201.

[98] Singh S K, Yadav S P. Modeling and optimization of multi objective non-linear programming problem in intuitionistic fuzzy environment. Applied Mathematical Modelling, 2015, 39 (16): 4617-4629.

[99] Jensen M E. Water Relations of Plants//Kozlowski T T. Water Deficits and Plant Growth. New York: Academic Press, 1968.

[100] Rost S, Gerten D, Bondeau A, et al. Agricultural green and blue water consumption and its influence on the global water system. Water Resources Research, 2008, 44 (9): W09405.

[101] Su X L, Li J F, Singh V P. Optimal allocation of agricultural water resources based on virtual water subdivision in Shiyang River Basin. Water Resources Management, 2014, 28: 2243-2257.

[102] Singh S K, Yadav S P. Modeling and optimization of multi objective non-linear programming problem in intuitionistic fuzzy environment. Applied Mathematical Modelling, 2015, 39 (16): 4617-4629.

[103] Singh S K, Yadav S P. A new approach for solving intuitionistic fuzzy transportation problem of type-2. Annals of Operations Research, 2016, 243 (1-2): 349-363.

[104] Huang S Z, Hou B B, Chang J X, et al. Copulas-based probabilistic characterization of the combination of dry and wet conditions in the Guanzhong Plain, China. Journal of Hydrology, 2014, 519: 3204-3213.

[105] Chen F, Huang G H, Fan Y R, et al. A copula-based chance-constrained waste management planning method: an application to the city of Regina, Saskatchewan, Canada. Journal of the Air & Waste Management Association, 2016, 66 (3): 307-328.

[106] Hasan M M, Sharma A, Mariethoz G, et al. Improving radar rainfall estimation by merging point rainfall measurements within a model combination framework. Advances in Water Resources, 2016, 97: 205-218.

[107] Zhang L, Singh V P. Bivariate rainfall and runoff analysis using entropy and copula theories. Entropy, 2012, 14 (9): 1784-1812.

[108] 付强, 刘银凤, 刘东, 等. 基于区间多阶段随机规划模型的灌区多水源优化配置. 农业工程学报, 2016, 32 (1): 132-139.

[109] Guo P, Wang X L, Zhu H, et al. Inexact fuzzy chance-constrained nonlinear programming approach for crop water allocation under precipitation variation and sustainable development. Journal of Water Resources Planning and Management, 2014, 140 (9): 05014003.

[110] USDA (United States Department of Agriculture). Grain: World Markets and Trade. Foreign Agricultural Service, 2016: 16.

[111] Yao Z S, Zheng X H, Liu C Y, et al. Improving rice production sustainability by reducing water demand and greenhouse gas emissions with biodegradable films. Scientific Reports, 2017, 7: 39855.

[112] Maraseni T N, Deo R C, Qu J S, et al. An international comparison of rice consumption

behaviours and greenhouse gas emissions from rice production. Journal of Cleaner Production，2018，172：2288-2300.

[113] Shahane A A，Shivay Y S，Prasanna R，et al. Improving water and nutrient use efficiency in rice by changing crop establishment methods，application of microbial inoculations，and Zn fertilization. Global Challenges，2019，3（10）：1800005.

[114] Herrero M，Thornton P K，Notenbaert A M，et al. Smart investments in sustainable food production：revisiting mixed crop-livestock systems. Science，2010，327（5967）：822-825.

[115] Bhatt R，Kukal S S，Busari M A，et al. Sustainability issues on rice-wheat cropping system. International Soil and Water Conservation Research，2016，4（1）：64-74.

[116] Candela A，Brigandi G，Aronica G T. Estimation of synthetic flood design hydrographs using a distributed rainfall-runoff model coupled with a copula-based single storm rainfall generator. Natural Hazards and Earth System Sciences，2014，14（7）：1819-1833.

[117] Deng F，Wang L，Ren W J，et al. Optimized nitrogen managements and polyprotic acid urea improved dry matter production and yield of indica hydride rice. Soil and Tillage Research，2015，145：1-9.

[118] Chen H，Yu C Q，Li C S，et al. Modelling the impacts of water and fertilizer management on the ecosystem service of rice rotated cropping systems in China. Agriculture，Ecosystems & Environment，2016，219：49-57.

[119] Silalertruksa T，Gheewala S H. Land-water-energy nexus of sugarcane production in Thailand. Journal of Cleaner Production，2018，182：521-528.

[120] Fang K，Heijungs R，de Snoo G R. Theoretical exploration for the combination of the ecological，energy，carbon，and water footprints：overview of a footprint family. Ecological Indicators，2014，36：508-518.

[121] Liu X，Guo P，Li F H，et al. Optimization of planning structure in irrigated district considering water footprint under uncertainty. Journal of Cleaner Production，2018，210：1270-1280.

[122] Wang G S，Liang Y P，Zhang Q，et al. Mitigated CH_4 and N_2O emissions and improved irrigation water use efficiency in winter wheat field with surface drip irrigation in the North China Plain. Agricultural Water Management，2016，163：403-407.

[123] Xiao G M，Zhao Z C，Liang L，et al. Improving nitrogen and water use efficiency in a wheat-maize rotation system in the North China Plain using optimized farming practices. Agricultural Water Management，2019，212：172-180.

[124] Zhang W F，Dou Z X，He P，et al. New technologies reduce greenhouse gas emissions from nitrogenous fertilizer in China. Proceedings of the National Academy of Sciences of the United States of America，2013，110（21）：8375-8380.

[125] Le Roux B，van der Laan M，Vahrmeijer T，et al. Establishing and testing a catchment water footprint framework to inform sustainable irrigation water use for an aquifer under stress. Science of the Total Environment，2017，599-600：1119-1129.

[126] Liu X，Guo P，Li F H，et al. Optimization of planning structure in irrigated district considering water footprint under uncertainty. Journal of Cleaner Production，2019，210：1270-1280.

[127] Lovarelli D, Bacenetti, Fiala M. Water footprint of crop productions: a review. Science of the Total Environment, 2016, 548-549: 236-251.

[128] Hoekstra A Y. The water footprint: water in the supply chain. The Environmentalist, 2010, 93: 12-13.

[129] Mekonnen M M, Hoekstra A Y. The green, blue and grey water footprint of crops and derived crop products. Hydrology and Earth System Sciences, 2011, 15: 1577-1600.

[130] AI-Mansour F, Jejcic V. A model calculation of the carbon footprint of agricultural products: the case of Slovenia. Energy, 2017, 136: 7-15.

[131] Wu X M, Hu S, Mo S J. Carbon footprint model for evaluating the global warming impact of food transport refrigeration systems. Journal of Cleaner Production, 2013, 54: 115-124.

[132] Chen B, Chen G Q. Ecological footprint accounting based on energy-a case study of the Chinese society. Ecological Modelling, 2006, 198 (1-2): 101-114.

[133] Ozkan B, Akcaoz H, Fert C. Energy input-output analysis in Turkish agriculture. Renewable Energy, 2004, 29 (1): 39-51.

[134] Allen R G, Pereira L S, Raes D. Crop evapotranspiration—guidelines for computing crop water requirements. Rome: FAO Irrigation and Drainage, 1998.

[135] Gdoura K, Anane M, Jellali S. Geospatial and AHP-multicriteria analysis to locate and rank suitable sites for groundwater recharge with reclaimed water. Resources, Conservation and Recycling, 2015, 104 (Part A): 19-30.

[136] Hulsurkar S, Biswal M P, Sinha S B. Fuzzy programming approach to multi-objective stochastic linear programming problems. Fuzzy Sets and Systems, 1997, 88 (2): 173-181.

[137] 郭子雪, 王兰英. 基于组合赋权-TOPSIS 的河北省无流业竞争力评价研究. 河北大学学报 (哲学社会科学版), 2017, 42 (1): 121-130.

[138] Pereira L S, Allen R G, Smith M, et al. Crop evapotranspiration estimation with FAO 56: past and future. Agricultural Water Management, 2015, 147 (1): 4-20.

[139] 李晨洋, 张志鑫. 基于区间两阶段模糊随机模型的灌区多水源优化配置. 农业工程学报, 2016, 32 (12): 107-114.

[140] Srdjevic B, Medeiros Y D P. Fuzzy AHP assessment of water management plans. Water Resources Management, 2008, 22 (7): 877-894.

[141] Gu W Q, Shao D G, Huang X F, et al. Multi-objective risk assessment on water resources optimal deployment. Journal of Hydraulic Engineering, 2008, 39 (3): 339-345.

[142] Davijani M H, Banibabib M E, Anvar A N, et al. Multi-objective optimization model for the allocation of water resources in arid regions based on the maximization of socioeconomic efficiency. Water Resources Management, 2016, 30 (3): 927-946.

[143] Zessner M, Schönhart M, Parajka J, et al. A novel integrated modelling framework to assess the impacts of climate and socio-economic drivers on land use and water quality. Science of the Total Environment, 2017, 579: 1137-1151.

[144] Tan Q, Huang G H, Cai Y P. Multi-source multi-sector sustainable water supply under multiple uncertainties: an inexact fuzzy stochastic quadratic programming approach. Water Resources Management, 2013, 27 (2): 451-473.

[145] Lu H W, Cao M F, Li J, et al. An inexact programming approach for urban electric power systems management under random-interval-parameter uncertainty. Applied Mathematical Modelling, 2015, 39 (7): 1757-1768.

[146] Li X M, Lu H W, Li J, et al. A modified fuzzy credibility constrained programming approach for agricultural water resources management—a case study in Urumqi, China. Agricultural Water Management, 2015, 156 (1): 79-89.

[147] Xie Y L, Huang G H, Li W, et al. An interval probability-based inexact two-stage stochastic model for regional electricity supply and GHG mitigation management under uncertainty. Energy and Power Engineering, 2013, 5: 816-823.

[148] Wang Y Y, Huang G H, Wang S, et al. A stochastic programming with imprecise probabilities model for planning water resources systems under multiple uncertainties. Stochastic Environmental Research and Risk Assessment, 2016, 30 (8): 2169-2178.

[149] Yager R R, Kreinovich V. Decision making under interval probabilities. International Journal of Approximate Reasoning, 1999, 22 (3): 195-215.

[150] Walley P. Towards a unified theory of imprecise probability. International Journal of Approximate Reasoning, 2000, 24 (2-3): 125-148.

[151] Soltani M, Kerachian R, Nikoo M R, et al. A conditional value at risk-based model for planning agricultural water and return flow allocation in river systems. Water Resources Management, 2016, 30 (1): 427-443.

[152] Cao M F, Huang G H, Lin Q G. Integer programming with random-boundary intervals for planning municipal power systems. Applied Energy, 2010, 87 (8): 2506-2516.

[153] Huang G H. IPWM: an interval parameter water quality management model. Engineering Optimization, 1998, 26 (2): 79-103.

[154] Elshaikh A E, Jiao X Y, Yang S H. Performance evaluation of irrigation projects: theories, methods, and techniques. Agricultural Water Management, 2018, 203: 87-96.

[155] Fan Y M, Gao Z Y, Wang S L, et al. Evaluation of the water allocation and delivery performance of Jiamakou irrigation scheme, Shanxi, China. Water, 2018, 10 (5): 654.

[156] Elnmer A, Khadr M, Allam A, et al. Assessment of irrigation water performance in the Nile Delta using remotely sensed data. Water, 2018, 10 (10): 1375.

[157] Gorantiwar S D, Smout I K. Performance assessment of irrigation water management of heterogeneous irrigation schemes: 1. a framework for evaluation. Irrigation and Drainage Systems, 2005, 19 (1): 1-36.

[158] Silalertruksa T, Gheewala S H. Land-water-energy nexus of sugarcane production in Thailand. Journal of Cleaner Production, 2018, 182: 521-528.

[159] 冯平, 毛慧慧, 王勇. 多变量情况下的水文频率分析方法及其应用. 水利学报, 2009, 40 (1): 33-37.

[160] 金光炎. 两种新的水文频率分布模型: Pareto 分布和 Logistic 分布. 水文, 2005, 25 (1): 29-33, 45.

[161] 肖可以. 最大熵原理在水文频率分布模型中的应用研究. 杨凌: 西北农林科技大学, 2010.

[162] 刘光祖. 概率论与应用数理统计. 北京: 高等教育出版社, 2000.

[163] Shannon C E. A mathematical theory of communications. Bell System Technical Journal. 1948, 27: 379-423.

[164] 赵明哲, 宋松柏. 基于熵原理的年降水频率分布参数估计研究. 西北农林科技大学学报(自然科学版), 2017, 45 (3): 198-204.

[165] 周念清, 赵露, 沈新平. 基于 Copula 函数的洞庭湖流域水沙丰枯遭遇频率分析. 地理科学, 2014, 34 (2): 242-248.

[166] 张乐陶. 页岩气开发区域水资源承载力评价指标体系研究. 邯郸: 河北工程大学, 2018.

[167] 张静, 张智慧, 李小冬, 等. 基于熵权的 TOPSIS 法的港口军事运输能力评估. 清华大学学报 (自然科学版), 2018, 58 (5): 494-499.

[168] Tian H Q, Lu C Q, Pan S F, et al. Optimizing resource use efficiencies in the food-energy-water nexus for sustainable agriculture: from conceptual model to decision support system. Current Opinion in Environmental Sustainability, 2018, 33: 104-113.

[169] Zhang X D, Vesselinov V V. Integrated modeling approach for optimal management of water, energy and food security nexus. Advances in Water Resources, 2017, 101: 1-10.

[170] Yang Y C E, Ringler C, Brown C, et al. Modelling the agricultural water-energy-food nexus in the Indus River basin, Pakistan. Journal of Water Resources Planning and Management, 2016, 142 (12): 4016062.

[171] AI-Saidi M, Elagib N A. Towards understanding the integrative approach of the water, energy and food nexus. Science of the Total Environment, 2017, 574: 1131-1139.

[172] Kurian M. The water-energy-food nexus: trade-offs, thresholds and transdisciplinary approaches to sustainable development. Environmental Science & Policy, 2017, 68: 97-106.

[173] Cai X M, Wallington K, Shafiee-Jood M, et al. Understanding and managing the food-energy-water nexus-opportunities for water resources research. Advances in Water Resources, 2018, 111: 259-273.

[174] Ji Y, Huang G H, Sun W, et al. Water quality management in a wetland system using an inexact left-hand-side chance-constrained fuzzy multi-objective approach. Stochastic Environmental Research and Risk Assessment, 2016, 30: 621-633.

[175] Dong C, Tan Q, Huang G H, et al. A dual-inexact fuzzy stochastic model for water resources management and non-point source pollution mitigation under multiple uncertainties. Hydrology and Earth System Sciences, 2014, 18: 1793-1803.

[176] Morankar D V, Srinivasa Raju K, Nagesh Kumar D. Integrated sustainable irrigation planning with multiobjective fuzzy optimization approach. Water Resources Management, 2013, 27: 3981-4004.

[177] De Vito R, Portoghese I, Pagano A, et al. An index-based approach for the sustainability assessment of irrigation practice based on the water-energy-food nexus framework. Advances in Water Resources, 2017, 110: 423-436.

[178] Yang G Q, Guo P, Huo L J, et al. Optimization of the irrigation water resources for Shijin irrigation district in north China. Agricultural Water Management, 2015, 158: 82-98.

[179] Daccache A, Ciurana J S, Rodriguez Diaz J A, et al. Water and energy footprint of irrigated agricultural in the Mediterranean region. Environmental Research Letters, 2014, 9: 124014.

[180] Chen S Q，Tan Y Q，Liu Z. Direct and embodied energy-water-carbon nexus at an interregional scale. Applied Energy，2019，251：113401.

[181] Jiang Z X，Dai Y H，Luo X X，et al. Assessment of bioenergy development potential and its environmental impact for rural household energy consumption：a case study in Shandong，China. Renewable and Sustainable Energy Reviews，2017，67：1153-1161.

[182] Raheem A，Prinsen P，Vuppaladadiyam A K，et al. A review on sustainable microalgae based biofuel and bioenergy production：resent developments. Journal of Cleaner Production，2018，181：42-59.

[183] Gonzalez-Salazar M A，Venturini M，Poganietz W R，et al. A general modelling framework to evaluate energy，economy，land-use and GHG emissions nexus for bioenergy exploitation. Applied Energy，2016，178：223-249.

[184] Holmatov B，Hoekstra A Y，Krol M S. Land，water and carbon footprints of circular bioenergy production systems. Renewable and Sustainable Energy Reviews，2019，111：224-235.

[185] Kivimaa P，Mickwitz P. Public policy as a part of transforming energy systems：framing bioenergy in Finnish energy policy. Journal of Cleaner Production，2011，19（16）：1812-1821.

[186] Wang Y Y，Huang G H，Wang S，et al. A risk-based interactive multi-stage stochastic programming approach for water resources planning under dual uncertainties. Advances in Water Resources，2016，94：217-230.

[187] Cardinale B J，Wright J P，Cadotte M W，et al. Impacts of plant diversity on biomass production increase through time because of species complementarity. Proceedings of the National Academy of Sciences of the United States of America，2007，104（46）：18123-18128.

[188] Hafezalkotob A，Hafezalkotob A. A novel approach for combination of individual and group decisions based on fuzzy best-worst method. Applied Soft Computing，2017，59：316-325.

[189] Guo S D，Liu S F，Fang Z G. Algorithm rules of interval grey numbers based on different "kernel" and the degree of greyness of grey numbers. Grey Systems：Theory and Application，2017，7（2）：168-178.

[190] Latruffe L，Diazabakana A，Bockstaller C，et al. Measurement of sustainability in agriculture：a review of indicators. Studies in Agriculture Economics，2016，118：123-130.

[191] Saladini F，Betti G，Ferragina E，et al. Linking the water-energy-food nexus and sustainable development indicators for the Mediterranean region. Ecological Indicators，2018，91：689-697.

[192] Arodudu O T，Helming K，Voinov A，et al. Integrating agronomic factors into energy efficiency assessment of agro-bioenrgy production——a case study of ethanol and biogas production from maize feedstock. Applied Energy，2017，198：426-439.

[193] 杨世琦. 基于欧氏距离的农业可持续发展评价理论构建与实例验证. 生态学报，2017，37（11）：3840-3848.